结构设计统一技术措施

2018

中国建筑设计院有限公司　编著

中国建筑工业出版社

图书在版编目(CIP)数据

结构设计统一技术措施 2018/中国建筑设计院有限
公司编著. —北京:中国建筑工业出版社,2018.2(2021.2重印)
ISBN 978-7-112-21643-7

Ⅰ.①结… Ⅱ.①中… Ⅲ.①建筑结构-结构设计-
技术措施-2018 Ⅳ.①TU318.4

中国版本图书馆 CIP 数据核字(2017)第 312198 号

  结构设计统一技术措施是针对国家和行业技术标准在执行层面编制的企业标准,1965
年中国建筑设计院有限公司(以下简称"我院")的前身,建筑工程部北京工业建筑设计
院编制了我院第一本《结构统一技术措施》,1986年作为城乡建设环境保护部建筑设计院
又出版了《结构设计统一技术措施》(俗称"小黄本"),统一技术措施的编制为我院结构
设计人员的成长和行业技术进步起到了指引作用。50 多年来尤其是改革开放以来,我院
结构设计人员在工程实践中不断积累、创新和提高,形成了一套自己独特的结构设计技术
管理理念和实用设计方法,今天我们将其归纳成册为一本新的《结构设计统一技术措施》
(2018)(以下简称"本措施"),以期对结构设计工作以帮助和促进。

  本措施注重实用性,重在解决工程实践中急需的、相关规范暂未细化的而实际工程中
无法回避的问题。本措施中基于实际工程设计经验而制定的相关规定,是目前解决工程问
题的有效方法。

  本措施以国家和行业现行规范为依据,结合我院设计项目的工程经验,参考国家和地
方标准做法编制。

  本措施主要适用于我院承担的建筑结构设计项目,也可供本行业结构设计人员参考和
大专院校土建专业师生应用。

＊ ＊ ＊

责任编辑:赵梦梅 刘瑞霞 冯江晓
责任校对:焦 乐

结构设计统一技术措施

2018

中国建筑设计院有限公司 编著

＊

中国建筑工业出版社出版、发行(北京海淀三里河路 9 号)

各地新华书店、建筑书店经销

北京红光制版公司制版

北京京华铭诚工贸有限公司印刷

＊

开本:787×1092 毫米 1/16 印张:21 字数:453 千字
2018 年 3 月第一版 2021 年 2 月第七次印刷

定价:**65.00** 元

ISBN 978-7-112-21643-7

(31299)

前　　言

　　1965 年中国建筑设计院有限公司（以下简称"我院"）的前身，建筑工程部北京工业建筑设计院编制了我院第一本《结构统一技术措施》，1986 年作为城乡建设环境保护部建筑设计院又出版了《结构设计统一技术措施》（俗称"小黄本"），统一技术措施的编制为我院结构设计人员的成长和行业技术进步起到了指引作用。50 多年来尤其是改革开放以来，我院结构设计人员在工程实践中不断积累、创新和提高，形成了一套自己独特的结构设计技术管理理念和实用设计方法，今天我们将其归纳成册为一本新的《结构设计统一技术措施》（2018）（以下简称"本措施"），以期对结构设计工作以帮助和促进。

　　结构设计统一技术措施，是针对国家和行业技术标准在执行层面编制的企业标准，现就本措施的适用范围、编制依据、编制特点及分工等方面作如下说明：

　　一、适用范围

　　本措施主要适用于我院承担的建筑结构设计项目，也可供本行业结构设计人员参考。

　　二、编制依据

　　本措施以国家和行业现行规范为依据，结合我院设计项目的工程经验，参考国家和地方标准做法编制。

　　三、特点

　　本措施的基本出发点是注重实用性，重在解决工程实践中急需的、相关规范暂未细化的而实际工程中无法回避的问题。本措施中基于实际工程设计经验而制定的相关规定，是目前解决工程问题的有效方法，这些做法在理论上还有待完善，在实践中也有待进一步改进和优化。

　　随着规范的修订和完善，工程经验的积累和充实，本措施的相关规定也将不断修订。

　　四、本措施的编写方式说明

　　（一）本措施分 8 章 12 个附录，涵盖钢筋混凝土结构（含装配式结构、复杂高层建筑结构等）、钢结构、混合结构和消能减震结构等，开合屋盖结构设计要求、既有建筑加固改造要求、施工配合技术控制要点和我院结构设计的主要技术控制文件等在附录中列出。

　　（二）在【说明】中对条文做出解释，涉及编制依据、背景资料及相关有待研究的问题等。

　　五、特别说明

　　（一）对于结构设计规范中提出的难以定量把握的要求（如：适当增加、适当提高、刚度较大等），设计人员在执行本措施时应根据工程经验加以判断和把握。对规范认识的不同可能会造成定量把握程度的偏差，但总体应在规范要求的同一宏观控制标准上。

（二）结构设计与建筑科研相比有很大不同，结构设计时效性很强，对于复杂的工程问题，不可能等彻底研究透彻再设计，结构设计根本目的在于采用最简练的方法及时解决实际工程中的复杂技术问题。因此，在概念清晰、技术可靠的前提下合理进行包络设计，可作为解决复杂技术问题的基本办法。

（三）一代结构宗师、现代预应力混凝土之父林同炎教授要求我们成为"不断探求应用自然法则而不盲从现行规范的结构工程师"。要做到不盲从规范，就得先理解规范，本措施不是鼓励读者死抠规范，而是在正确理解规范的前提下灵活运用规范解决实际工程问题。

六、本措施编审与分工

（一）编写组成员

任庆英、范重、陈文渊、朱炳寅、张亚东、胡纯炀、张淮湧、王载、彭永宏、张守峰、王大庆。

第1、2章编写负责人：朱炳寅、王大庆；

第3章编写负责人：朱炳寅、张守峰；

第4章编写负责人：任庆英、朱炳寅、王载；

第5章编写负责人：陈文渊、范重；

第6章编写负责人：胡纯炀；

第7章编写负责人：范重；

第8章编写负责人：彭永宏；

附录A编写负责人：范重；

附录B编写负责人：张淮湧；

附录C、D编写负责人：朱炳寅；

附录M编写负责人：张亚东；

其他附录负责人：王大庆。

（二）审查组成员

陈富生、谢定南、罗宏渊、王金祥、姜学诗、尤天直、徐琳、刘明全。

（三）措施负责人、统稿人：朱炳寅。

七、致谢

感谢我院一代代结构设计人员的辛勤工作和积累，感谢本措施编审组全体成员的努力。

本措施执行过程中的任何问题，敬请与中国建筑设计院有限公司科技委结构分委员会联系（电话：010-88327500，邮箱：zhuby@cadg.cn）。

编者于　中国建筑设计院有限公司

2017.10

目　　录

1 总　则

1.0.1　为更好地掌握和执行现行标准、规范的规定，统一全院结构设计标准，提高结构设计水平和设计效率，满足建筑使用要求，做到结构安全、经济合理、技术先进、保证质量，制定本措施。

【说明】

　　编制本措施的目的在于总结我院近几十年的结构设计实践，对在执行规范过程中的经验做法予以总结，对规范未涉及或未明确的且在实际工程中无法避免的问题，提出我们的理解和设计规定，有些做法可能在理论上还不尽完善，设计中也有待不断改进，但确是现阶段有效的做法，且有益于提高结构设计质量，提高结构设计效率。对规范已经明确的规定本措施不再重复。

1.0.2　结构设计应与建筑设计充分协调，以使建筑形体符合规则性要求，相应地对结构设计应进行多方案比较；本院所有结构设计项目均应进行结构的方案评审。

【说明】

　　合理的建筑形体和布置在结构设计中是头等重要的，需要结构工程师与建筑师及相关专业相互配合，有经验的有抗震素养的建筑设计人员，应对所设计建筑的抗震性能有所估计。结构设计应重视结构方案的技术合理性、实施的便利性和工程的综合经济性。

　　工程经验表明，结构方案评审可以最大限度地减少结构方案的不合理性，有益于把控并提高设计质量，提高全体结构设计人员的技术水平，故在本措施中予以明确。

1.0.3　结构设计应重视概念设计，重视结构的选型和平面、竖向的规则性，结构应传力清晰，明确竖向荷载和水平作用的传力途径，对承载力、刚度和延性的关系进行优化调整。

【说明】

　　概念设计是结构设计的精髓，复杂工程需要通过概念设计并采用包络设计的方法完成。

1.0.4　本措施适用于我院所有结构设计项目，设计部门应结合院评审意见编制初步设计文件，对超限工程应按相关要求编制超限高层建筑设计文件，由建设单位向有关单位进行报审。

【说明】

　　我院设计的所有民用建设项目应执行本措施的规定，工业建筑和其他特殊建筑可参考使用。

1.0.5　结构设计除应符合国家和项目所在地现行有关标准和规范的规定外，还应符合本措施的规定。

【说明】

　　本措施作为执行国家和地方现行规范的补充细化和延伸，提供计算方法、计算参数、措施及技术要求供设计人员使用，并对执行规范过程中的具体问题做出现阶段的设计规定。

2 荷载、作用和效应组合

2.1　楼面、屋面荷载

2.1.1　房屋的楼面和屋面重力荷载包括永久荷载和可变荷载及偶然荷载，一般情况下应按《建筑结构荷载规范》GB 50009 的规定以及建筑的材料做法和房屋的功能要求取值，严禁漏项。

【说明】

1. 建筑结构的荷载可分为永久荷载（包括结构自重、土压力、预应力等）、可变荷载（包括楼面活荷载、屋面活荷载和积灰荷载、吊车荷载、风荷载、雪荷载、温度作用等）和偶然荷载（包括爆炸力、撞击力等），一般建筑的楼面和屋面活荷载都可以直接根据《建筑结构荷载规范》GB 50009 的规定取值，特殊建筑的楼面和屋面活荷载（如数据机房等），当相关规范有具体规定时，应执行相关规范的要求。

2. 荷载是结构设计的基础性资料，结构整体分析时荷载输入应准确，对较大荷载的范围应准确定位，避免处处放大。构件设计时，荷载应准确，对大荷载区域，承受较大荷载的结构构件进行补充分析。

3. 特殊材料的自重计算值（如钢渣混凝土等有特殊容重要求的抗浮压重材料，为减小楼面重量而采用的特殊容重的楼面填充荷载和种植土等），应经调研落实后采用。

4. 结构设计不应出现荷载漏项。建筑的楼屋面荷载、填充墙荷载、吊挂荷载、附属机电设备荷载等，应有荷载导算计算书。

2.1.2　使用有特殊要求的房屋，其楼面和屋面活荷载应由建设方提供。

【说明】

房屋使用过程中有特殊要求的工程（相关规范无具体要求或相关规范有规定，但建设方提出更高要求时），应提请建设方出具书面的荷载要求文件，也可以由结构设计提出经建设方书面确认，有初步设计阶段的工程也可在初步设计文件中明确，经审查通过后的初步设计文件作为施工图设计依据。

2.1.3　建筑附属机电设备用房的楼面和屋面活荷载（含吊挂荷载等），应由工艺设计或设备厂家提供并经建设方确认。

【说明】

建筑附属机电设备指为现代建筑使用功能服务的附属机械、电气构件、部件和系统，主要包括电梯、照明和应急电源、通信设备、管道系统、采暖和空气调节系统、烟火监测和消防系统，公用天线等。建筑使用功能越复杂，涉及的建筑设备越多，相应的设备管线也越多，荷载变化大，分布广，应由相应的工艺设计或设备厂家提供（当设计阶段甲方无法确定设备厂家时，也可由设计提出），并经建设方书面确认。

2.1.4 楼面和屋面荷载数值变化大或分布范围比较复杂时,施工图应包含荷载布置平面图。

【说明】

工程实践表明,对复杂荷载情况(荷载数值变化大、作用范围变化大等)荷载平面图(示意图)是必需的,楼面和屋面荷载包括恒荷载和活荷载,荷载平面图比例可按1:200,绘制标明荷载平面控制区域的单线图即可,便于使用和追溯。

2.1.5 高层建筑和超高层建筑中应与建筑专业协商,隔墙优先采用轻质墙体,避免采用重隔墙;建筑地面荷载应严格按照与建筑工种研究确定的建筑地面做法计算,尽量减轻楼面自重。

【说明】

房屋的重量直接影响结构的动力特性和地震作用大小,在抗震建筑中,尤其在高层建筑和超高层建筑中,应采取一切可能的措施减轻房屋的重量,应特别注意隔墙和建筑地面的做法。

2.1.6 有种植屋面时应与建筑协商减轻重量,必要时可采用新型种植材料。

【说明】

1. 当种植屋面(如地下室顶板填土、屋面绿化填土)厚度较大时,应避免采用素土回填,可与建筑协商采用轻型材料的种植屋面(宝绿素,饱和重度 $6.0kN/m^3$,价格约 500 元/m^3;草炭混合土,饱和重度 $12.5kN/m^3$,价格约 150 元/m^3),以减轻房屋重量。

2. 屋面种植土的重量应按土的饱和重度计算。

2.2 消防车的等效均布活荷载

2.2.1 消防车的等效均布活荷载应根据消防车规格、楼板覆土层厚度等因素综合取值:

1 楼板的消防车等效均布活荷载数值可按表 2.2.1-1 取值。

消防车轮压作用下楼板的等效均布活荷载值（kN/m²）   表 2.2.1-1

板的跨度 (m)	覆土厚度（m）									
	≤0.25	0.50	0.75	1.00	1.25	1.50	1.75	2.00	2.25	≥2.50
2.0	**35**	33	30	27	25	22	19	17	14	11
2.5	33	31	28	26	24	21	19	16	14	11
3.0	31	29	27	25	23	20	18	16	14	11
3.5	30	28	26	24	22	19	17	15	13	11
4.0	28	26	24	22	20	19	17	15	13	11
4.5	26	24	23	21	19	18	16	15	13	11

续表

板的跨度	覆土厚度（m）									
（m）	≤0.25	0.50	0.75	1.00	1.25	1.50	1.75	2.00	2.25	≥2.50
5.0	24	23	21	20	18	17	16	14	13	11
5.5	22	21	20	19	17	16	15	14	13	11
≥6.0	**20**	19	18	17	16	15	14	13	12	11

注：1. 对双向板，"板的跨度"指楼板跨度较小值。

2. 上表按 300kN 级消防车计算，当为 550kN 级消防车时，应将表中数值乘以 1.17。

3. 表中数值满足《建筑结构荷载规范》GB 50009 的强制性规定要求。

2 楼面次梁的消防车等效均布活荷载，应将楼板等效均布活荷载数值乘以 0.8 确定。

3 设置双向次梁的楼盖主梁，消防车等效均布活荷载应根据主梁所围成的"等代楼板"确定的等效均布活荷载，乘以折减系数 0.8 确定。

4 墙、柱的消防车等效均布活荷载，应先根据墙、柱所围成的"等代楼板"确定的等效均布活荷载，乘以折减系数 0.8 确定。

【说明】

1. 注意等效和均布的不可分割性，等效一定是等效成均布的活荷载，表 2.2.1-1 按 300 kN 级消防车，以简支板模型跨中弯矩相等的原则等效。

2. 消防车对结构影响的关键是轮压（一般是后轴轮压），各级消防车对结构的等效均布活荷载可以按轮压大小进行简单换算。

3. 消防车的等效均布活荷载具有效应的一一对应性，理论上不同效应之间不可互用，《建筑结构荷载规范》GB 50009 按简支板跨中弯矩相等的原则得出的等效均布活荷载，也只能应用于简支楼板的跨中弯矩计算，将其应用于楼板的所有效应计算，则属于结构设计中的简化和估算，而将楼板的等效均布活荷载应用于梁、柱等各类支承构件的所有效应计算，则是一种更大程度的近似，因此对消防车等效均布活荷载的取值应以概念设计为主，以考虑结构构件可能出现的最大内力。

4. 按《建筑结构荷载规范》GB 50009 规定计算时，在同一消防车作用下，单向板的等效均布活荷载数值要小于同样跨度的双向板，而按表 2.2.1-1 取值时可避免此类问题的出现。

5. 楼面次梁的等效均布活荷载，依据楼板的等效均布活荷载乘以折减系数后确定，为简化设计计算取统一折减系数为 0.8，以图 2.2.1-1 为例，柱网 6m×6m 的楼盖结构设十字次梁，消防车轮压直接作用在地下室顶板，次梁的等效均布活荷载按次梁所围成 3m×3m 的楼板查表 2.2.1-1 确定为 31kN/m²，再乘以折减系数为 0.8，即 31×0.8＝24.8kN/m²。

6. 设置双向次梁的楼盖主梁，其等效均布活荷载计算时，楼板的等效均布活荷载按

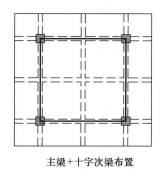 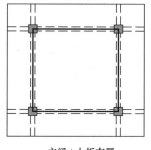

主梁+十字次梁布置   主梁+大板布置

图 2.2.1-1　梁板布置对主梁等效均布荷载的影响

楼面主梁所围成的"等代楼板"计算（注意不适用于设置单向次梁的楼盖），以图2.2.1-1为例，柱网 6m×6m 的楼盖结构设十字次梁，消防车轮压直接作用在地下室顶板，对应于主梁等效均布活荷载计算时的"等代楼板"应为 6m×6m，相应的等效均布活荷载应按"等代楼板" 6m×6m 查表 2.2.1-1 确定为 20kN/m²，则在消防车轮压直接作用下主梁的等效均布活荷载为 $20×0.8=16kN/m^2$（若简单套用规范规定，则主梁的等效均布活荷载为 $31×0.8=24.8kN/m^2$，比本条规定大 55%）。

为简化设计计算取统一折减系数为 0.8。

7. 墙、柱的等效均布活荷载计算时，楼板的等效均布活荷载按墙、柱所围成的"等代楼板"计算，以图2.2.1-1为例，柱网 6m×6m 的楼盖结构的柱，消防车轮压直接作用在地下室顶板，对应于柱等效均布活荷载计算时的"等代楼板"应为 6m×6m，相应的等效均布活荷载应按"等代楼板" 6m×6m 确定为 20kN/m²，则在消防车轮压直接作用下柱的等效均布活荷载为 $20×0.8=16kN/m^2$（若简单套用规范规定，则柱的等效均布活荷载为 $31×0.8=24.8kN/m^2$，比本条规定大 55%）。

为简化设计计算取统一折减系数为 0.8。

8. 上消防车的地上结构，进行结构整体计算时，消防车荷载不应采用等效均布活荷载，应根据可能出现的消防车数量，确定消防车的总荷载，构件设计时，按表 2.2.1-1 确定的等效均布活荷载计算。

9. 消防车荷载的效应组合见第2.8节。

2.2.2　地基基础设计及结构和构件的正常使用极限状态验算时，一般工程可不考虑消防车的影响，特殊工程应考虑消防车的影响。

【说明】

"一般工程"指消防车不经常出现的工程，大部分工程属于一般工程。"特殊工程"指消防车经常出现的工程，如消防中心、城市主要消防设施和消防通道等。

2.2.3　消防车轮压对地下室外墙的侧向土压力，应按作用面积上小下大的梯形计算，地下一层以下（或埋深超过 2.5m）可按表 2.2.1-1 确定的等效均布活荷载计算。

【说明】

　　1. 消防车荷载对地下室外墙（或管沟侧壁）的土压力，上部轮压大但作用面积小，而下部轮压扩散充分但分布面积大（见图 2.2.3-1），结构设计时应取值合理，并可采用简化计算方法，一般情况下，地下一层（或埋深 2.5m）以下时可按消防车的平均重量计算轮压的侧压力。

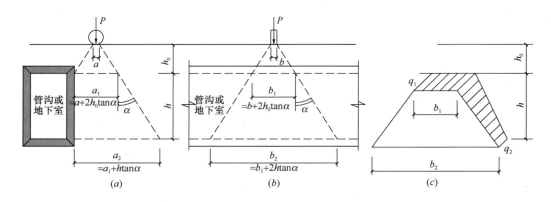

图 2.2.3-1　管沟壁或地下室外墙的侧向土压力

（*a*）土压力的横向扩散；（*b*）土压力的纵向扩散；（*c*）侧向土压力图

　　2. 挡土墙设计计算的相关规定见本措施第 2.7 节及第 8 章。

2.3　风、雪荷载

　　2.3.1　对风荷载敏感的结构应特别注意风荷载的不利影响，必要时应采取相应结构措施。

　　注：对风荷载敏感的结构指钢结构、房屋高度超过 60m 的钢筋混凝土结构、大雨篷结构等。

【说明】

　　大雨篷结构一般为大跨度大悬挑结构，对风荷载作用极为敏感，尤其是风吸力的影响问题，必要时可采用增加结构自重等措施，减轻风吸力的不利影响。

　　2.3.2　对风荷载敏感的结构，承载力设计时应按基本风压的 1.1 倍取值，变形验算时应按基本风压计算，舒适度验算时应取 10 年一遇的风荷载标准值。

【说明】

　　1. "基本风压"指《建筑结构荷载规范》GB 50009 确定的 50 年重现期的风压。

　　2. 对设计使用年限为 100 年的结构，承载力设计时按《建筑结构荷载规范》GB 50009 重现期 100 年的风压乘以 1.1 倍取值，变形验算时可按 50 年重现期的风压计算；舒适度验算时可取 10 年一遇的风荷载标准值。

3. 当城市或建设地点的基本风压值在《建筑结构荷载规范》GB 50009 上没有规定（或为国外工程）时，可根据当地 50 年一遇的最大风速按公式（2.3.2-1）确定基本风压：

$$w_0 = 0.0005\rho v_0^2 \tag{2.3.2-1}$$

$$\rho = 1.25\mathrm{e}^{-0.0001Z} \tag{2.3.2-2}$$

$$w_0 = v_0^2/1600 \tag{2.3.2-3}$$

式中：w_0——基本风压（$\mathrm{kN/m^2}$）；

　　　ρ——空气密度（$\mathrm{kg/m^3}$），与空气温度和气压有关，可根据所在地的海拔高度 Z（m）按公式（2.3.2-2）确定；

　　　v_0——由距地面 10m 高度，时距为 10min 的平均风速计算的，重现期为 50 年的最大风速（m/s）。

当缺乏资料时，可取 $\rho=1.25\mathrm{kg/m^3}$，按公式（2.3.2-3）计算。

4. 国际上将飓风分为 5 级，其他按蒲福（Beaufort 1805）风力等级划分为 0～11 级，各级的最大风速（相当于平地 10m 高处时距为 10min 的平均风速）和风力见表 2.3.2-1及表 2.3.2-2。

蒲福风力等级的风级、风速及风压表　　　　　表 2.3.2-1

风力等级		0	1	2	3	4	5	6	7	8	9	10	11	飓风
风速	m/s	0.2	1.5	3.3	5.4	7.9	10.7	13.8	17.1	20.7	24.4	28.4	32.6	≥32.7
	km/h	1	5	11	19	28	38	49	61	74	88	102	117	≥118
风压（$\mathrm{kN/m^2}$）		0.0	0.0	0.01	0.02	0.04	0.07	0.12	0.18	0.27	0.37	0.50	0.66	0.67

飓风的风力等级、风速及风压表　　　　　表 2.3.2-2

飓风风力等级		1	2	3	4	5
风速	m/s	42.5	49.2	60.6	68.9	>68.9
	km/h	153	177	218	248	>248
基本风压（$\mathrm{kN/m^2}$）		1.13	1.51	2.30	2.97	>2.97

注：在太平洋西岸地区的国家，习惯上称飓风为台风。

5. 中国气象局于 2001 年将台风分为 12～17 级（17 级以上为超强台风），相应的风级、风速及风力见表 2.3.2-3。

台风的风力等级、风速及风压表　　　　　表 2.3.2-3

台风风力等级		12	13	14	15	16	17	超强台风
风速	m/s	36.9	41.4	46.1	50.9	56.0	61.2	>61.2
	km/h	133	149	166	183	202	220	>220
基本风压（$\mathrm{kN/m^2}$）		0.85	1.07	1.33	1.62	1.96	2.34	>2.34

2.3.3　处于山口、风口地带的工程、海岸海岛工程、受台风影响的工程、山坡山顶工程等，应重视风荷载对主体结构的影响。

【说明】

海岛海岸工程和处于山口、风口地区的工程以及台风影响区域的工程等风荷载大，山坡山顶工程由于房屋离山脚高度增加也加大了风荷载的影响，结构设计时应特别注意。

2.3.4 应注意围护结构风荷载对主体结构的影响，尤其是大尺度围护结构对主体结构连接的影响。

【说明】

风荷载通过围护结构影响主体结构，围护结构与主体结构的连接构造设计应由围护结构承包单位完成，主体结构应承担围护结构传递的风荷载，并提请围护结构设计单位注意围护结构与主体结构连接件的防腐蚀问题、耐久性设计问题，避免连接失效。

2.3.5 受风荷载影响比较明显的高层建筑，应对主导风向及最不利方向进行抗风设计，进行多方案比选，采用有利于抗风、抗震的平面和立面。

【说明】

房屋的平面和立面形状影响风荷载的大小，高层建筑的房屋更为明显，应与建筑沟通，关注主导风向和最不利方向角，进行多方案比选，采用有利于减小风荷载体型系数并有利于抗风、抗震的房屋平面和立面布置（如采用圆形或多边形平面、对平面角部进行处理减小局部风压等）。

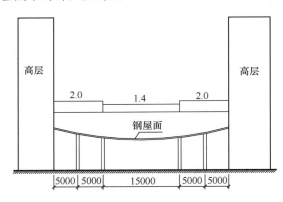

图 2.3.6-1 某工程裙房屋顶积雪系数分布图

2.3.6 位于群集高层建筑之间的裙房，应特别注意局部风荷载异常，注意高层建筑引起的裙房局部积雪效应。

【说明】

1. 群集的高层建筑及其裙房应注意局部风荷载异常，必要时宜进行风洞试验。

2. 群集的高层建筑及其裙房还应注意由风荷载引起的裙房积雪荷载的变化。

3. 工程案例见图 2.3.6-1。

2.3.7 房屋高度超过 200m 或有下列情况之一时，宜进行风洞试验或通过数值技术判断确定建筑物的风荷载，风洞试验的相关要求见附录 G。

1. 平面形状或立面形状复杂；

2. 立面开洞或连体结构；

3. 周围地形和环境较复杂。

2.4 其 他 荷 载

2.4.1 锅炉房的爆炸荷载应由设备专业提供，当设备专业不能提供时，可在钢筋混凝土抗爆墙墙面附加 15kN/m² 的侧向压力，并在施工图上说明。

【说明】

锅炉房的抗爆墙应采用钢筋混凝土墙，抗爆墙承载能力设计计算时的锅炉爆炸荷载应由相应设备专业书面提供并经甲方确认，当初步设计阶段或施工图设计阶段确因条件所限甲方无法提供时，为不影响设计进程可按 15kN/m²（依据《建筑设计防火规范》的相关规定确定）计算，但应在设计文件中说明，并要求在施工前由甲方补充确认。抗爆墙不需要验算变形。

2.4.2 人防荷载按《人民防空地下室设计规范》GB 50038 取值，当为人防设计状况时人防楼板可按塑性设计方法计算，但仍应符合非人防设计要求。

【说明】

人防荷载属于一种特殊荷载，人防荷载下可不验算楼板的正常使用极限状态要求，人防地下室顶板计算时，当为人防设计状况（由人防荷载效应控制的组合）时，楼板可按塑性设计方法（塑性铰线法）计算，但仍应满足非人防（永久、短暂设计状况）的设计要求。

2.4.3 抗浮设计中，当需要在基础顶面用回填材料的重量来平衡水浮力时，回填材料的重度应取《建筑结构荷载规范》GB 50009 中规定的较小值。

【说明】

1. 《建筑结构荷载规范》GB 50009 中规定的材料重量是荷载，而当在抗浮设计中用材料重量来平衡水浮力时，材料重量实际上是一种承载力，因此，应偏于安全地取重量较小值计算。压密填土的干重度应根据填土的具体情况确定，压密黏土的干重度按 16kN/m³ 计算，普通混凝土（振捣或不振捣）重度按 22kN/m³ 计算。

2. 抗浮设计中需要在基础顶面压重来平衡水浮力时，回填材料应进行多方案（经济性、可实施性及对工期的影响等）比选，优先考虑采用回填土或普通混凝土等易用材料，必要时北京地区工程也可考虑采用钢渣干拌料（重度根据需要在 25～50kN/m³ 范围内合理取用，分层厚度 250mm 回填夯实，经济性较好，但需对填料进行放射性、游离氧化钙等试验检测并满足规范要求），避免直接采用钢渣混凝土，更不应采用钢渣骨料的结构混凝土。

3. 当采用抗拔桩或抗拔锚杆时，常需要根据抗拔桩或抗拔锚杆的受荷范围，采用手算方法估算抗拔桩或抗拔锚杆的拉力设计值。

1）可将 1.35 倍"水浮力标准值-压重标准值"确定为抗拔桩或抗拔锚杆的拉力设计值，验算抗拔桩或抗拔锚杆的抗拉承载力。

2）抗拔桩或抗拔锚杆的地基承载力极限值不应小于"水浮力标准值-压重标准值"的 2 倍。

3）应按抗拔群桩或多根抗拔锚杆围成的地基土总重量，验算抗拔群桩或多根抗拔锚杆的整体抗浮承载力，防止群桩或多根锚杆的整体破坏。

2.4.4 剧场类建筑的吊挂荷载及舞台屏幕荷载等，应由设备工艺确定，当方案阶段或初步设计阶段没有工艺配合时，也可按表 2.4.4-1 的数值估算，但应在设计文件中明确，且经甲方认可后进行下阶段设计。

【说明】

　　1. 剧场类建筑的吊挂荷载类型众多，如马道荷载、灯栅层荷载、吊挂层荷载等，应由设备工艺根据建筑的规模及类别确定，考虑实际工程中设备工艺配合往往滞后，有的甚至后设计，当方案阶段或初步设计阶段没有工艺配合时，为不影响设计进程，也可先根据工程经验确定的数值估算，但应在设计文件中明确，经相应的审批后作为下阶段设计依据，这些荷载在施工前仍应由工艺设计予以确认，否则不得用于施工。

　　2. 工程案例见表 2.4.4-1。

某工程演播楼吊挂工艺荷载（供方案阶段参考）　　　　表 2.4.4-1

区　　域		灯光荷载 （kN/m²）	除灯光以外的其他荷载 （kN/m²）	总荷载 （kN/m²）
400m²演播室		3.0	1.5	4.5
600m²演播室		3.5	1.5	5.0
800m²演播室		3.5	1.5	5.0
1000m²演播室		4.0	1.5	5.5
剧场式 演播室	舞台	5.0	2.0	7.0
	观众厅	3.5	1.5	5.0

2.4.5　预应力作为一种人为施加的永久荷载，结构设计时应予以重视。

2.5　地　震　作　用

　　2.5.1　建筑的重力荷载代表值计算时，可变荷载的组合值系数应根据可变荷载的"可变"程度，按《建筑抗震设计规范》GB 50011 的规定取值，上人屋面的可变荷载组合值系数可取 0.5。

【说明】

　　1. 地震作用是惯性力，以第一振型为主的结构地震作用呈现近似倒三角形的分布，重力荷载数值和分布除直接影响地震作用的大小外，还直接影响到结构的动力性能，影响到各控制指标的合理性和准确性。因此结构整体计算时，对重力荷载（如荷载大小和作用范围等，多、高层建筑尤其应注意楼面建筑地面做法，建筑墙体荷载等多次重复出现的荷载）应仔细确认，避免荷载层层加码，结构构件截面设计时可根据需要适当留有余地。

　　2. 建筑的重力荷载代表值计算时，可变荷载组合值系数大小的本质就是可变荷载在地震时遇合的概率大小，可变荷载越"不可变"其组合值系数也就越大（如藏书库、档案库、储藏室、UPS 电池室、资料室等），实际工程设计时可变荷载的种类很多，对超出规范所列举范围的荷载，要对可变荷载按其"可变"的程度进行适当的归类（如将资料室归为档案库类等），取用规范规定的相应类别荷载的组合值系数。

3. 内、外墙的重量计算时，荷载直接作用在墙下楼层上，导致屋顶层重力荷载代表值计算值偏小，实际工程中应根据墙体的具体情况对房屋顶层重力荷载代表值进行适当的放大。

4. 一般情况下，不上人屋面的活荷载较小，对重力荷载代表值的影响有限，故通常可以忽略不上人屋面的活荷载对重力荷载代表值的影响，而上人屋面的活荷载较大，尤其当上人屋面设置屋顶花园或有其他功能时，活荷载对重力荷载代表值的影响不宜忽略，故本条建议上人屋面的可变荷载组合值系数可取 0.5。

2.5.2　计算单向地震作用时应考虑偶然偏心的影响，一般工程可按质心偏移值的 5% 考虑，当为长矩形平面时，可采用考虑双向地震作用扭转效应的计算进行比较分析。

【说明】

1. 理论研究和震害调查表明：由于地面扭转运动、结构实际的刚度和质量相对于计算假定值的偏差以及在弹性反应过程中各抗侧力结构刚度退化的不同等原因，引起结构的扭转反应增大，实际工程中，计算单向地震作用时采用附加偶然偏心的计算方法，对一般工程偶然偏心率取垂直于地震作用方向房屋长度的 5%，这种近似计算方法原则上适合于平面长宽比不太大的、平面较为规则的结构。

2. 偶然偏心的量值直接与垂直于单向地震作用方向的建筑物总长度相关，当建筑物为长宽比较大的长矩形平面时，偶然偏心的计算量值偏大。《建筑抗震设计规范》GB 50011 指出："偶然偏心大小的取值，除采用该方向最大尺寸的 5% 外，也可考虑具体的平面形状和抗侧力构件的布置调整"，因此，对长矩形平面，当考虑偶然偏心计算的扭转位移比数值明显不合理时，可采用考虑双向地震作用的计算方法进行补充分析，并按其计算的扭转位移数值，调整偶然偏心率的数值。

3. 偶然偏心是一种近似计算，属于估算的范畴。结构设计中，还是应从结构平面布局入手，减少采用长宽比较大的长矩形平面，尽量采用圆形及正多边形平面，并采取措施加大结构的抗扭刚度（如适当增加外围剪力墙的数量、在结构层间位移角小于规范限值较多时也可适当减小中部剪力墙的抗侧刚度、加大结构的边榀刚度等），以减小偶然偏心的扭转影响。

4. 房屋平面的长宽比大于 3 时可确定为"长矩形平面"。

5. 考虑偶然偏心的计算方法只适用于单向地震作用计算,当计算双向地震作用时,可不考虑偶然偏心的影响,但应将双向地震作用的计算结果与单向地震作用考虑偶然偏心的计算结果进行比较,取不利值设计。采用底部剪力法计算地震作用时,也应考虑偶然偏心的不利影响。

2.5.3 多遇地震的水平地震作用计算时,楼层最小地震剪力系数应满足表 2.5.3-1 的要求,对薄弱层和软弱层地震作用标准值的剪力应乘以 1.25 的增大系数后满足表 2.5.3-2 的要求。不满足时应调整至满足要求。当按调整后的地震剪力计算的结构层间位移角不满足规范规定时,应调整结构布置。

楼层最小地震剪力系数值   表 2.5.3-1

类 别	6 度	7 度		8 度		9 度
	(0.05g)	(0.10g)	(0.15g)	(0.20g)	(0.30g)	(0.40g)
扭转效应明显或基本周期小于 3.5s 的结构	0.008	0.016	0.024	0.032	0.048	0.064
基本周期大于 5.0s 的结构	0.006	0.012	0.018	0.024	0.036	0.048

注:基本周期介于 3.5s 和 5s 之间的结构,可插入法取值。

薄弱层的楼层最小地震剪力系数值   表 2.5.3-2

类 别	6 度	7 度		8 度		9 度
	(0.05g)	(0.10g)	(0.15g)	(0.20g)	(0.30g)	(0.40g)
扭转效应明显或基本周期小于 3.5s 的结构	0.0092	0.0184	0.0276	0.0368	0.0552	0.0736
基本周期大于 5.0s 的结构	0.0069	0.0138	0.0207	0.0276	0.0414	0.0552

【说明】

1. 系数 1.25 是对薄弱层和软弱层地震作用标准值剪力(效应值)的放大,1.15 是对竖向不规则(侧向刚度突变、竖向抗侧力构件不连续和楼层承载力突变不规则)结构薄弱层最小剪力系数(限值)的放大,应先放大后比较。

2. 最小地震剪力系数(剪重比)考虑的是对长周期结构地震反应研究不够的问题,最小地震剪力系数除与设防烈度、上部结构的动力特性有关外,还应该考虑场地类别的问题,最小地震剪力系数应满足规范的要求。

3. 以下两种情况常导致最小地震剪力系数不满足规范的要求:第一类是抗震设防烈度较低、场地较好(如 6 度,或 7 度 Ⅰ 类场地的工程等),第二类是结构侧向刚度不足导致楼层地震剪力偏小。

4. 实际工程中应对上述两类情况进行甄别,对第二类情况应采取措施适当调整结构布置加大结构的侧向刚度,目前情况下,对上述两类情况甄别的最简单有效的方法,就是采用调整以后的地震剪力反算结构的层间位移角来判别,当按调整后的地震剪力计算的结构层间位移角不满足规范规定时,就属于上述第二类情况,应调整结构布置。采用此方法简单易行基本不增加设计工作量,使真正需要放大地震剪力的结构得到合理的放大。

2.5.4 大跨度和长悬臂结构或构件的竖向地震作用,应采用时程分析法或振型分解反应谱法计算。高位的大跨度和长悬臂结构或构件的竖向地震作用,应采用时程分析法计算。

【说明】

1. 表 2.5.4-1 所列情况可确定为大跨度和长悬臂结构。

大跨度和长悬臂结构   表 2.5.4-1

本地区抗震设防烈度	大跨度屋架	长悬臂梁	长悬臂板	转换结构中转换构件的跨度
7 度（0.1g）	>24m	>6m	>3m	>8m
7 度（0.15g）	>20m	>5m	>2.5m	
8 度（0.20g）	>16m	>4m	>2m	
8 度（0.30g）	>14m	>3.5m	>1.75m	
9 度（0.40g）	>12m	>3m	>1.5m	

2. 竖向地震作用计算与结构或构件的竖向加速度密切相关,对大跨度和长悬臂结构而言,结构或构件最大变形处的加速度是由整体结构的竖向加速度和构件自身竖向加速度两部分的叠加,结构设计的根本出发点就是要计算出最大变形部位质点的竖向加速度值(应特别注意加强对最大变形部位计算质点的核查,最大变形部位如没有计算质量点,则竖向地震作用计算不准确),采用时程分析法或振型分解反应谱法计算。

3. 《建筑抗震设计规范》GB 50011 规定,部分结构的竖向地震作用可直接采用竖向地震作用系数的方法进行简化计算,注意,简化计算方法原则上适合于较为均匀对称的结构或构件,属于估算的性质,对大跨度和长悬臂结构,当采用规范的简化方法计算时,其计算结果要明显小于采用时程分析法的计算结果,偏于不安全,实际工程中应予以重视。高位的大跨度和长悬臂结构或构件的竖向地震作用,应采用时程分析法计算,振型分解反应谱法无法准确计算支座的竖向加速度。

4. 有条件时应对所有的大跨度和长悬臂结构考虑竖向地震作用,对规范规定需要进行竖向地震作用计算的结构、大跨度和长悬臂结构或构件,应采用时程分析法或振型分解反应谱法计算。对其他情况,可按表 2.5.4-2 的竖向地震作用系数(竖向地震作用标准值与重力荷载代表值的比值)估算竖向地震作用的影响。

竖向地震作用系数（最小值）   表 2.5.4-2

设防烈度	6 度	7 度		8 度		9 度
设计基本地震加速度	0.05g	0.10g	0.15g	0.20g	0.30g	0.40g
竖向地震作用系数	0.03	0.05	0.08	0.10	0.15	0.20

2.5.5 结构设计应特别注意填充墙对结构规则性的影响,应采取相应的结构措施,避免设置填充墙造成结构的扭转,避免引起上、下层结构的刚度突变,避免引起短柱。

【说明】

　　填充墙问题是房屋设计中的三不管问题（填充墙在建筑图上表示，构造柱设置原则和做法由结构专业说明，看似都在管，但又谁也没有管全、管实、管透），结构设计中设计人员的精力也过多地使用在对表2.5.5-1数值的确定上，其实，采用表2.5.5-1只是考虑填充墙对主体结构刚度的均匀作用，数值大小对结构设计的实际意义并不大，结构设计更应关注填充墙设置造成的结构扭转问题，上、下层刚度不均匀变化问题和短柱问题等，并在实际工程中加以避免或采取相应的结构措施。

周期折减系数表 表 2.5.5-1

结　构　类　型	填充墙较多	填充墙较少
框架结构	0.6～0.7	0.7～0.8
框架-剪力墙结构	0.7～0.8	0.8～0.9
剪力墙结构	0.8～0.9	0.9～1.0

　　2.5.6　底商结构的房屋，应按同一计算模型取不同的填充墙对结构周期的影响系数分别计算，手工验算底商层与其上层的侧向刚度比，避免出现薄弱层或软弱层。

【说明】

　　1. 汶川地震让我们认识了底框结构房屋，台湾2016年2月6日地震让我们认识了底商结构房屋。对底商建筑，当考虑填充墙对结构周期的影响时，若全楼采用同一周期折减系数计算，其计算结果不真实，掩盖了底商层与其上层实际存在的层刚度差异，通过计算程序的计算结果难以直接发现薄弱层或软弱层。

　　2. 实际工程结构分析时，应根据底商层和其上部楼层填充墙的多少取对应的周期折减系数，分别计算出各自情况下相应楼层的侧向刚度（例如：底商层填充墙较少，对应于底商层的周期折减系数取0.9，上部楼层的填充墙较多，对应于上部楼层的周期折减系数取0.7，全楼采用周期折减系数0.9计算，并取底商层的侧向刚度$K1$；全楼再采用周期折减系数0.7计算，取与底商层相邻的上部楼层的侧向刚度$K2$），再通过手算（$K2/K1$）进行比较判断。

　　3. 当程序可分楼层采用不同的周期折减系数计算时，底商层与其上部楼层的侧向刚度比可由程序直接计算得出。

　　2.5.7　当结构设计中遇有山坡、山顶建筑时，应特别注意不利地形对抗震设计的影响。对发震断裂应按规范要求采取避让措施。

【说明】

　　1. 震害调查表明，高突地形、条状突出的山嘴等对地震烈度的影响明显（1974年云南昭通地震时，芦家湾大队地形复杂，在不大的范围内，同一等高线上的震害就大不一样。在条形的舌尖端，烈度相当于9度，稍向内侧则为7度，近大山处则为8度，见图2.5.7-1）。必要时按《建筑抗震设计规范》GB 50011的规定对水平地震影响系数进行相应的放大,以确保结构抗震安全。

2. 实际工程中,高差不小于 2m 的土质地基和高差不小于 5m 的岩石地基,应注意不利地形对抗震设计的影响。

3. 场地内存在发震断裂时,应执行《建筑抗震设计规范》GB 50011 的相关规定。

2.5.8 既有建筑抗震加固改造的抗震设防标准见附录 B。

【说明】

既有建筑应根据抗震加固改造的后续使用年限确定抗震设防标准。

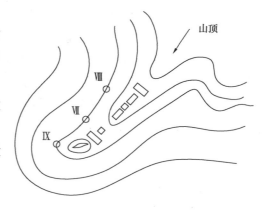

图 2.5.7-1 突出地形及烈度变化示意图

(图中方块为建筑物)

2.6 温 度 作 用

2.6.1 一般情况下房屋长度不应超过规范的规定,房屋长度超长时应考虑超长结构的水平向温度作用。

1 房屋长度超长的结构指:房屋长度超过《混凝土结构设计规范》GB 50010 规定的混凝土结构、超过《砌体结构设计规范》GB 50003 规定的砌体结构、超过《钢结构设计规范》GB 50017 规定的钢结构。

2 住宅建筑的房屋长度不应超过规范规定,必须超长时应采取有效结构措施,并经院方案评审通过后实施。

3 当房屋长度超过规范规定长度的 1.5 倍时,应按第 2.6.3 条要求进行温度应力分析并应采取温度应力控制的综合措施。

【说明】

1. 采用合理的建筑体型和布置是减小温度作用效应的最有效手段,结构设计应与建筑密切配合,一般情况下应避免房屋长度超过规范的规定。

2. 考虑实际工程情况,住宅建筑一般不应超长,砌体结构不宜超长,公共建筑可适度超长但应采取相应措施。

3. 工程经验表明,一般工程当房屋长度超过规范规定长度的 1.5 倍时,温度作用影响明显,应采取有效的温度应力控制措施,并作为结构专项设计经院方案评审审查通过后实施。

4. 实际工程中,大地下室、多层建筑或高层建筑的裙房常出现房屋超长情况,房屋超长对结构的影响主要表现为水平构件的拉压力和墙柱的附加内力(附加弯矩和剪力等)。

2.6.2 受温度影响较大的高层建筑结构应考虑高层建筑的竖向温度作用。

【说明】

1. 温度对结构的影响不仅超长结构有，温度对高层建筑的影响也不容忽视。受"温度影响较大的高层建筑结构"主要指对温度变化比较敏感的高层建筑结构，如受环境温度变化剧烈影响的结构、主要抗侧力结构外露或建筑的保温隔热效果较差的结构等。其他情况的高层建筑竖向温度应力影响不大。

2. 温度对高层建筑的影响主要是温度作用引起的竖向构件内力变化，如日照阳面的拉伸（竖向构件在温度单工况作用下的受压）和阴面的压缩（竖向构件在温度单工况作用下的受拉）等。

3. 高层建筑温度应力的计算方法与超长结构相同，结构设计中应采取有效的建筑措施和结构措施，减小温差对结构的影响，可重点关注温度应力对竖向构件的影响，并按第2.8.5条的规定进行效应的合理组合。

2.6.3 温度应力的计算应考虑房屋的环境温度、使用温度和结构的初始温度，考虑混凝土后期收缩的当量温差，混凝土的收缩徐变及混凝土弹性刚度的退化等诸多因素。

1 "环境温度"指房屋所在地的绝对最高温度和绝对最低温度，一般工程可由勘察报告提供或直接按《建筑结构荷载规范》GB 50009 查取，特殊工程可由当地气象部门提供。保温隔热完善的工程可不考虑环境温度的影响，外露工程应特别注意环境温度的变化。

2 "使用温度"指房屋正常使用的最高温度和最低温度，空调房屋使用阶段的最低温度和最高温度可分别取 20℃、26℃。

3 "初始温度"对设置后浇带的结构指后浇带封带时的温度；对不设置后浇带的结构指混凝土施工时的温度；对混凝土结构取月平均温度，对钢结构取日平均温度。

4 混凝土的当量收缩，应考虑材料、混凝土养护、后浇带的设置和工程所处环境等综合因素的影响计算，设施后浇带的结构应根据后浇带封带前和封带后的情况，取用不同的计算模型和计算温差。

5 对一般工程，混凝土的徐变影响系数取 0.3；混凝土刚度退化系数取 0.85，取综合调整系数 0.255 计算。

6 外露的钢筋混凝土结构及钢结构且屋面无保温层时，应考虑阳光辐射热对结构内力的影响。

【说明】

1. 温度场的建立

温度场与房屋所处的温度环境有关，不仅受环境最高温度、最低温度、建筑的装修、有无空调等的影响，而且还与温度场建立时的温度（形成整体结构的初始温度，如后浇带混凝土强度形成过程中的封带温度、钢结构的合拢温度）等多种因素有关，见图2.6.3-1。

1）房屋所处环境的外部绝对最高温度 T_{max} 和外部绝对最低温度 T_{min}，应根据工程所在地的气象资料确定，也可以按《建筑结构荷载规范》GB 50009 确定，混凝土结构取月平均最高温度和月平均最低温度，钢结构考虑其良好的热传导性能取日平均最高温度和日平均最低温度；

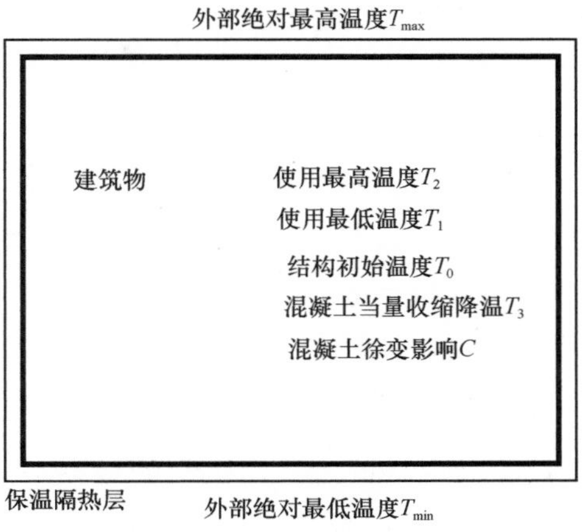

2）房屋的使用最高温度 T_2 和使用最低温度 T_1，一般应根据工程的温度环境和使用要求确定：

图 2.6.3-1 房屋的温度环境示意

（1）冬季采暖、夏季全空调的房屋（如商场、酒店等），此类房屋的保温隔热措施有效，室内温度受外部环境影响较小，正常使用温度可取 20～26℃；

（2）冬季不采暖、夏季无空调的房屋（如南方地区房屋等），此类房屋的保温隔热效果差，室内温度受外部环境影响较大，房屋的使用最高温度 T_2 和使用最低温度 T_1 受季节影响较大，根据正常使用要求确定；

（3）冬季采暖、夏季无空调的房屋（如北方地区房屋等），冬季不采暖、夏季有空调的房屋（如南方地区房屋等），也可根据使用要求确定；

（4）外露的钢筋混凝土结构及钢结构且屋面无保温隔热层时，其使用温度取外部绝对最高温度 T_{max}（并考虑阳光辐射热的影响）和外部绝对最低温度 T_{min}。

3）温度场建立时的温度 T_0（可细分为高温 T_{02} 和低温 T_{01}），一般应取混凝土形成整体时的温度（如后浇带的封带温度），是一个温度区间的等效温度（即后浇带混凝土在强度形成过程中的等效温度），一般取比房屋使用最高温度 T_2 和最低温度 T_1 的平均值适当偏低的温度值（如当 $T_2=30℃$、$T_1=0℃$ 时，其平均温度 $T_0=15℃$，可取温度场建立的温度为 $10\pm5℃$，即 $T_{02}=10+5=15℃$，$T_{01}=10-5=5℃$），《建筑结构荷载规范》GB 50009 第9.3.3条规定："混凝土结构的合拢温度一般可取后浇带封闭时的月平均气温，钢结构的合拢温度一般可取合拢时的日平均温度"，应采取有效措施确保混凝土的合拢温度符合预设的温度场建立时的温度要求。

4）程序计算时，升温（T_2-T_{01}）填正值（如升温20℃则填＋20），降温（$T_{02}-T_1$）填负值（如降温10℃则填－10），填零则表示无温度变化。温度应力设计计算时，综合考虑各种因素后的升温和降温数值宜基本相当，过高的升温或过大的降温均不利于结构的温度应力控制。

2. 温度梯度问题

温度对房屋的影响与结构在温度场中的位置有关，房屋周边的结构受环境温度的影响较为明显，当环境温度改变时，房屋的温度也跟随改变，但改变的幅度不同，在房屋内部离房屋周边越远，则房屋温度改变的幅度越小，这就是温度梯度问题。

1）整体温度，房屋内部的大部分范围受房屋使用温度的影响，房屋的整体温度可取 $T_1 \sim T_2$；

2）局部温度，房屋周围的构件受季节变化、辐射、建筑装饰、有无空调等多种因素的影响，温度变化大，一般可按房屋的整体温差的 2 倍估算；考虑混凝土的"热惰性"，短时间内的温度变化不会对整体结构产生明显影响，实际工程中，局部温度的范围主要集中在房屋周边且范围相对较小，从局部温度到整体温度的变化也不一定是线性的；结构设计中对温度变化较大的局部范围，应采取更有效的结构构造措施（如对处在房屋周边、受升温和降温影响较大区域的结构构件，适当加大温度应力钢筋等）。

3. 温度应力的计算模型

1）温度对构件的影响是不均匀的，但现有程序在温度应力的计算过程中，尚无法恰当考虑温度梯度的影响，假定房屋处在一个均匀的温度场中，房屋中的所有构件同时处在同样的升温或降温的环境中，这种均匀膨胀或收缩的温度作用模式，比较适合于钢结构（对钢构件，由于其传热性能好，截面较薄，当环境温度变化时，可以认为截面中的温度是均匀变化的），而对实心混凝土结构计算的温度应力偏大。

2）温度应力计算时，应采用弹性楼板模型（一般取弹性楼板6），否则，在刚性楼板假定下，梁的膨胀或收缩受到平面内"刚性楼板"的约束，柱内不会产生剪力和弯矩，相应地梁内也不会产生弯矩和剪力，仅有轴力作用，计算结果偏于不安全。结构设计时，应特别注意对平面纵向端部框架柱柱端内力和配筋的检查，注意对平面端部纵向剪力墙的核查。

3）目前，程序按线弹性理论计算结构的温度效应，对于钢筋混凝土，考虑到徐变应力松弛特性的非线性因素，实际的温度应力将小于按弹性计算的结果，计算中一般取徐变应力松弛系数 0.3 对计算结果进行折减。但对钢结构可不考虑此项折减。

4）温度对结构的作用应计及混凝土构件截面裂缝的影响，混凝土的弹性刚度折减系数取 0.85，对钢结构不考虑此项折减。

5）温度对结构的影响与混凝土的收缩、徐变及其截面刚度的退化直接相关，故本条提出混凝土的徐变和刚度退化直接与计算温度相对应，也就是直接对计算温度乘以 0.85×0.3＝0.255 的折减系数，而不是对计算的弹性效应的折减。

6）对设置后浇带的结构，应取后浇带封带前后不同的计算模型和计温差分别计算，包络设计。后浇带封带前结构温度区段长度小，不考虑混凝土弹性刚度折减系数和徐变应力松弛系数。

7）依据《建筑结构荷载规范》GB 50009 的规定，温度作用按可变荷载考虑，其组合值系数取 0.6，频遇值系数取 0.5，准永久值系数取 0.4。对特殊工程可根据工程需要由设计人员设定不同于程序内定的组合方式，并调整分项系数。

4. 混凝土长期收缩的影响

混凝土构件在硬化过程中产生收缩，混凝土收缩是一个长期的过程，其最终收缩量与材料构成、构件尺寸、环境温度以及施工养护等多种因素有关。混凝土收缩在其内部产生拉应力，可把后浇带封闭后的残余收缩变形等效为结构的整体降温，混凝土收缩比例随时间变化的曲线见图 2.6.3-2，可以发现，推迟后浇带的封带时间，可有效减少混凝土的残余收缩变形，实际工程中适当推迟后浇带的封带时间，对超长结构的温度应力控制意义重大。

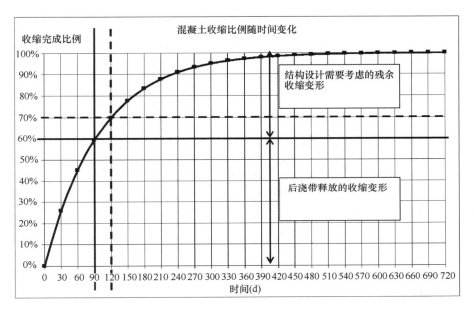

图 2.6.3-2　混凝土收缩比例随时间变化曲线

【例 2.6.3-1】深圳某工程混凝土等效收缩降温计算

工程典型平面尺寸 360m×220m；梁板采用 HRB400 钢筋，C35 混凝土，42.5 级普通水泥，水泥细度 3500cm²/g；骨料为花岗岩；水灰比 0.45；水泥浆含量 $P_T = 30\%$；混凝土机械振捣密实；自然硬化；后浇带封带时间为 120d；对应于不同等效楼板厚度（120mm、130mm、150mm 和 180mm）的截面水力半径倒数分别为：

$$r_{120} = (12 + 22000) \times 2 / (12 \times 22000) = 0.167(1/\text{cm})$$

$$r_{130} = (13 + 22000) \times 2 / (13 \times 22000) = 0.154(1/\text{cm})$$

$$r_{150} = (15 + 22000) \times 2 / (15 \times 22000) = 0.133(1/\text{cm})$$

$$r_{180} = (18 + 22000) \times 2 / (18 \times 22000) = 0.111(1/\text{cm})$$

各修正系数取值见附录 C，汇总见表 2.6.3-1。

【例 2.6.3-1】等效收缩的各修正系数取值 表 2.6.3-1

板厚（mm）			120	130	150	180
水泥品种	普通水泥	M_1	1	1	1	1
水泥细度	$3500\text{cm}^2/\text{g}$	M_2	1.065	1.065	1.065	1.065
骨料	花岗岩	M_3	1	1	1	1
水灰比	0.45	M_4	1.1	1.1	1.1	1.1
水泥浆量	30%	M_5	1.45	1.45	1.45	1.45
初期养护时间	28d（混凝土自然状态硬化）	M_6	0.93	0.93	0.93	0.93
使用环境湿度	$W\%=71\%$（年平均值）	M_7	0.763	0.763	0.763	0.763
构件水力半径倒数	按各楼层等效楼板计算	M_8	0.927	0.890	0.853	0.780
混凝土施工方式	机械振捣	M_9	1	1	1	1
模量及配筋率比值	0.095（假设梁板平均配筋率1.5%）	M_{10}	0.768	0.768	0.768	0.768
综合系数 $M=M_1 \cdot M_2 \cdots M_{10}$			0.858	0.824	0.790	0.722
最终收缩量 $\varepsilon_y(\infty)=M\varepsilon_y^0(\infty)=3.24M(\times 10^{-4})$			2.78	2.67	2.56	2.34
120d 残余收缩量对应的收缩 $0.3\varepsilon_y(\infty)(\times 10^{-5})$			8.3	8.0	7.7	7.0
120d 残余收缩量对应的等效收缩降温（℃）			8.3	8.0	7.7	7.0
为方便计算，表中混凝土等效收缩降温可取 8℃						

【例 2.6.3-2】北京某工程混凝土等效收缩降温计算

工程典型平面尺寸 185m×50m；梁板采用 C35 混凝土，42.5 级普通水泥，水泥细度 $3500\text{cm}^2/\text{g}$；骨料为花岗岩；水灰比 0.45；水泥浆含量 $P_T=30\%$；混凝土机械振捣密实；自然硬化；后浇带封带时间为 90d；对应于不同等效楼板厚度（120mm、150mm 和 180mm）的截面水力半径倒数分别为：

$$r_{120}=(12+5000)\times 2/(12\times 5000)=0.167(1/\text{cm})$$

$$r_{150}=(15+5000)\times 2/(15\times 5000)=0.134(1/\text{cm})$$

$$r_{180}=(18+5000)\times 2/(18\times 5000)=0.112(1/\text{cm})$$

【例 2.6.3-2】等效收缩的各修正系数取值 表 2.6.3-2

板厚（mm）			120	150	180
水泥品种	普通水泥	M_1	1	1	1
水泥细度	$3500\text{cm}^2/\text{g}$	M_2	1.065	1.065	1.065
骨料	花岗岩	M_3	1	1	1
水灰比	0.45	M_4	1.1	1.1	1.1
水泥浆量	30%	M_5	1.45	1.45	1.45
初期养护时间	28d（混凝土自然状态硬化）	M_6	0.93	0.93	0.93
使用环境湿度	$W\%=54\%$（年平均值）	M_7	0.952	0.952	0.952
构件水力半径倒数	按各楼层等效楼板计算	M_8	0.927	0.853	0.780
混凝土施工方式	机械振捣	M_9	1	1	1

续表

板厚（mm）			120	150	180
模量及配筋率比值	0.063（假设梁板平均配筋率1%）	M_{10}	0.834	0.834	0.834
综合系数 $M=M_1 \cdot M_2 \cdots M_{10}$			1.163	1.070	0.978
最终收缩量 $\varepsilon_y(\infty)=M\varepsilon_y^0(\infty)=3.24M(\times10^{-4})$			3.77	3.47	3.17
90d残余收缩量对应的收缩 $0.4\varepsilon_y(\infty)(\times10^{-5})$			15.1	13.9	12.7
90d残余收缩量对应的等效收缩降温（℃）			15.1	13.9	12.7
为方便计算，表中混凝土等效收缩降温可取15℃					

5. 混凝土的徐变

1）混凝土的徐变过程实际上就是应力松弛的过程，结构承受变化的温差、周期性的温差以及随时间增加的收缩作用下的内力分析，都应当考虑徐变作用。实际工程中，混凝土徐变松弛系数一般可取0.3。

2）一般说来，徐变引起弹性应力大幅度降低，是有利的，温度应力按弹性计算过于保守，造成浪费，有时超过应配钢筋一倍以上。但徐变引起的应力松弛也有不利的一面，随时间变化的变形荷载可能引起异号应力，在压应力区引起拉应力，因此，在有抗裂要求的受压区也应配置适当的构造钢筋。

6. 设计温差的确定

1）确定后浇带的封带温度 T_0（如 20±5℃，即 $T_0=20℃$，$T_{01}=15℃$，$T_{02}=25℃$）。

2）设计温差取值（考虑温度和收缩综合效应）：

地面以上结构（以冬季采暖夏季空调的商场为例，使用温度为 20～26℃，即 $T_1=20℃$，$T_2=26℃$），升温（从 T_{01} 升至 T_2，$T_2-T_{01}=26-15=11℃$），降温（从 T_{02} 降至 T_1，$T_{02}-T_1=25-20=5℃$），考虑等效收缩降温后确定计算升温及计算降温。地下二层及其以下部位常年接近恒温，可取温差5℃考虑，地下一层可取地下二层与地上一层结构的平均温差计算（见表2.6.3-3和表2.6.3-4）。

【例2.6.3-1】计算温度（℃）取值　　　　　　　　表2.6.3-3

结构部位	升温	降温	等效收缩降温	计算升温	计算降温
一层及其以上	11	−5	−8	11−8=3	−5−8=−13
地下一层	8	−5	−6.5	8−6.5=1.5	−5−6.5=−11.5
地下二层及其以下	5	−5	−5	5−5=0	−5−5=−10

【例2.6.3-2】计算温度（℃）取值　　　　　　　　表2.6.3-4

结构部位	升温	降温	等效收缩降温	计算升温	计算降温
一层及其以上	11	−5	−15	11−15=−4	−5−15=−20
地下一层	8	−5	−10	8−10=−2	−5−10=−15
地下二层及其以下	5	−5	−5	5−5=0	−5−5=−10

3）由表2.6.3-3和表2.6.3-4可以看出，所设定的计算升温和计算降温数值相差太大，实际工程中应通过调整后浇带的封带温度使计算升温和计算降温相近。用于电脑计算时，上述"计算升温"和"计算降温"还应考虑混凝土徐变和刚度折减的影响，乘以综合折减系数0.255。

7. 现阶段温度应力的分析还难以达到精细的程度，温度应力的分析主要反映温度应力的变化规律，结构设计中不应该拘泥于温度应力的具体计算量值，在超长结构的温度应力控制中应重视概念设计，采取恰当的构造措施，建议如下：

1）框架梁设计（见图2.6.3-3），梁顶跨中应根据需要设置不少于两根通长钢筋，通长钢筋可以是框架梁两端支座钢筋直通（含机械连接），也可以是跨中钢筋与框架梁两端支座钢筋的受力搭接（满足 l_l 要求）；梁两侧应设置腰筋，腰筋与主筋及腰筋之间间距宜 $s \leqslant 200mm$，腰筋在框架梁两端支座应按受拉锚固设计（锚固长度满足 l_a 要求，即腰筋满足抗扭纵筋的锚固要求，在施工图中应将钢筋"G"改为"N"）。

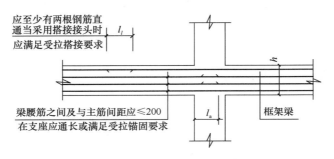

图 2.6.3-3 框架梁抵抗温度应力构造要点

2）次梁设计，梁顶跨中的架立钢筋与梁两端支座钢筋按受拉搭接设计（搭接长度满足 l_l 要求）；梁两侧应设置腰筋，腰筋与主筋及腰筋间距宜 $s \leqslant 200mm$，腰筋在框架梁两端支座应按受拉锚固设计（锚固长度满足 l_a 要求，即腰筋满足抗扭纵筋的锚固要求，在施工图中应将钢筋"G"改为"N"）。

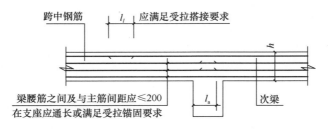

图 2.6.3-4 次梁抵抗温度应力构造要点

3）楼板设计，楼板板顶的跨中贯通钢筋（或与支座负筋按受拉搭接）的配筋率不应小于《混凝土结构设计规范》GB 50010 第9.1.8条的要求，每层每方向的配筋率均不应小于0.10%（建议配筋率见表2.6.3-5）。注意，楼板下铁在支座应尽量拉通，否则，应至少每隔一根在支座按受拉锚固设计。采取上述构造措施后楼板钢筋计算时，一般可不再考虑温度应力的影响。

超长结构的楼板贯通配筋建议 表 2.6.3-5					
结构单元长度超过规范规定的幅度	≤50%	100%	150%	200%	≥250%
沿超长方向每层每方向配筋率	0.10%	0.15%	0.20%	0.25%	0.30%

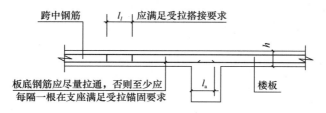

图 2.6.3-5　楼板抵抗温度应力构造要点

8. 考虑温度应力对结构的影响时应重点关注楼板和主要抗侧力构件（如框架柱或剪力墙等），温度应力对结构影响的大或小，主要取决于结构侧向刚度的大和小，结构侧向刚度越大、结构超长越多，楼板结构受温度应力的影响越大；当结构的单元长度超过规范规定限值较多，且结构为侧向刚度较大的剪力墙结构或框架-剪力墙结构时，楼板结构受温度应力的影响也越大。受嵌固端约束的影响，竖向构件温度应力影响较大的区域常出现在上部结构首层的房屋端部。

9. 缓慢升温突然降温，尽管温差相同，但拉应力变化大容易引起混凝土开裂；缓慢升温又经恒温再突然降温，引起的拉应力更大。实际工程中，应采取综合措施，让房屋的温差尽量小，持续时间尽量长，即尽可能缓慢升温或缓慢降温，就是"利用时间控制温度应力"已被不少工程所证实。

10. 结构设计中，对超长结构（一般适用于超长幅度不很大的结构）也可采用补偿收缩混凝土技术或"跳仓"施工方法，在结构收缩应力最大的地方给予相应较大的膨胀应力补偿。一般加强带的宽度约 2m，带之间适当增加水平构造钢筋 15%～20%，具体做法见图 2.6.3-6。有条件时也可考虑设置诱导缝，减轻温度应力对结构的影响。

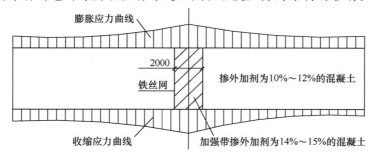

图 2.6.3-6　加强带替代部分后浇带的示意图

2.6.4 温度应力的控制应综合采取建筑措施、施工措施和结构措施等，并应在设计文件中明确。

【说明】

1. 影响温度应力的因素很多，温度应力控制也不是结构设计单专业能解决的问题，实际工程中应综合采取建筑措施、施工措施和结构措施等。

1）建筑措施主要指：结合建筑使用功能对房屋适当分缝，建筑的保温隔热措施等；

2）施工措施主要指：合理设置施工缝，减小混凝土收缩，确保施工质量，避免裂缝等施工保证措施；

3）结构措施主要指：结构的计算分析和构造措施等。

2. 对超长结构，结构设计文件中应有超长结构设计专篇，提请建筑设计及施工单位重视工程温度应力的控制并采取有效措施。

2.7 土 压 力

2.7.1 基础、地下室外墙和挡土墙设计时，地下水和土压力可按水土分算原则计算，地下水位以下的土压力按有效重度计算。承载能力极限状态计算时，地下水按抗浮设计水位计算，正常使用极限状态计算时，地下水按常见水位计算。

【说明】

1. 在民用建筑工程中，水土压力常采用水土分算的近似计算方法，地下水位以下土的有效重度（kN/m^3）＝土的饱和重度－10。需要说明的是，土的有效重度与土孔隙比有关，北京地区一般为第四纪土，在地下水位以下的实际有效重度约为 $11kN/m^3$，比计算值大约 35％，但考虑水土分算的近似性，采用上述数值计算地下室外墙和挡土墙的总水平压力值，计算简单且偏于安全。

2. 实际工程中，抗浮设计水位和常见水位标高差异较大（尤其在北方地区），结构设计计算时应根据不同极限状态要求，合理取值。

3. 应在地下室外墙施工图中标明设计允许的最大填土面标高。

2.7.2 地下水压力的荷载分项系数，当地下水位变化剧烈时，可按可变荷载考虑取1.4；否则可按永久荷载考虑取 1.2（永久荷载效应控制的组合取 1.35）。地下水头乘以荷载分项系数后不应超过地下室埋深（当抗浮设计水位标高高于室外地面时，不应超过抗浮设计水位）。

【说明】

地下水对地下室的荷载和其他荷载不同，地下水头乘以荷载分项系数后不应超过室外地面高度（当抗浮设计水位标高高于室外地面时，不应超过抗浮设计水位），例如：室外地面标高—0.300m，地下室外墙承受的水头高度从—1.300～—10.300m，当按活荷载计算时，水压力设计值＝1.4×9＝12.6m超过地下室埋深，应按埋深10.3—0.3＝10m计算水压力设计值。

2.7.3 地下室外墙的承载力计算时，地下一层可按静止土压力计算，地下一层（埋深不小于2.5m）以下各层可按主动土压力计算；正常使用极限状态验算时，均可按主动土压力并宜按压弯构件计算。

【说明】

1. 地下室外墙取静止土压力主要考虑地震对地表一定深度范围内土压力的增大作用，这种增大作用随距地表深度的增加而减小，地下二层及其以下楼层可按主动土压力计算。

2. 地震时地面运动使主动土压力增加，而被动土压力减小，地震时土压力可按式（2.7.3-1）估算：

$$E_e = (1 \pm 3k)E \qquad (2.7.3\text{-}1)$$

式中：E_e、E——分别为有地震作用时、无地震作用时作用在挡土墙墙背上的土压力，计算主动土压力时取正号，计算被动土压力时取负号。

　　　　k——水平地震系数，见表2.7.3-1。

水平地震系数 k　　　　表 2.7.3-1

抗震设防烈度	7度	8度	9度
k	0.025	0.05	0.10

2.7.4 一般情况下，主动土压力系数可取0.33，静止土压力系数可取0.5。

【说明】

为简化设计，本条取主动土压力系数0.33，静止土压力系数0.5。实际上土压力系数的大小与墙的变形能力和墙外填土的性状有直接关系，墙的刚度越大、变形越小，则主动土压力越大，填土不同，土压力系数也不相同，影响土压力的因素很多，实际上就是静止土压力系数也不是恒定值（见表2.7.4-1）。地下室外墙的变形特征见图2.7.4-1，非地震时土压力系数变化规律见图2.7.4-2。

静止土压力系数 k_0　　　　表 2.7.4-1

土类	坚硬土	硬—可塑黏性土、粉质黏性土、砂土	可—软塑黏性土	软塑黏性土	流塑黏性土
k_0	0.2～0.4	0.4～0.5	0.5～0.6	0.6～0.75	0.75～0.8

2.7.5 当地下室施工采用护坡桩时，地下室外墙的土压力系数可乘以折减系数0.7～1.0。

【说明】

1. 护坡桩对减小地下室外墙的土压力有明显作用（注意只减小土压力，不减小水压力），但对土压力系数折减的大小与护坡桩设置、施工完成后护坡桩的完整性等多种因素有关，应根据工程实际情况确定，一般情况下，可取折减系数0.7～1.0。

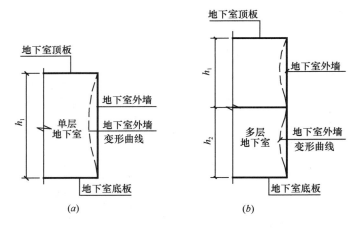

图 2.7.4-1　地下室挡土墙的变形特征

（a）单层地下室；（b）多层地下室

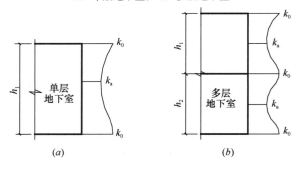

图 2.7.4-2　土压力系数沿挡土墙竖向的变化规律

（a）单层地下室；（b）多层地下室

2. 综合考虑地下室外墙土压力的分布规律、地震对地表土压力的增强作用及地震加速度随地下室深度变化的规律，以及地下室肥槽回填土的施工情况，地下室的土压力可按图 2.7.5-1 确定。

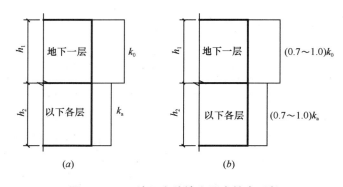

图 2.7.5-1　地下室外墙土压力综合系数

（a）一般地下室外墙；（b）采用护坡桩护坡的地下室外墙

2.7.6 承载力设计时，地下室顶板的回填土重量应按土的饱和重度计算。

【说明】

考虑地下室顶板施工及地下水的影响，地下室顶板结构构件的承载力设计时，顶板的覆土重量宜按土的饱和重度计算。

2.8　效　应　组　合

2.8.1 结构设计应按照承载能力极限状态和正常使用极限状态要求进行效应和效应组合，应注意把握持久、短暂设计状况和抗震设计状况，区分基本组合、偶然组合、标准组合、频遇组合或准永久组合。

【说明】

1. 结构的效应和效应组合要把握"两个极限状态"（承载能力极限状态和正常使用极限状）要求，应注意区分"两个设计状况"（持久、短暂设计状况和抗震设计状况）要求。

2. 由于电算程序的广泛使用，结构设计中的效应和效应组合一般按程序默认的组合计算完成，但对于复杂工程仍然需要结构设计人员根据工程的特点，准确把握承载能力极限状态和正常使用极限状态要求，调整补充相关组合。

3. 所有结构构件均应进行持久、短暂设计状况验算，抗侧力构件还应进行抗震设计状况验算。承载能力极限状态应采用基本组合或偶然组合，正常使用极限状态应采用标准组合、频遇组合或准永久组合。

2.8.2 不上人屋面的活荷载可不与雪荷载组合，也不与风荷载组合，更不与风荷载和雪荷载同时组合。

【说明】

不上人屋面的活荷载数值一般很小，极端天气情况下上人的可能性更小，因此不与风和雪荷载组合，实际工程中，对重型结构由于屋面活荷载数值很小，组合与否影响不大，对轻型结构则应特别注意风雪荷载的影响。

2.8.3 一般情况下，可不考虑消防车荷载效应、地震作用效应、温度作用效应、人防荷载效应的相互组合或共同组合。

【说明】

对一般工程而言，消防车荷载、地震作用和人防荷载都属于偶然作用，同时出现的概率极小，可不考虑相互间的效应组合，也可不考虑其与温度作用的组合。

2.8.4 一般工程，消防车等效均布活荷载的分项系数可取1.0。

【说明】

一般工程指：消防车不经常出现的工程，对此类工程，消防车荷载属于偶然出现的荷载，其可变荷载的分项系数可取 1.0，即可采用消防车等效均布活荷载的标准值效应数值与其他荷载（作用）效应组合。

2.8.5   建筑结构的温差效应与重力荷载效应可按公式（2.8.5-1）组合。

$$S = \gamma_G S_G + \gamma_T \psi_T S_T = 1.25 S_G + 0.72 S_T \qquad (2.8.5\text{-}1)$$

式中：γ_G——重力荷载效应的分项系数，取 1.25；

γ_T——温差效应的分项系数，取 1.2；

ψ_T——温差效应的组合值系数，取 0.6；

S_G——重力荷载（包括永久荷载和可变荷载）效应标准值；

S_T——考虑混凝土收缩、徐变及构件截面弹性刚度折减后的温差效应标准值。

【说明】

1. 温差效应对结构的影响是复杂的，依据《建筑结构荷载规范》GB 50009，结合结构设计实践及温度应力控制的概念设计要求，参考相关资料［38］、［39］给出温度效应与重力荷载效应组合的建议公式（2.8.5-1）。

2. 混凝土的热惰性及混凝土的收缩、徐变和结构构件弹性刚度的退化等是一个随时间的发展过程，温差效应对结构的影响是随时间进程中多种效应共同作用的结果，采用1.25 倍重力荷载效应标准值适当量化重力荷载（永久荷载和可变荷载）对结构的影响。

3. 温差效应与重力荷载效应的组合应以概念设计为主，在温差效应分项系数的确定过程中，淡化永久荷载效应和可变荷载效应，考虑温度应力控制的复杂性综合取分项系数 1.2。

4. 温度对结构的作用基于结构弹性变形理论，并考虑混凝土构件实际刚度退化的折减，为减小弹性计算与实际结构弹塑性性能计算的差异，本条直接对输入电脑的计算温度乘以徐变和混凝土构件实际刚度退化系数 0.255（注意：对钢结构不考虑此系数）。

3 结构设计基本要求

3.1 一　般　要　求

3.1.1　应根据房屋的设计使用年限、重要性程度等，按表 3.1.1-1 确定结构重要性系数 γ_0、地震作用调整系数 γ_E、活荷载调整系数 γ_L；乙类建筑宜取 $\gamma_0 = 1.1$。

结构重要性系数、地震作用调整系数和活荷载调整系数　　　　表 3.1.1-1

设计使用年限（年）	5	25	30	40	50	75	100
结构重要性系数 γ_0	0.90	0.95	0.96	0.98	1.00	1.05	1.10
地震作用调整系数 γ_E	—	0.75	0.75	0.90	1.00	1.25	1.45
活荷载调整系数 γ_L	0.90	0.95	0.96	0.98	1.00	1.05	1.10

当设计使用年限不为表中数值且不小于 25 年时，表中各系数可按线性内插确定。

【说明】

1. 大部分工程可按设计基准期 50 年、设计使用年限 50 年设计，重要工程的设计使用年限应经专门研究确定，避免无依据地提高设计基准期和设计使用年限。耐久性设计的使用年限可根据需要采用不低于 50 年的设计（如 75 年、100 年等）。

2. 结构重要性系数由结构的重要性程度确定，设计使用年限 100 年的建筑为重要建筑，应取 $\gamma_0 = 1.1$；抗震设计的甲、乙类建筑宜取 $\gamma_0 = 1.1$；设计使用年限 50 年的建筑为普通房屋，应取 $\gamma_0 = 1.0$。设计使用年限不超过 5 年的建筑为临时建筑，宜取 $\gamma_0 = 0.9$；设计使用年限为 25 年的建筑宜取 $\gamma_0 = 0.95$。

3. 当设计使用年限不为 50 年时，应根据使用年限调整地震作用（相对于设计使用年限 50 年的建筑），确定活荷载调整系数（相对于设计使用年限 50 年的建筑）。耐久性设计应符合相关规范的要求。

4. 特殊工程（如铁道工程、市政管廊等）的设计基准期和设计使用年限按相关规范的规定确定，相应系数可按表 3.1.1-1 取值。

3.1.2　建筑物的抗震设防分类应符合《建筑工程抗震设防分类标准》GB 50223 的要求，可按结构单元或区域划分，但应避免上高下低。

1　以防震缝分开的结构，当房屋各区段各自独立的疏散出入口能满足本区段疏散要求时，可分为不同的结构区段，相应区段内的人数（或面积）可单独计算。

2　当地下商场设置有直接对外的疏散出入口时，抗震设防分类时可地上、地下人数（或面积）分别计算。

【说明】

1. 可分区域、分楼层甚至分构件确定房屋的抗震设防分类，但应避免头重脚轻。

2. 当商场的每个区段有两个单独对外的疏散出入口时，可认为能避免人流集中，此

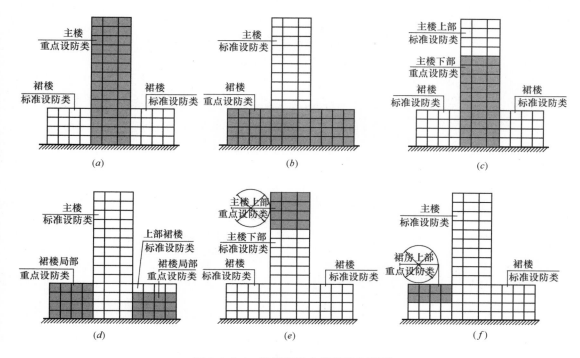

图 3.1.2-1　抗震设防分类的基本原则

(*a*) ～ (*d*) 合理分类；(*e*)、(*f*) 不合理分类

时无论各区段商业人流是否相通，都可以按各自人数单独计算区段人数。

3. 当地下商场有两个单独对外的疏散出入口时，可认为能避免地上地下的人流集中，此时无论地上、地下商业人流是否相通，都可以按地上和地下分别计算商场人数。

3.1.3　结构设计应准确确定上部结构的嵌固部位，应创造条件使地下室顶板符合作为上部结构的嵌固部位。

1　地下一层结构对上部结构首层的侧向刚度比，高层建筑应不小于 2，多层建筑不宜小于 2（不应小于 1.5）。

2　当地下室顶板不能作为上部结构的嵌固部位时，应考察地下二层与上部结构首层的侧向刚度比，并满足上述 1 款的要求，地下二层仍不满足时，以此类推验算以下各层（始终与首层比较）。

3　当多层建筑地下一层对上部结构首层的侧向刚度比不满足 2 且不小于 1.5 时，地下室顶板仍可作为上部结构的嵌固端，同时应对回填土的施工质量提出更高的要求。

4　嵌固部位结构侧向刚度比按等效剪切刚度比计算，地下室计算的平面范围可取相应上部结构及其相关范围（取三跨且不大于 20m 范围内的结构，上部为多塔楼结构时，地下室相关范围不共用），不考虑回填土的约束刚度。

5　上部结构的嵌固部位应优先采用梁板式结构，当楼板厚度足够厚时，也可以采用厚板结构。

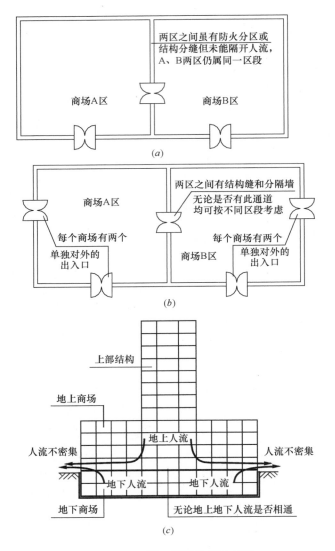

图 3.1.2-2   同一区段的概念示意

6   地下室顶板不能作为上部结构的嵌固部位时，仍应考虑地下室顶板的实际嵌固作用，按地下室顶板嵌固和向下延伸的嵌固端分别计算，包络设计。约束边缘构件应延伸至嵌固端，地下室顶板及其向下延伸的嵌固端楼层，均应满足嵌固端楼层的构造要求。

【说明】

1. 地下室顶板作为上部结构的嵌固部位是最合理、最经济的选择，嵌固部位向下延伸越多，结构需要采取的加强措施的范围（从向下延伸的嵌固部位到地下室顶板）越大，结构成本也越高。

2. 嵌固部位对上部结构的约束刚度，主要由结构自身的侧向刚度和回填土对结构的约束刚度两部分组成，当嵌固部位结构的等效侧向刚度比在 1.5~2.0 之间时，实际总的约束刚度比在 4.5～10.0 之间，能够很好地实现对上部结构的嵌固。

3. 在嵌固部位的上、下层，侧向刚度突变，上部结构的底部剪力（或楼层剪力）需要通过平面内刚度很大的楼盖结构传递和再分配，同时也就对楼盖的面外刚度提出要求，一般梁板结构的面外刚度较大，能满足作为嵌固部位传递水平剪力的要求。

1）当梁板式结构采用现浇空心楼板时，空腔上、下实心混凝土板的最小厚度均不得小于 90mm（并应满足防水要求）。

2）当厚板结构的楼板厚度足够厚，即当楼板厚度不小于 300mm（当采用现浇空心楼板时，空腔上、下实心混凝土板的最小厚度均不小于 150mm），且不小于跨度的 1/20 时，已满足宽扁梁的截面高度要求，也可认为满足规范对嵌固部位采用"现浇梁板结构"的要求。

4. 嵌固部位刚度比计算时，应合理确定上部结构的相关范围（均宜从主楼结构外扩，见图 3.1.3-1）。

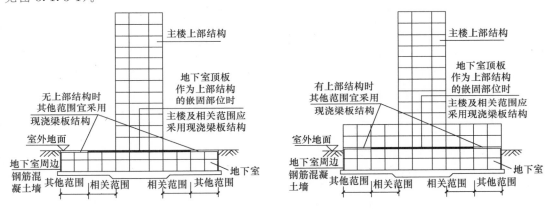

图 3.1.3-1 上部结构"相关范围"的确定

5. 当地下室顶板不能作为上部结构的嵌固部位时，嵌固部位向下延伸只是一种计算处理措施，上部结构的嵌固部位变成一个嵌固区域（从地下室顶板到向下延伸的嵌固部位），结构设计时，应注意地下室顶板的实际嵌固作用（或部分嵌固作用），取向下延伸的嵌固部位和地下室顶板作为上部结构的嵌固部位，分别计算包络设计。必要时可对嵌固部位楼层采取适当的简化计算措施。

6. 不设地下室时，应注意嵌固部位的实际有效性，确保嵌固部位抗弯和抗剪能力、抗滑移和抗倾覆的稳定性，注意中震和大震设计要求。柱下独立基础的长和宽均不应小于地面以上首层柱直径（或柱边长）的 4 倍，配筋应满足嵌固端受力要求。

3.1.4 山区工程应注意场地稳定性问题，尤其应注意建筑场地的大震稳定性。避免高挖深填，注意排洪等问题。

【说明】

1. 山地建筑应注意场地稳定性问题，结构设计应对选址的合理性进行再研究，避免

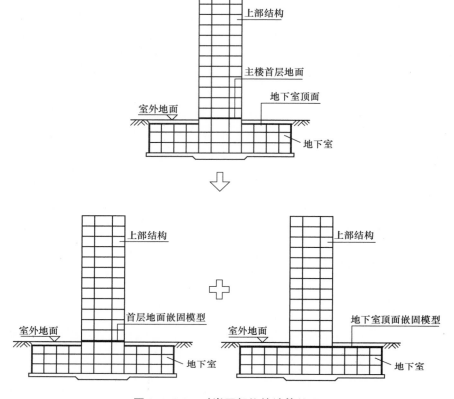

图 3.1.3-2 对嵌固部位的计算处理

在危险场地上建设工程，必要时应出具书面文件，对工程选址提出结构设计建议。

2. 在工程选址问题上结构设计往往难有话语权，但对于危险场地（建筑抗震设计的危险场地、地质灾害性场地、可能受山洪、冰雪自然灾害等），结构设计必须从专业角度表明观点。对于不利场地，也应与业主多沟通，避免因为选址问题导致结构费用过多增加。

3. 岩石地基的工程，应特别注意岩石裂隙水，注意工程建设对原有场地地下水疏水系统的破坏或改变，合理确定山区岩石地基工程的抗浮设计水位。

3.1.5 坡地上的单栋高层建筑应营造局部平地环境，避免场地的约束不均匀造成结构的扭转，采取措施避免或简化坡地上大底盘多塔楼结构。

【说明】

1. 坡地建筑，即使是均匀对称的上部结构，由于嵌固端约束的不均匀常导致结构受到较大的扭转，对高层建筑，应营造局部平地环境，使其处在相对平整的嵌固端上（图3.1.5-1），而对于单层建筑及层数较少的多层建筑，则可通过调整结构布置减少结构的扭转（图3.1.5-2）。

2. 坡地建筑应重视结构概念设计，注重结构设计与总平面设计密切配合，注意总平面防洪问题，注意地质灾害评估，大底盘设计应随坡就势，避免高挖深填。

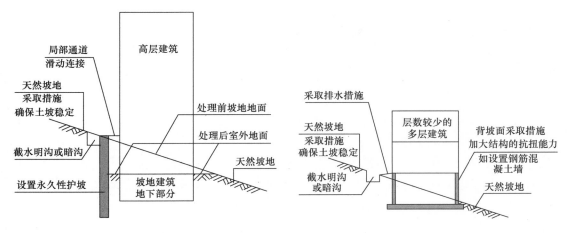

图 3.1.5-1　坡地上单栋高层建筑结构的　　图 3.1.5-2　坡地上单层及层数较少的
　　　　　　嵌固处理措施　　　　　　　　　　　　多层建筑的抗扭措施

3. 坡地建筑结构设计应注意等高线控制问题，注意场地护坡分工问题，重视及时解决现场问题。

4. 应注意工程建设对原有场地地下水疏水系统的破坏或改变，合理确定坡地建筑工程的抗浮设计水位。

3.1.6　应根据房屋平面布置、平面尺寸、层数、荷载分布和地基基础等具体情况确定是否设置防震缝，防震缝的设置应有利于减少结构的不规则状况，可分可不分的防震缝不分，防震缝的设置应结合温度缝、沉降缝综合比选后确定。

【说明】

1. 防震缝设置时应对工程具体情况加以分析，关注平面布局的合理性、关注楼层布置及荷载分布情况、关注地基基础方案及地基沉降和差异沉降问题。防震缝的设置应能简化结构平面不规则程度，防震缝宽度应足够以避免结构的碰撞，分缝不应导致结构新的不规则，不是分得越多越好，应进行比选，综合确定。

2. 台湾嘉义县黎明小学为 U 形平面的二层建筑（图 3.1.6-1），单面走廊，筏板基础，不设防震缝，历经多次强烈地震（1998 年瑞里地震 PGA＝0.67g、1999 年 921 集集地震 PGA＝0.63g、1999 年 10 月 22 日嘉义地震 PGA＝0.60g）保持完好，分析其平面布置可以发现当沿房屋纵向地震作用时，局部尺寸 L1 约为 1.5B1，当沿房屋横向地震作用时，L 约为 4B，房屋结构的共同工作能力强，整体抗震性能良好，如果简单将总平面分为三个矩形平面，则抗震性能反而削弱。

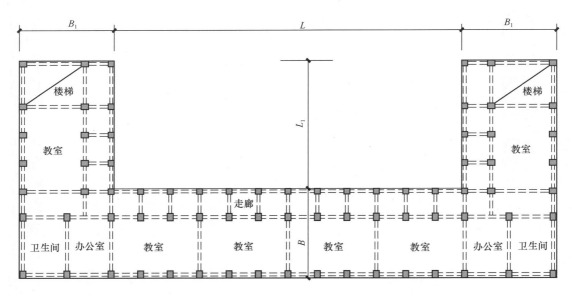

图 3.1.6-1   黎明小学教学楼平面示意图

3.2   结构概念设计和抗震性能化设计

3.2.1   结构设计应与建筑等相关专业密切配合，注重概念设计，应采用合理的结构体系，注意结构设计的规则性，应有明确的受力和传力路径，并确保结构具有合理的承载力、刚度和延性。

【说明】

1. 结构设计离不开与相关专业的配合，结构设计中遇到的问题应与建筑及相关设备专业充分沟通解决，结构设计中遇到的方案性问题不完全是结构专业的内部问题，不能离开专业协作去独自解决，同时单专业的解决方案也不一定是最经济合理的方案。

2. 概念设计是结构设计的根本，应选择合理的结构体系，明确竖向荷载和水平作用的传力路径，避免出现转换、错层等不规则情况，结构的平面立面布置应力求均匀对称，结构体系应有合理的承载力、刚度和延性，避免软弱层、薄弱层和薄弱部位。

3. 现有条件下结构的计算手段很多，需要说明的是：结构计算的准确性与结构的规则性密切相关，结构越规则其计算结果的可信度越高，结构越复杂其计算结果的可信度也就越低，结构的计算是对结构概念设计的验证和量化过程，利用概念设计对复杂结构的计算结果进行分析判断十分重要。

4. 实际工作中常有不重视抗震概念设计，而将程序计算结果作为判断结构设计方案合理与否的唯一标准，认为只要计算能通过就可行，忽视结构实际受力状况与程序假定不吻合的情况，这种做法是很不恰当的。

3.2.2 结构设计应有明确的传力路径，竖向荷载应传力直接，避免转换；水平作用应传力路径清晰，避免错层和楼板大开洞。

【说明】

1. 传力路径问题就是要回答力传到哪里去的问题。传力路径有两条，即竖向荷载的传力路径和水平作用的传力路径，要求传力路径直接、明确、路径最短，对两条传力路径的把握是结构概念设计的最基本要求。

2. 竖向力的传力路径，就是要明确竖向荷载是如何传给基础的，要求传力直接有效，路径最短，避免采用转换结构（或构件）、避免采用大跨度悬挑结构等。

3. 水平作用的传力路径，就是要明确水平作用（风荷载、地震作用等）是如何传给主要抗侧力结构（或构件）的，要求传力直接有效，路径最短，避免楼板大开洞、避免采用穿层柱、避免采用凹凸平面、避免采用细腰平面、避免采用错层结构或局部错层等。

3.2.3 应根据规范的要求对结构的不规则进行判别，应分析不规则产生的原因，采取有效措施予以改进，并确保措施的合理有效性。应避免多种不规则类型位于同一部位或同一结构单元内。

【说明】

1. 对结构不规则判别的目的在于找出结构设计中的不规则问题，分析不规则产生的原因，寻求避免或减轻不规则的具体措施，并确保措施的合理有效性。对结构不规则判别不是机械地数条数。

2. 不规则指的是具有表 3.2.3-1～表 3.2.3-4 中一项及多项不规则指标的情况。工程上可细分为严重不规则、特别不规则及一般不规则。

1)"严重不规则"，指体形复杂，多项不规则指标超过表 3.2.3-1～表 3.2.3-4 上限值或某一项大大超过规定值，存在现有技术和经济条件不能克服的严重的抗震薄弱环节，可能导致地震破坏的严重后果者。设计中不应采用严重不规则的建筑方案。

（1）上述"多项"一般可理解为不规则的种类超过"特别不规则"的相应判定标准；

（2）严重不规则的根本问题是，结构存在严重的且现阶段无法克服的抗震薄弱环节，将会导致地震破坏的严重后果，而不规则指标（计算指标）只是它的表象。

2)"特别不规则"，指存在较明显的抗震薄弱部位，可能引起不良后果者。实际工程中可按如下原则把握：对特别不规则的建筑方案，结构设计应采取比规范要求（基本的抗震设计要求）更有效的措施（更严格的抗震设计要求）。有下列情况之一时可确定为"特别不规则"：

（1）具有表 3.2.3-1 中三项或三项以上不规则情况；

（2）具有表 3.2.3-2 中两项不规则情况；

（3）同时具有表 3.2.3-1 和表 3.2.3-2 中各一项不规则情况；

（4）具有表 3.2.3-3 或表 3.2.3-4 中所列的一项不规则情况。

3）除"严重不规则"和"特别不规则"以外的不规则均为一般不规则。

不规则情况（1） 表 3.2.3-1

序		不规则类型	简要涵义	把握要点
1	a	扭转不规则	考虑偶然偏心的扭转位移比大于 1.2	参见 GB 50011—3.4.3
	b	偏心布置	偏心率大于 0.15 或相邻层质心相差大于相应边长 15%	参见 JGJ 99—3.3.2；a、b 不重复计算不规则项
2	a	凹凸不规则	平面凹凸尺寸大于相应边长 30% 等（深凹进平面在凹口设置连梁，当连梁刚度较小不足以协调两侧的变形时，仍视为凹凸不规则，不按楼板不连续的开洞对待）	参见 GB 50011—3.4.3；凹凸主要关注建筑外轮廓的变化，有无屋顶可作为主要判别依据
	b	组合平面	细腰形或角部重叠形	参见 JGJ 3—3.4.3；a、b 不重复计算不规则项；对细腰和角部重叠的把握见第 3.3.4 条
3		楼板不连续	有效宽度小于 50%，开洞面积大于 30%，错层大于梁高	参见 GB 50011—3.4.3
4	a	刚度突变	相邻层刚度变化大于 70%（按《高规》考虑层高修正时，数值相应调整）或连续三层变化大于 80%	参见 GB 50011—3.4.3，JGJ 3—3.5.2；注意与表 3.2.3-2 之 3 的区别
	b	尺寸突变	竖向构件收进位置高于结构高度 20% 且收进大于 25%，或外挑大于 10% 和 4m，多塔	参见 JGJ 3—3.5.5；a、b 不重复计算不规则项 具体见第 3.3.5 条
5		构件间断	上下墙、柱、支撑不连续，含加强层、连体类	参见 GB 50011—3.4.3
6		承载力突变	相邻层受剪承载力变化大于 80%	参见 GB 50011—3.4.3
7		局部不规则	如局部的穿层柱、斜柱、夹层、个别构件错层或转换，或个别楼层扭转位移比略大于 1.2 等	根据局部不规则的位置、数量等对整个结构影响的大小，判断是否计入不规则项，所列情况已造成不规则并已计入上述 1~6 项者，不再重复计算不规则项

不规则情况（2） 表 3.2.3-2

序	不规则类型	简要涵义	把握要点
1	扭转偏大	裙房以上的较多楼层考虑偶然偏心的扭转位移比大于 1.4	与表 3.2.3-1 之 1 项不重复计算；超过 1/3 楼层时可确定为较多楼层
2	抗扭刚度弱	扭转周期比大于 0.9，超过 A 级高度的结构扭转周期比大于 0.85	扭转周期比指 T_T/T_1
3	层刚度偏小	本层侧向刚度小于相邻上层的 50%	与表 3.2.3-1 之 4a 项不重复计算；层刚度比小于 70% 时属于软弱层
4	塔楼偏置	单塔或多塔与大底盘的质心偏心距大于底盘相应边长 20%	与表 3.2.3-1 之 4b 项不重复计算；单塔质心用于单塔楼大底盘结构，多塔合质心用于多塔楼大底盘结构

不规则情况（3）　　　　　　　　　　　　　　　　表 3.2.3-3

序	不规则类型	简要涵义	把握要点
1	高位转换	框支墙体的转换构件位置：7度超过5层，8度超过3层	6度时超过6层
2	厚板转换	7～9度设防的厚板转换结构	
3	复杂连接	各部分层数、刚度、布置不同的错层，连体两端塔楼高度、体型或沿大底盘某个主轴方向的振动周期显著不同的结构	多数楼层同时前后、左右错层属于本表的复杂连接。仅前后错层或左右错层属于表 3.2.3-1 的一般不规则
4	多重复杂	结构同时具有转换层、加强层、错层、连体和多塔等复杂类型的3种	

其他不规则情况　　　　　　　　　　　　　　　　表 3.2.3-4

序	简称	简要涵义	把握要点
1	特殊类型高层建筑	抗震规范、高层混凝土结构规程和高层钢结构规程暂未列入的其他高层建筑结构，特殊形式的大型公共建筑及超长悬挑结构，特大跨度的连体结构等	大型公共建筑的范围，见《建筑工程抗震设防分类标准》GB 50223
2	大跨屋盖建筑	空间网格结构或索结构的跨度大于120m或悬挑长度大于40m，钢筋混凝土薄壳跨度大于60m，整体张拉式膜结构跨度大于60m，屋盖结构单元的长度大于300m，屋盖结构形式为常用空间结构形式的多重组合、杂交组合以及屋盖形体特别复杂的大型公共建筑	

3. 结构的不规则主要有两类：平面不规则（主要包括：扭转不规则、偏心布置、凹凸不规则、组合平面、楼板不连续等）和竖向不规则（主要包括：上下层刚度突变、上下层尺寸突变、构件间断、相邻层受剪承载力突变等），在上述两类不规则中，竖向不规则对结构抗震性能的影响更为明显，抗震设计也应该给予更多的关注和重视。

1) 平面不规则主要关注各抗侧力结构之间协同工作和水平传力路径的完整性问题，同类不规则应合并计算为一项不规则，扭转不规则和偏心布置合并为一项，凹凸不规则和组合平面合并为一项，已经计入不规则项时不再计算局部平面不规则项（如局部的穿层柱或个别楼层扭转位移比略大于1.2等）。

2) 竖向不规则主要关注竖向传力路径、软弱层和薄弱层问题，上下层刚度突变和上下层尺寸突变合并为一项不规则，已经计入不规则项时不再计算局部竖向不规则项（如斜柱、个别构件错层或转换等）。

4. 对结构的不规则判别，主要是发现问题并采取相应结构措施解决问题，应把握抗震概念设计的基本要素，结合工程具体情况和工程经验综合确定，应有针对性地采取行之有效的结构措施消除或改善结构的不规则程度，提高结构的抗震性能，而不应把主要精力放在不规则指标的具体数值和项数上。对结构的同类不规则项可以合并，但仍应该针对具体的不规则情况采取合理有效的结构措施。

5. 对结构的不规则判别，《建筑抗震设计规范》GB 50011（简称《抗规》）、《高层建筑混凝土结构设计规程》JGJ 3（简称《高规》）及"超限高层建筑工程抗震设防专项审查技术要点"（建质［2015］67 号，简称"审查要点"）都有相应的规定，但也有些许不同，《抗规》的规定较为原则，《高规》和"审查要点"的规定更为具体，实际工程中可结合工程具体情况，按《高规》和"审查要点"要求逐项判别。

6. 多层建筑一般可不走超限程序，但仍应根据不规则具体情况采取相应的结构措施，房屋高度接近 24m 的多层复杂公共建筑，宜按超限审查要求进行专门分析和论证并经院方案评审通过后实施。

3.2.4 复杂结构应进行抗震性能目标总体设计，结构的关键构件宜进行抗震性能化设计。

【说明】

1. 抗震性能设计是解决复杂结构抗震问题的基本方法，常用于复杂结构、超限建筑工程的结构设计中，其本质是抗震概念设计，抗震性能设计着重于通过现有手段（计算措施及构造措施），采用包络设计的方法，解决工程设计中的复杂技术问题。抗震性能设计的抗震设防目标应不低于规范的基本抗震性能目标。

2. 抗震性能设计的基本思路是："高延性，低弹性承载力"或"低延性，高弹性承载力"。提高结构或构件的抗震承载力和变形能力，都是提高结构抗震性能的有效途径，而仅提高抗震承载力需要以对地震作用的准确预测为基础。限于地震研究的现状，应以提高结构或构件的变形能力并同时提高抗震承载力作为抗震性能设计的首选，即"高延性，适当提高弹性承载力"，考虑地震的不确定性，对混凝土结构不建议采用"低延性，高弹性承载力"的设计方法（钢结构由于具有很好的耗能能力，可以采用）。

3. 建筑工程的抗震性能化设计，应根据工程的具体情况（对地震损坏的可接受程度）制定相应的抗震性能目标，对照规范的规定依据相应的性能水准，采取相应的结构措施。一般采用性能目标 C，多遇地震、设防烈度地震和罕遇地震所对应的性能水准是 1、3、4，按照《高层建筑混凝土结构技术规程》JGJ 3 第 3.11.3 条，依据第 3 款确定设防烈度地震下相应的设计要求，依据第 4 款确定罕遇地震下的设计要求。

4. 抗震性能化设计还可参考"超限高层建筑工程抗震设防专项审查技术要点"（建质［2015］67 号）的规定，如对框支转换构件按大震不屈服验算，必要时宜采用重力荷载下不考虑上部墙体共同工作的手算复核等。

3.2.5 在规定水平力作用下，少量剪力墙的框架结构（框架部分承受的地震倾覆力矩大于结构总地震倾覆力矩 80%）应采用性能化设计方法设计，满足基本抗震性能目标要求。框架按框架-剪力墙结构和纯框架结构分别计算，包络设计，满足大震不倒要求，剪力墙满足强剪弱弯要求。

【说明】

1. 少量剪力墙的框架结构中的剪力墙过少，起不到一道防线的作用，因此，对框架和剪力墙应分别计算，包络设计。

2. 此处采用抗震性能化设计方法，实现基本抗震性能目标（小震不坏、中震可修、大震不倒）的要求（低于抗震性能化设计要求），其本质是抗震概念设计。

3. 对少量剪力墙的框架结构，其抗震性能化设计方法的具体应用见第 4.2.7 条。

3.2.6 乙类建筑的多层单跨框架结构应按抗震性能化设计方法设计，满足不低于基本抗震性能目标要求。丙类建筑的多层单跨框架结构也宜按抗震性能化设计方法设计，满足基本抗震性能目标要求。

【说明】

1. 中小学、医院等乙类建筑的连廊，当采用单跨框架结构时，应采用性能化设计方法，实现不低于基本抗震性能目标要求，补充大震不倒验算。

2. 丙类建筑的多层框架结构，当采用单跨框架结构时，宜采用性能化设计方法，实现基本抗震性能目标要求，补充大震不倒验算。

3.2.7 性能化设计中的中震和大震承载力设计，采用基于振型分解反应谱法的等效弹性计算方法，不考虑小震时基于抗震等级的放大系数和调整措施。

【说明】

1. 抗震性能化设计主要着眼于结构的中、大震设计，采用带 ∗ 号的地震效应值（《高层建筑混凝土设计规程》JGJ 3），不考虑小震时基于抗震等级的效应调整系数，也不考虑 $0.2Q_0$ 调整要求，也没有地震最小剪力系数要求等（一切基于小震的设计规定，在中、大震设计中均不做要求）。

2. 抗震性能化设计中的中震、大震承载力设计要求，主要着眼点是竖向抗侧力构件（如框架柱、剪力墙等），竖向构件的抗震承载力提高后，与之相连的水平构件（如框架梁、连梁等）一般不提高，以更有利于实现抗震性能目标。

3. 抗震性能化设计中的承载力设计要求（见《高层建筑混凝土结构技术规程》JGJ 3），如中震弹性、中震不屈服、大震弹性和大震不屈服等，应采用等效弹性的计算方法，就是采用振型分解反应谱法计算，根据中震或大震时结构的塑性发展情况，对相应计算参数（如阻尼比 C1、连梁刚度折减系数 C2、梁刚度放大系数 C3、填充墙对结构周期的影响系数 C4 等）进行调整。对混凝土结构，大震时各系数可取如下数值：C1＝0.07、C2＝0.3、C3＝1.0、C4＝1.0，中震时各系数可取小震与大震的平均值计算。

3.3 结构布置的规则性

3.3.1 应注意结构布置的规则性，优先采用均匀对称的结构。要针对各项不规则制定具体而有效的结构设计措施，并验证其措施的合理有效性。

【说明】

1. 建筑布置是影响结构规则性的关键因素,合理的建筑布置对结构设计是极其重要的,震害调查表明,规则结构在地震时较不易破坏,且容易估计地震时的反应,易采取抗震构造措施和细部处理。

2. 强调结构设计的规则性,目的是既能实现建筑效果又能确保结构的基本合理性。

3. 为了实现建筑效果可以适当淡化结构设计的经济性要求,但不应放弃结构设计的基本合理性要求。

4. 对结构设计的规则性把握,要分析产生不规则原因、不规则的程度及对结构设计的不利影响,制定合理措施解决不规则问题。

3.3.2 应正确区分结构的平面凹凸与平面开洞,凹凸主要考察的是建筑外立面的变化,开洞考察的是建筑内部的变化,一般情况下,有屋顶的范围可按开洞判别。剪力墙住宅的深凹口处,当设置刚度很大的连梁并能协调连梁两侧结构的共同工作时,也可认为其不是凹凸而算作为楼板开洞。

【说明】

1. 结构设计中对凹凸和开洞常容易混淆,凹凸和开洞虽然都是从建筑平面上考察各抗侧力结构共同工作能力强弱的指标,但两者有区别,凹凸主要考察建筑外立面的变化,是一种从建筑平面外轮廓变化角度考察结构局部凸出及整体性的指标,而平面开洞是从结构内部楼面完整性的角度考察各抗侧力结构共同工作能力强弱的指标,有屋顶的部位一般是开洞。

2. 在高层剪力墙住宅中,为了协调深凹口两侧结构的共同工作,常设置刚度很大的连梁(连梁的跨高比不大于2.5,连梁宽度不小于两侧墙厚的较小值,该连梁也可以按宽扁梁设置,但两侧楼板应适当加强,见图3.3.2-1),此时可认为其不属于凹凸而按开洞处理(尽管凹口上方没有屋顶)。

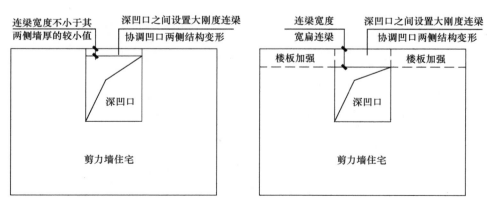

图 3.3.2-1 深凹口剪力墙住宅平面图

3. 当深凹口以外的其他部位已存在凹凸不规则项时,不宜再将此深凹口归类为楼板大开洞不规则项。

3.3.3　房屋门厅穿层柱位置，当使用无特殊要求时可不设置宽度 2m 的楼板。

【说明】

房屋门厅穿层柱位置常被要求设置宽度不小于 2m 的楼板（见图 3.3.3-1），以满足《高层建筑混凝土结构技术规程》JGJ 3 的规定，其实《高层建筑混凝土结构技术规程》JGJ 3 的规定是要满足有效楼板宽度的要求，也就是只有楼板宽度不小于 2m 才可以计入有效楼板的宽度范围，而不是要求所有楼板都要满足 2m 宽度的要求，事实上，在门厅穿层柱位置，楼板开洞的宽度一般在 16m 以上，即使设置 2m 宽度的板，对楼盖的整体性作用也很小。

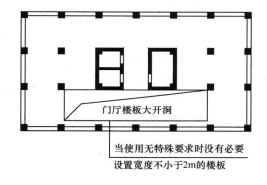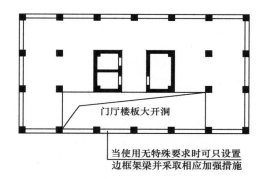

图 3.3.3-1　门厅楼板大开洞平面示意图

3.3.4　应区别不同情况，注意对弱连接和细腰的楼面结构采取相应加强措施，以适应来自不利方向的水平地震作用。

【说明】

1. 结构设计中，应避免采用连接较弱、各部分协同工作能力较差的结构平面。

2. 当平面重叠部位的对角线长度 b 小于与之平行方向结构最大有效楼板宽度 B 的 1/3 时，可判定为"角部重叠"（见图 3.3.4-1）。

3. 当平面连接部位的宽度 b 小于典型平面宽度 B 的 1/3 时，可判定为"细腰形平面"（见图 3.3.4-2）。

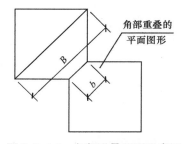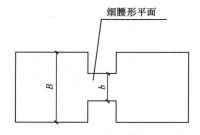

图 3.3.4-1　角部重叠平面示意图　　　　**图 3.3.4-2　细腰平面示意图**

4. 对结构细腰等弱连接不规则判别时，应重点关注细腰等弱连接两侧结构的均匀性问题，当连接两侧的结构较为均匀且各自单独计算的扭转效应不大时，仍应对该连接部位及其与两侧核心筒之间的楼面结构采取适当的加强措施，以适应来自不利方向的水平地震作用。

3.3.5 注意对平面收进的合理把握，区分整体收进和局部收进，关注收进部位抗侧力结构对结构整体刚度的影响程度。

【说明】

1. 规范对平面收进的控制，从平面尺度变化来考量楼层质量和结构侧向刚度的变化程度，是以楼层质量和结构侧向刚度（沿平面面积）均匀分布为前提的。框架-核心筒结构中裙房框架的收进时，并不一定完全代表楼层质量和结构侧向刚度的剧烈变化。

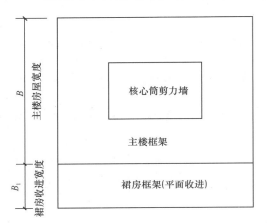

图 3.3.5-1　平面收进示意图

2. 对框架-核心筒结构等抗侧力构件在主楼范围集中分布的情况、裙楼平面为非矩形的情况应加以判别。某工程裙房平面为三角形，竖向收进判别时按等效的矩形裙房面积计算。

3. 对平面局部收进的情况，可按面积相等原则等效为全楼收进的尺寸判别。

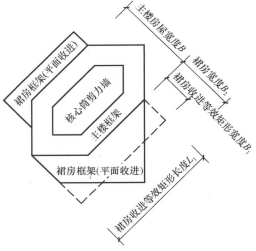

图 3.3.5-2　三角形平面可按等效矩形面积计算

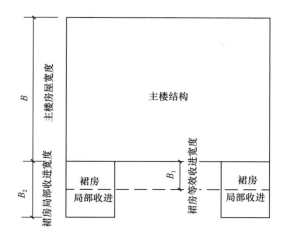

图 3.3.5-3 局部收进示意图

3.3.6 同一平面不规则问题，可以计及多项不规则时，应合并同类不规则项，确定不规则项时按最不利项不规则考虑，但应同时采取针对多项不规则的结构措施。

【说明】

1. 遇有同一平面问题引起的多项不规则问题时，应对不规则项加以区分，合并由于同一原因引起的不规则项，并按最不利项不规则计算为一项不规则，但应同时采取针对多项不规则结构措施。如：楼板开大洞引起的穿层柱问题，若可以算作楼板开大洞不规则、也可以算作穿层柱不规则时，可只计算楼板开大洞不规则项，但应分别按楼板开大洞不规则及穿层柱不规则采取相应的结构措施。

2. 错层属于结构设计中的较为严重的不规则情况，已经确定为错层不规则时，不再计算由于错层处楼板错位引起的楼板不连续项。

3.3.7 结构设计中应采取措施避免结构侧向刚度和楼层抗剪承载力的突变，应避免同一楼层既是薄弱层也是软弱层（结构楼层受剪承载力和侧向刚度在同一层突变）。

【说明】

1. 结构侧向刚度变化较大的楼层往往伴随应力和应变的突变，可能出现薄弱层和软弱层，结构设计应加以避免。

2. 结构设计中层高变化较大时结构侧向刚度变化也大，应特别注意对结构侧向刚度比的控制，通过调整抗侧力结构布置，改变剪力墙厚度等措施，避免结构侧向刚度的突变。

3. 结构设计中，尤其应注意在房屋顶层或顶部楼层由于使用功能的变化导致剪力墙布置的突变，避免结构侧向刚度和楼层受剪承载力的突变。

3.3.8 注意对大底盘多塔楼质心距的合理控制。

【说明】

大底盘多塔楼结构的底盘和塔楼质心距判别时，塔楼采用多塔楼综合质心，"底盘结构的质心"可理解为"底盘顶层结构的质心"和"底盘结构的综合质心",应根据底盘结构的复杂程度确定,当工程底盘结构平面及荷载情况变化较大时,可分别取上述两种质心计算,取不利情况判别。

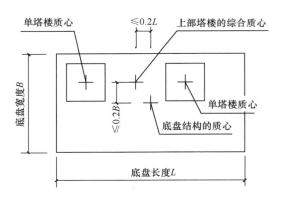

图 3.3.8-1　底盘质心和塔楼质心

3.4　结 构 计 算 分 析

3.4.1　结构计算分析包括程序计算和手算,结构计算分析是对结构概念设计的量化和验证,结构设计中不能以结构计算代替概念设计。

【说明】

结构计算分析的大部分工作由电算完成,手算主要涉及结构的概念设计、对电算结果的复核验算(错层结构、坡屋面结构的扭转位移比复核等)及其关键构件(框支转换构件在重力荷载下不考虑墙体共同工作的手算复核等)、关键节点的验算等,即使电算已日益普及,但手算复核工作仍然是结构设计的重要内容,结构设计人员应注意通过适当的手算,培养自己的动手能力,提高概念设计水平。

3.4.2　应选用符合工程情况的计算程序,计算模型应与实际受力模型一致,必要时应补充多模型分析,对复杂结构应采用不少于两个不同力学模型的程序进行比较计算。

1　结构整体指标(如周期、位移、扭转位移比、倾覆力矩比等)计算时,应采用强制刚性楼板假定;构件设计计算时,可采用弹性楼板假定;

2　计算构件拉力或温度应力分析时,应采用弹性楼板假定;

3　验算地下室对上部结构的嵌固刚度比时,应采用基础顶面嵌固模型;

4　上部结构设计计算时,应采用地下室顶板的嵌固模型,当地下室顶板不能完全作为上部结构嵌固部位时,还应补充嵌固端向下延伸的计算模型,并按两次计算的不利值进行承载力包络设计;

5 承载力计算时剪力墙连梁的刚度应乘以相应的折减系数，6、7度取0.7，8、9度取0.5，大震分析时可取0.3；中震分析时可取大震与小震的平均值，位移计算时可不折减；

6 应考虑框架梁在竖向荷载下梁端塑性变形内力重分布，梁端负弯矩调幅系数：现浇框架结构取0.8~0.9，装配式整体式框架取0.7~0.8；

7 结构内力与位移计算采用刚性楼板假定时，现浇楼盖和装配整体式楼盖的梁刚度放大系数：中梁取2.0，边梁取1.5；不宜直接采用程序自动计算的数值；大震分析时可取1.0，中震分析时可取大震与小震的平均值；

8 处于弹性或基本弹性受力状态的厚板可采用弹性楼板6模型进行比较计算。

【说明】

1. 结构分析计算时不应追求采用"过新"的电算程序和版本，一般情况下至少应采用一个较为成熟的计算程序（或版本）进行比较计算，适用的就是最合理的。结构计算分析也不应追求所谓"一次计算到位"，由于计算假定的局限性，不同的假定都有一定的适应性，实际上也不存在一次计算就能解决所有问题的工程。

2. 一般情况下结构分析计算应采用空间分析程序，实际工程中应注意空间分析程序的不完全适用性，对结构空间作用受影响的区域（如局部大开洞、剪力墙间距过大等情况）应采用平面框架程序进行承载力补充分析，对承载力和刚度变化较大的工程还应补充弹性时程分析或弹塑性时程分析等。

3. 结构整体指标反映的是结构的整体特性，故应采用刚性楼板的计算模型。对复杂结构或空间作用不明显的结构，在承载力设计时可根据工程具体情况，采用局部刚性楼板模型、弹性楼板模型或零刚度板模型。

4. 构件受拉或结构温度应力分析时，应采用弹性楼板模型，不应采用刚性楼板模型，否则计算不出构件拉力。

5. 当地下室顶板不能完全作为上部结构的嵌固部位时，地下室自身的侧向刚度及其周围土体对地下室的约束刚度仍然很大（土和地下室的综合侧向刚度仍比上部结构的侧向刚度大3~5倍以上），对上部结构的约束作用也很明显，对这种在地下室顶板不完全嵌固的工程，仍应考虑地下室顶板的实际嵌固作用，补充按地下室顶板嵌固的计算模型，分别计算，取不利值进行承载力设计。

6. 应避免连梁作为楼面梁的支承梁，应考虑在地震时连梁刚度的退化，使墙和柱具有恰当的抗震承载力。结构位移计算本质上属于估算性质，没有考虑地震时连梁弹性刚度的折减，也没有考虑构件配筋对结构刚度的增大作用等，建立在弹性计算假定下的"计算位移"不一定是结构的实际位移。

7. 抗震设计的框架梁更应重视梁端弯矩的塑性调幅，以更有利于实现强柱弱梁和强剪弱弯的抗震性能目标。

8. 采用刚性楼板假定考虑梁刚度放大系数时，不宜直接采用程序给定的梁刚度放大系数，避免混乱。采用弹性楼板模型时程序自动考虑楼板对结构刚度的影响。

9. 弹性楼板模型（弹性楼板模型3、6）的有限元分析，原则上不适用于弹塑性楼板，对局部弹塑性开展较为充分的楼板也应慎用，必要时应采用其他计算方法进行补充验算。

10. 楼板设计应采用合理的计算模型，满足承载能力极限状态和正常使用极限状态要求，宜按弹性计算考虑塑性调幅（调幅系数根据工程具体情况确定）；人防荷载效应组合或防连续倒塌计算时，楼板可按塑性铰线法计算（可不验算楼板的挠度和裂缝）。

11. 关于次梁点铰

1）当需要对次梁点铰时，应对次梁的截面高度和平面布置进行再核查，避免次梁梁端与主梁端部（或其他次梁）距离过小（主梁计算梁段的抗扭刚度过大），避免次梁截面过大等（次梁高度与主梁宽度或剪力墙厚度之比不应大于2）。

2）次梁点铰本质上属于结构计算书的处理手段，次梁点铰后应对次梁和主梁（或墙）采取综合措施，以确保次梁、主梁或墙的安全。

3）对次梁的结构措施：

（1）次梁梁端应配置适当数量的负钢筋（配筋过多，对主梁安全不利；配筋过少，不利于次梁梁端抗剪），可取构造配筋（满足《混凝土结构设计规范》GB 50010 第 8.5.1 条）；

（2）次梁梁端纵向钢筋应优先采用较细直径的钢筋，在主梁满足受力锚固要求。

4）对主梁的结构措施：

（1）当主梁两侧均有现浇楼板时，主梁的抗扭纵筋和箍筋应满足构造要求；

（2）当主梁仅一侧有现浇楼板时，主梁的抗扭纵筋和箍筋应适当加大；

（3）当主梁两侧均没有现浇楼板时，主梁应按计算（扭矩折减系数取1.0）配置抗扭纵筋和箍筋；

（4）结构设计中较为重要的主梁，当次梁点铰时，应按次梁梁端刚接和铰接模型分别计算，取合理值配筋。

3.4.3 穿层柱应满足抗剪中震弹性抗弯中震不屈服要求，其配筋还不宜小于与其相邻的一般框架柱，穿层柱相应楼层的剪力墙和不穿层框架柱、穿层柱上下端楼层应采取适当加强措施。

【说明】

1. 穿层柱在结构设计中经常出现，穿层柱也是结构设计中的重要构件，应采取措施确保其具有足够的承受上部竖向荷载的能力。

2. 由于穿层柱按侧向刚度分配的地震剪力和弯矩均很小，结构设计中习惯上要求其配筋不小于相邻非穿层的框架柱，考虑实际工程的复杂性，有时难有与穿层柱相同截面的框架柱，此处采用抗震性能化设计方法，对穿层柱提出满足抗剪中震弹性抗弯中震不屈服的设计要求。

3. 穿层柱多出现在房屋的底部楼层，应根据穿层柱的数量和位置及其对楼层侧向刚度的影响，对相应楼层的剪力墙和不穿层框架柱采用抗震性能化设计的方法，适当提高剪力墙及不穿层框架柱的抗震性能。对穿层柱上、下端楼层宜适当加强楼板的整体性（下端为嵌固部位时按嵌固部位处理），并适当加大通长配筋。

4. 需要说明的是，实际工程中在对穿层柱进行内力调整的同时，也常需要根据工程的具体情况（如楼板大开洞的位置及开洞率的大小、穿层柱数量的多少、楼板开洞对剪力墙侧向刚度及承载力的影响程度等）对同层的非穿层柱和剪力墙的内力进行适当的调整（如必要时，可考虑由非穿层柱承担楼层框架部分的全部剪力，非穿层剪力墙承担楼层剪力墙部分的全部剪力等）。当工程为抗震超限时，穿层柱、穿层剪力墙的剪力调整应按超限审查意见执行，本条可作为前期方案比选阶段的参考。

3.4.4 对坡屋顶结构、错层结构等，应合理计算结构的扭转位移比，必要时应根据实际楼层关系采用手算复核。

【说明】

对坡屋顶结构、错层结构等，程序依据计算楼层自动计算的扭转位移比往往是不准确的，一般情况下，应根据实际楼层情况手算复核。

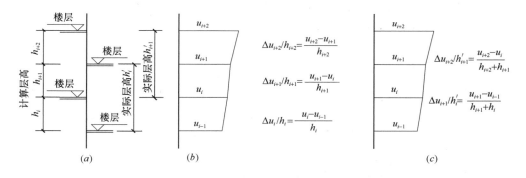

图 3.4.4-1　错层结构楼层位移比的估算

（a）错层结构；（b）楼层位移比的程序计算；（c）楼层位移比的手算复核

3.4.5 结构扭转位移比的控制应根据结构的层间位移角情况，区别"一般建筑"和"特殊建筑"确定。"特殊建筑"指 B 级高度高层建筑、超过 A 级高度的混合结构及《高层建筑混凝土结构技术规程》JGJ 3 第 10 章的复杂高层建筑；"一般建筑"指"特殊建筑"以外的建筑；当楼层层间位移角数值很小时，结构的扭转位移比限值可适当放宽见表 3.4.5-1 和表 3.4.5-2。

"一般建筑"的扭转不规则程度的分类及限值　　　　　表 3.4.5-1

结构类型	地震作用下的最大层间位移角 θ_E 范围	相应于该层的扭转位移比 μ				
		$\mu \leqslant 1.2$	$1.2 < \mu \leqslant 1.35$	$1.35 < \mu \leqslant 1.5$	$1.5 < \mu \leqslant 1.6$	$\mu > 1.6$
框架	$\theta_E \leqslant 1/1375$	规则	Ⅰ类	Ⅰ类	Ⅱ类	不允许
	$1/1375 < \theta_E \leqslant 1/550$	规则	Ⅰ类	Ⅱ类	不允许	
框架-剪力墙 框架-核心筒	$\theta_E \leqslant 1/2000$	规则	Ⅰ类	Ⅰ类	Ⅱ类	
	$1/2000 < \theta_E \leqslant 1/800$	规则	Ⅰ类	Ⅱ类	不允许	
框支层、筒中筒、 剪力墙	$\theta_E \leqslant 1/2500$	规则	Ⅰ类	Ⅰ类	Ⅱ类	
	$1/2500 < \theta_E \leqslant 1/1000$	规则	Ⅰ类	Ⅱ类	不允许	

"特殊建筑"的扭转不规则程度的分类及限值　　　　　表 3.4.4-2

结构类型	地震作用下的最大层间位移角 θ_E 范围	相应于该层的扭转位移比 μ				
		$\mu \leqslant 1.2$	$1.2 < \mu \leqslant 1.3$	$1.3 < \mu \leqslant 1.4$	$1.4 < \mu \leqslant 1.5$	$\mu > 1.5$
框架	$\theta_E \leqslant 1/1375$	规则	Ⅰ类	Ⅰ类	Ⅱ类	不允许
	$1/1375 < \theta_E \leqslant 1/550$	规则	Ⅰ类	Ⅱ类	不允许	
框架-剪力墙 框架-核心筒	$\theta_E \leqslant 1/2000$	规则	Ⅰ类	Ⅰ类	Ⅱ类	
	$1/2000 < \theta_E \leqslant 1/800$	规则	Ⅰ类	Ⅱ类	不允许	
框支层、筒中筒、 剪力墙	$\theta_E \leqslant 1/2500$	规则	Ⅰ类	Ⅰ类	Ⅱ类	
	$1/2500 < \theta_E \leqslant 1/1000$	规则	Ⅰ类	Ⅱ类	不允许	

【说明】

　　限制结构的扭转位移比的根本目的在于限制结构的扭转，当结构的层间位移角不大于规范限值的 0.4 倍时，扭转位移比的限值可适当放宽。此处区分"一般建筑"和"特殊建筑"列表。表中依据扭转位移比的数值大小将不规则程度分为Ⅰ、Ⅱ类，其中Ⅰ类不规则程度相对较轻，Ⅱ类不规则程度相对较重。

　　3.4.6　用于塔楼结构的基本性能指标判别时，避免采用大底盘地下室与上部塔楼结构共同计算的模型。

【说明】

　　对结构计算控制指标的判断和把握时，若采用塔楼和大底盘地下室共同作用计算模型，地下室质量（重量大对重力荷载代表值的影响也大）和刚度（地下室刚度大）将对上部结构动力特性产生明显的影响，因此宜直接采用地下室顶板嵌固的计算模型。

3.4.7 对复杂结构进行体系判别时，房屋倾覆力矩比应取底部加强部位范围的不利值。

【说明】

倾覆力矩比是关系房屋结构体系的大指标，一般工程可取底层结构的倾覆力矩比，而对于底部加强部位范围内主要抗侧力构件分布不均匀的复杂结构，应按底部加强部位范围内各层的最不利倾覆力矩比数值判别。

3.4.8 弹塑性验算主要用于发现结构在罕遇地震下的弹塑性变形规律，结构在罕遇地震作用下的弹塑性层间位移，应结合罕遇地震作用下的弹塑性时程分析、借助小震弹性时程分析及小震反应谱计算结果综合确定。

【说明】

1. 结构在罕遇地震作用下的弹塑性分析主要用于结构的弹塑性变形验算，其本质是发现弹塑性变形的规律和薄弱层的部位，判别结构在大震下的损伤情况，构件可能破坏的部位及其弹塑性变形程度，应淡化弹塑性计算结果的具体数值。

2. 结构在罕遇地震作用下的弹塑性分析相对于弹性分析模型可有所简化，但二者在多遇地震下的线性分析结果应基本一致；应计入重力二阶效应、合理确定弹塑性参数，应依据构件的实际截面、配筋等计算承载力。为增加弹塑性计算结果的可靠程度，可借助理想弹性假定的计算结果，加以综合判别。

1) 一般应对多遇地震反应谱计算时模型中的次要结构或构件进行适当的简化，但简化后两者在弹性阶段的分析模型应基本相同，主要计算参数（嵌固端等）和主要计算结果（主振型、周期、总地震作用等）应一致或基本一致。

2) 在弹塑性阶段，结构构件和整个结构实际具有的抵抗地震作用的承载力是客观存在的，不会因为计算方法的不同而改变。若采用不同计算方法（或计算程序）得出的承载力差异较大，则计算方法或计算参数存在问题，应仔细复核调整。

(1) 弹塑性分析时，若整个结构的实际受剪承载力超过同样阻尼比的理想弹性假定计算的大震剪力，则计算异常。

(2) 弹塑性分析时，若薄弱层的层间位移小于按理想弹性假定计算的该部位大震的层间位移时，则计算异常。

(3) 弹塑性分析时，采用不同计算方法，计算的承载力、位移及塑性变形的程度会有差别，但发现的薄弱层部位一般应相同。进行结构弹塑性分析时，尤其是动力弹塑性分析时，由于所选用的波形不同，其计算结果差异较大，但应力集中和应变集中的规律应该一致，因此，关注弹塑性分析应关注其分析结果的规律，而不是具体数值。

3. 影响弹塑性位移计算结果的因素很多，现阶段其计算结果与承载力计算相比离散性较大。大震弹塑性时程分析时，由于阻尼的处理方法不够完善，波形数量较少，因此，大震弹塑性层间位移的参考数值 $\Delta u_{\mathrm{p}}^{\mathrm{a}}$，需借助小震弹性时程分析及小震的反应谱法确定：即，不宜直接把计算的弹塑性层间位移 Δu_{p} 视为实际位移。需用同一软件计算得到同一波形、同一部位的大震弹塑性层间位移 Δu_{p} 与小震弹性层间位移 Δu_{e} 的比值 η_{p}，再将此比值系数 η_{p} 乘以反应谱法计算的该部位小震层间位移 $\Delta u_{\mathrm{e}}^{\mathrm{s}}$，才能视为大震下的弹塑性层间位移的参考值 $\Delta u_{\mathrm{p}}^{\mathrm{a}}$。

$$\Delta u_{\mathrm{p}}^{\mathrm{a}} = \eta_{\mathrm{p}} \Delta u_{\mathrm{e}}^{\mathrm{s}} \tag{3.4.8-1}$$

$$\eta_{\mathrm{p}} = \Delta u_{\mathrm{p}} / \Delta u_{\mathrm{e}} \tag{3.4.8-2}$$

4. 设防烈度地震或罕遇地震作用下，由于结构所受的地震作用不同，结构的弹塑性性能也不同，弹性分析和弹塑性分析结果存在明显差异，有时效应的规律也不相同。如对双肢墙，小震作用时，墙肢可能为压弯构件，而在设防烈度地震或罕遇地震作用下，墙肢可能为拉弯构件，构件的受力状态发生根本的改变，抗震性能也有很大的不同。因此，对于设防烈度地震及罕遇地震下的结构采用弹性分析方法，并采用在多遇地震弹性计算结果上同比例放大的简化计算方法，对罕遇地震下受力情况有可能改变的特定结构或构件是不合适的。

5. 目前情况下，弹塑性时程分析宜采用"高性能弹塑性动力时程分析软件 SAU-SAGE"，宜取三条波计算的最大值。

3.4.9 单建式地下建筑的抗震设计计算，可采用地下室基础顶面嵌固的地上建筑模型进行近似计算。

【说明】

1. 结构设计中应注意区分单建式地下室与附建式地下室。单建式地下室一般没有地面以上建筑或地面以上仅有为地下室服务的出口通道等；附建式地下室属于地面以上建筑的附属建筑，且地面以上建筑是结构抗震设计的主体。

2. 依据《建筑抗震设计规范》GB 50011 的规定，单建式地下建筑的抗震计算应采用考虑地下室及其周围土体共同作用的计算模型（图 3.4.9-1）；

3. 地面以下设计基本地震加速度值随距地表的深度增加而减小，一般在基岩面可取地表加速度值的 1/2，基岩至地表之间按线性内插确定（图 3.4.9-2）。

4. 现有条件下，单建式地下室的抗震设计计算常采用简化计算模型，取基础顶面作为嵌固端，不考虑地下室周围土体的地震作用，也不考虑地下室埋深的有利影响，按等效地上建筑考虑。

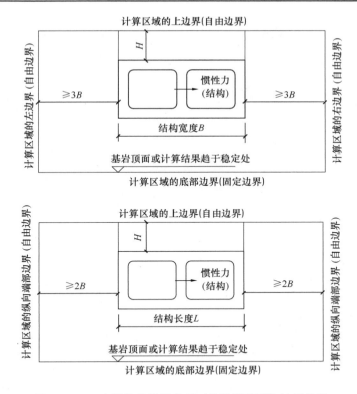

图 3.4.9-1　空间结构模型分析时的计算范围和边界条件

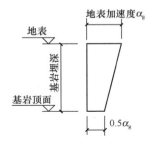

图 3.4.9-2　地面以下设计基本地震加速度取值

3.5　装配式结构

3.5.1　装配式结构按主体结构的材料可分为装配式混凝土结构、钢结构、木结构以及装配式组合结构等，装配式混凝土结构中又包括装配整体式混凝土结构和全装配式混凝土结构。本节仅涉及装配整体式混凝土结构和各类装配式结构中外挂墙板的内容。

【说明】

1. 装配式建筑是指由预制部品部件在工地装配而成的建筑，由结构系统、外围护系统、内装系统、设备与管线系统四大系统组成。目前，我国装配式建筑中主体结构应用的主要类型为混凝土结构、钢结构、木结构、组合结构（包括钢-混凝土、钢-木及混凝土-木组合结构）等。

2. 装配式建筑中主体结构装配的主要目标：一是要充分发挥预制部品部件的高质量，实现建筑标准的提高；二是要充分发挥现场装配的高效率，实现建造综合效益的提高；三是要通过预制部品部件装配的方式，促进建造方式的转变。

3. 装配式结构设计时不能为了装配而装配，应避免片面追求预制率和装配率，应确定合理的装配范围（如住宅中公共区域的楼板由于设备管线交叉较多不宜采用叠合楼板等），从而实现预制构件"少规格、多组合"的目标。

4. 现行的国家及北京市规范、规程见表 3.5.1-1。

现行的国家及北京市规范、规程　　　　　　　表 3.5.1-1

标准名称	标准编号	标准类型
《装配式混凝土结构技术规程》	JGJ 1—2014	行业标准
《钢筋套筒灌浆连接应用技术规范》	JGJ 355—2015	行业标准
《预制带肋底板混凝土叠合楼板技术规程》	JGJ/T 258—2011	行业标准
《装配式混凝土建筑技术标准》	GB/T 51231—2016	国家标准
《装配式钢结构建筑技术标准》	GB/T 51232—2016	国家标准
《装配式木结构建筑技术标准》	GB/T 51233—2016	国家标准
《装配式建筑评价标准》	GB/T 51129—2016	国家标准
《装配式剪力墙结构设计规程》	DB11/1003—2013	北京市地方标准
《装配式混凝土结构工程施工与质量验收规程设计规程》	DB11/T1030—2013	北京市地方标准

5. 可参照的国家建筑标准设计图集见表 3.5.1-2。

可参照的国家建筑标准设计图集　　　　　　　表 3.5.1-2

图集名称	图集编号
《预制混凝土剪力墙外墙板》	15G365-1
《预制混凝土剪力墙内墙板》	15G365-2
《桁架钢筋混凝土叠合板（60mm 厚底板）》	15G366-1
《预制带肋混凝土叠合楼板》	14G443
《预制钢筋混凝土板式楼梯》	15G367-1
《预制钢筋混凝土阳台板、空调板及女儿墙》	15G368-1
《装配式混凝土结构表示方法及示例（剪力墙结构）》	15G107-1
《装配式混凝土结构连接节点构造（楼盖结构和楼梯）》	15G310-1
《装配式混凝土结构连接节点构造（剪力墙结构）》	15G310-2
《装配式混凝土剪力墙结构住宅施工工艺图解》	16G906
《装配式混凝土结构预制构件选用目录（一）》	16G116-1
《预制混凝土外墙挂板》	08SJ110-2

（Ⅰ）一 般 规 定

3.5.2 装配整体式混凝土结构根据结构形式可采用装配整体式框架结构、装配整体式框架-现浇剪力墙结构、装配整体式框架-现浇核心筒结构、装配整体式剪力墙结构、装配整体式部分框支剪力墙结构，其最大适用高度见表3.5.2-1。

装配整体式混凝土结构房屋的最大适用高度（m）　　　　　　表 3.5.2-1

结构类型	抗震设防烈度			
	6度	7度	8度（0.2g）	8度（0.3g）
装配整体式框架结构	60	50	40	30
装配整体式框架-现浇剪力墙结构	130	120	100	80
装配整体式框架-现浇核心筒结构	150	130	100	90
装配整体式剪力墙结构	130（120）	110（100）	90（80）	70（60）
装配整体式部分框支剪力墙结构	110（100）	90（80）	70（60）	40（30）

注：1　房屋高度指室外地面到主要屋面板板顶的高度（不考虑局部突出屋顶部分）；
　　2　当预制剪力墙构件底部承担的总剪力大于该层总剪力的80%时，应取表中括号内数值。

【说明】

1. 装配整体式混凝土结构房屋的最大适用高度与《高层建筑混凝土结构技术规程》JGJ 3中的A级高度相比，装配整体式框架结构8度（0.3g）最大适用高度降低5m，装配整体式剪力墙结构和装配整体式部分框支剪力墙结构最大适用高度降低10m，预制剪力墙较多时降低20m，其他的适用高度与《高层建筑混凝土结构技术规程》JGJ 3中的A级高度相同。

2. 当结构中竖向构件全部为现浇且楼盖采用叠合楼板时，房屋的最大适用高度按《高层建筑混凝土结构技术规程》JGJ 3中的规定采用。

3.5.3 当房屋高度大于70m时，装配式整体式剪力墙结构中剪力墙的抗震等级，6度时为三级，7度时为二级，8度时为一级。

【说明】

装配整体式剪力墙结构和装配整体式部分框支剪力墙结构中剪力墙的抗震等级与《高层建筑混凝土结构技术规程》JGJ 3中的A级高度相应的抗震等级相比适当提高，房屋高度的分界线由80m降低到了70m。

3.5.4 装配整体式混凝土结构可采用与现浇混凝土结构相同的方法进行结构分析，其中非组合的夹心保温外墙板的外叶墙板不应作为受力构件考虑，仅作为荷载输入。当同一层内既有预制又有现浇抗侧力构件时，地震设计状况下宜对现浇抗侧力构件的弯矩和剪力适当放大。

【说明】

在预制构件之间及预制构件与现浇混凝土的接缝处，当受力钢筋采用安全可靠的连接方式，且接缝处新旧混凝土之间采用粗糙面、键槽等构造措施时，结构的整体性能与现浇结构类同，设计时可采用与现浇结构相同的方法进行结构分析。装配整体式剪力墙结构中边缘构件和大部分内墙采用现浇，考虑到接缝处现浇混凝土的收缩和徐变等因素对剪力墙刚度的不利影响，对现浇剪力墙的内力适当放大是必要的，建议不小于 1.1 倍。

3.5.5 高层建筑装配整体式混凝土结构中，结构底部加强部位的剪力墙宜采用现浇混凝土，框架结构的首层柱宜采用现浇混凝土。

【说明】

底部加强区对结构整体的抗震性能影响很大，高烈度区底部加强区采用现浇结构是合理的。但对于小高层建筑当高宽比小于 4 且墙肢轴压比不大于 0.3 时，底部加强区部分装配可提高施工效率，但应对预制墙板的竖向钢筋连接采取加强措施。

3.5.6 抗震设防烈度为 7 度和 8 度，当装配整体式剪力墙结构的高宽比较大（7 度大于 5.0，8 度 4.0）时，应补充结构在设防烈度水平地震作用下的内力分析，并宜避免预制墙板构件出现小偏心受拉，如出现小偏心受拉时，预制墙板构件的平均拉应力不应大于混凝土抗拉强度的标准值。

【说明】

当装配整体式剪力墙结构的预制墙板出现小偏心受拉时，可能会出现水平通缝而严重削弱其水平接缝的抗剪承载力，抗侧刚度会严重退化，因此宜避免。

（Ⅱ）预制竖向构件及其连接设计

3.5.7 装配整体式混凝土结构中，接缝的正截面承载力应符合现行国家标准《混凝土结构设计规范》GB 50010 的规定。预制构件的接缝应进行受剪承载力的验算，接缝的剪力设计值应不大于接缝受剪承载力设计值。

【说明】

装配整体式混凝土结构中的接缝主要指预制构件之间的接缝及预制构件与现浇混凝土之间的结合面，包括梁端接缝、柱顶底接缝、剪力墙的竖向接缝和水平接缝等；接缝是影响结构受力性能的关键部位。预制构件接缝一般采用强度等级高于构件的后浇混凝土、灌浆料或坐浆料，当穿过接缝的钢筋不少于构件内钢筋并且构造符合规定时，接缝的正截面受压、受拉及受弯承载力一般不低于构件，可不进行承载力验算。但考虑到后浇混凝土、灌浆料或坐浆料与预制构件结合面的粘结抗剪强度往往低于预制构件本身混凝土的抗剪强度，因此，预制构件的接缝一般都需要进行受剪承载力的验算。

3.5.8 装配整体式混凝土结构中，接缝处的纵向钢筋连接宜根据接头受力、施工工艺等要求选用机械连接、套筒灌浆连接、浆锚搭接连接、焊接连接、绑扎搭接连接等连接方式；直径大于 20mm 的钢筋不宜采用浆锚搭接连接，直接承受动力荷载的构件纵向钢筋不应采用浆锚搭接连接。

【说明】

　　浆锚搭接连接，是一种将需搭接的钢筋拉开一定距离的搭接方式，这种搭接技术在欧洲有多年的应用历史和研究成果，但我国目前对钢筋浆锚搭接连接接头尚无统一的技术标准，因此提出较为严格的要求。

　　3.5.9　高层建筑装配整体式剪力墙结构中，上、下层剪力墙的竖向钢筋，当采用套筒灌浆连接或浆锚搭接接连接时，边缘构件竖向钢筋应逐根连接，预制剪力墙的竖向分布钢筋可采用梅花形部分连接，不宜采用单排钢筋连接。

【说明】

　　墙的竖向分布钢筋梅花形部分连接的节点详图如图 3.5.9-1 所示

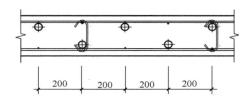

图 3.5.9-1　墙的竖向钢筋连接

（Ⅲ）预制水平构件及其连接设计

　　3.5.10　叠合板应根据支座条件和长宽比确定为单向板或双向板。对于长宽比不大于 2 的四面支承叠合板，应按双向板设计，其预制板间应采用整体式板缝，拼缝宽度应满足受力钢筋搭接连接的要求。住宅中的单向板的拼缝不宜采用密缝。

【说明】

　　双向板的整体式板缝节点如图 3.5.10-1 所示，单向板的板缝宽度宜取 50～100mm，节点详图如图 3.5.10-2 所示。

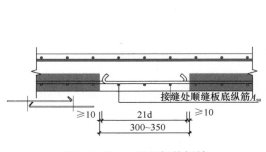

图 3.5.10-1　双向板的板缝

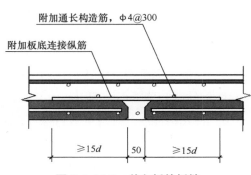

图 3.5.10-2　单向板的板缝

3.5.11 装配整体式剪力墙结构中的叠合板，双向板的四周和单向板的板端宜预留胡子筋。

【说明】

为了避免预制板在罕遇地震作用下坍塌，以及考虑到剪力墙结构中叠合楼盖作为剪力墙侧向支承点的作用，双向板的四周和单向板的板端宜预留胡子筋，节点如图 3.5.11-1 所示，单向板的板侧节点如图 3.5.11-2 所示。

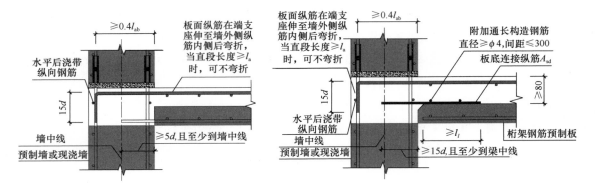

图 3.5.11-1 双向板的四周和单向板的板端   图 3.5.11-2 单向板的板侧

3.5.12 装配整体式混凝土结构的楼盖宜采用叠合楼盖。结构转换层、平面复杂或开洞较大的楼层以及作为上部结构嵌固部位的地下室顶板宜采用现浇楼盖。

【说明】

结构转换层、平面复杂或开洞较大的楼层以及作为上部结构嵌固部位的地下室顶板对楼盖整体性及传递水平力的要求较高，宜采用现浇楼盖。

（Ⅳ）外挂墙板及其连接设计

3.5.13 外挂墙板在地震作用下的性能应符合下列规定：

1 当遭受低于本地区抗震设防烈度的多遇地震作用时，外挂墙板应不受损坏或不需修理可继续使用；

2 当遭受相当于本地区抗震设防烈度的设防地震作用时，节点连接件应不受损坏，外挂墙板可能发生损坏，但经一般性修理后仍可继续使用；

3 当遭受高于本地区抗震设防烈度的罕遇地震作用时，外挂墙板不应脱落，且夹心保温墙板的外叶墙板不应脱落；

4 使用功能或其他方面有特殊要求的外挂墙板工程，可设置更高的抗震设防目标。

【说明】

在地震作用下，外挂墙板构件会受到强烈的动力作用，外挂墙板及其节点连接件相对更容易发生破坏。防止或减轻地震灾害的主要途径，是在保证墙板本身具有足够承载能力的前提下，加强抗震构造措施。

1. 在多遇地震作用下，外挂墙板及其节点连接件、接缝密封材料等一般不应产生破坏，或虽有微小损坏但不需修理仍可正常使用；

2. 在设防烈度地震作用下，墙板可能有损坏（如个别面板破损、密封材料局部损坏等），但不应有严重破坏，经一般修理后仍然可以使用；外挂墙板的节点连接件因直接影响到墙板的安全性且往往维修困难，所以必须保证节点连接件在设防烈度地震作用下不损坏；

3. 在预估的罕遇地震作用下，外挂墙板自身可能产生比较严重的破坏，但不应发生墙板整体或局部脱落、倒塌的情况。

这些与我国现行国家标准《建筑抗震设计规范》GB 50011 的指导思想是一致的。外墙挂板工程的设计和抗震构造措施应保证上述设计目标的实现。

3.5.14 外挂墙板及其与主体结构的连接节点应进行抗震设计，连接节点宜避开主体结构支承构件在地震作用下的塑性发展区域。

【说明】

为保证外挂墙板在地震作用下的安全性，连接节点应进行抗震设计。在设防地震和罕遇地震作用下，主体结构的塑性发展区域一般会发生混凝土开裂及钢筋屈服，会削弱连接节点预埋件、连接钢筋的锚固作用，影响连接节点的承载力。因此，为保证设防地震和罕遇地震作用下外挂墙板不整体脱落，连接节点宜直接支承在楼板上，也可连接在塑性发展区域以外的支承梁上。当无法避开时，应将连接节点的预埋件或连接钢筋与主体结构支承构件的纵向受力钢筋可靠连接，避免发生脱落。

3.5.15 主体结构计算时，应按下列规定计入外挂墙板的影响：

1 应计入支承于主体结构上的外挂墙板自重；当外挂墙板相对于支承构件存在偏心时，应计入外挂墙板重力荷载偏心产生的不利影响；

2 采用点支承与主体结构相连的外挂墙板，连接节点应具有适应主体结构变形的能力。

【说明】

恒荷载、活荷载和竖向地震作用下，外挂墙板可采取梁外侧挑板，外挂墙板支承在挑板上等措施减少对主体结构刚度的影响。

3.5.16 外挂墙板不应跨越主体结构的变形缝，主体结构变形缝两侧外挂墙板的构造缝应能适应主体结构的变形要求。

【说明】

主体结构变形缝两侧的外挂墙板，宜采用柔性连接设计或滑动连接设计，并采取易于修复的构造措施。

3.6 结构耐久性设计

3.6.1 应注意耐久性设计问题,应根据环境类别及其腐蚀情况,确定采取防腐蚀措施。对钢筋混凝土结构应有针对性地选择水泥、添加剂,控制氯离子含量、碱含量等,腐蚀等级为中、重度时还应根据相关规范要求采取更为严格的措施。

【说明】

1. 应根据结构的设计使用年限、结构构件暴露表面所处的环境类别进行结构的耐久性设计。

2. 应根据环境类别控制混凝土的最大碱含量,合理采用粉煤灰水泥、合理使用添加剂,合理确定混凝土的抗渗等级,必要时采用混凝土表面涂层、环氧钢筋等措施。

3. 钢结构应采取适当的防锈、防腐和防火措施。

3.6.2 应根据混凝土结构所暴露的环境类别,合理取用混凝土的保护层厚度,当混凝土保护层厚度不小于 50mm 时,应采取适当防裂措施。

混凝土的耐久性设计,当《混凝土结构设计规范》GB 50010 有相应规定时,应优先采用《混凝土结构设计规范》GB 50010 的规定。

【说明】

1. 混凝土的保护层厚度取用应适当,当保护层厚度大于 50mm 时,宜在保护层内居中设置防裂、防剥落的 $\phi4@150\times150$ 的焊接钢筋网片。

2. 当多本规范对耐久性设计有不同规定时,应优先执行《混凝土结构设计规范》GB 50010 的相应规定,《混凝土结构设计规范》GB 50010 未涵盖的内容可按相关耐久性规范的规定设计。

3.6.3 对外挂石材及幕墙与主体结构的连接件、装配式建筑的外墙板与主体结构的连接件等应提出严格的耐久性设计要求。

【说明】

外挂石材及幕墙与主体结构的连接件、装配式建筑的外墙板与主体结构的连接件等,受环境影响大,尤其沿海受盐雾及受台风影响的工程,应在设计文件中提出明确的防腐蚀要求、定期检查和更换要求等。

3.7 围 护 结 构

3.7.1 围护结构设计前应根据设计合同要求明确围护结构的设计分工,当合同规定由我院进行围护结构设计时，则结构设计应进行从围护结构设计、连接构件设计与施工预埋到主体结构验算的全过程设计；当合同规定围护结构由院外专门单位设计时，则结构设计应考虑围护结构对主体结构的影响。合作设计等特殊工程的设计分工应专门研究。

【说明】

1. 围护结构设计应由具有专门设计资质的单位完成。

2. 当合同规定由我院进行围护结构设计时，结构设计需要完成包括围护结构设计、围护结构与主体结构之间的连接构件设计和预留、围护结构对主体结构的影响等全部设计验算工作。

3. 当合同规定围护结构由院外专门单位设计时，结构设计应验算围护结构（通过连接件）对主体结构的影响（竖向荷载、风及地震作用等）。围护结构与主体结构的连接件由围护结构设计单位提出，并在主体结构施工时预埋，否则不得施工。

4. 一般情况下，采用主体结构与围护结构分离的设计方法，结构受力清晰明了，对需要主体结构兼作围护结构支撑的特殊工程，应比较主体结构与围护结构分离方案和主体结构与围护结构合一方案的技术可行性和经济合理性。

3.7.2　应特别注意索幕墙对主体结构的影响，当索幕墙由外单位设计时，索拉力设计值应由幕墙设计单位提供并经甲方确认。大跨度索幕墙宜采用自平衡的索幕墙支承体系。

【说明】

1. 索幕墙拉力很大，幕墙高度越大拉力越大，有时高达几百千牛，对结构构件设计影响很大，有时会造成构件局部内力反号，应谨慎使用，并注意其技术经济合理性的比较。

2. 当索幕墙由外单位设计时，索拉力应由具有相应设计资质的幕墙设计单位提供，并经甲方确认，对索幕墙拉力引起的结构构件截面和配筋的变化及结构设计的经济性问题，宜事先与甲方充分说明和沟通。

3.7.3　疏散楼梯的结构抗震设计，应使其在相应设防烈度地震后仍能符合使用要求，其中砌体填充墙应按规定设置圈梁构造柱，并应设置钢丝网砂浆面层。

【说明】

疏散楼梯是地震时人员疏散的重要通道，属于结构抗震设计的安全岛，应采取必要的措施防止填充墙在地震时倒塌伤人，墙的面层内配置与墙体可靠拉结的直径 4mm 间距不大于 150mm×150mm 的焊接钢丝网。

3.7.4　外挂石材及幕墙与主体结构的连接件、装配式建筑的外墙板与主体结构的连接件等应由相关厂家提出并经甲方确认后在主体结构施工前预留。

【说明】

外挂石材（房屋高度不应大于100m）、幕墙、装配式建筑的外墙板等与主体结构的连接件，虽然不属于结构设计的内容，但影响工程的正常使用，结构设计应提请建筑及厂家重视其与主体结构的连接，连接件的承载力应留有适当的余地，还应满足耐久性设计的相关要求。

3.7.5　对高大填充墙应优先考虑采用轻钢龙骨墙，否则应采取适当加大墙厚、加密设置圈梁构造柱等措施，确保其抗震稳定性。

【说明】

1. 高度超过5m的一字形填充墙（或墙的无支长度超过5m时的非一字形）应优先采用轻钢龙骨墙；

2. 砌体填充墙墙顶与主体结构应有可靠连接，宜沿墙长度方向每隔5m设置沿厚度方向墙肢（或壁柱），确保墙的稳定，避免采用一字形填充墙；

3. 砌体墙厚200mm的一字形填充墙（或墙的无支长度超过5m时的非一字形），墙高不宜超过5m，墙厚300mm的一字形填充墙（或墙的无支长度超过7m时的非一字形），墙高不宜超过7m。应避免采用一字形悬臂墙，必须采用时，墙高减半。

4. 对一字形（或墙的无支长度超过墙高时的非一字形）高大填充墙，应适当加大墙厚并按自承重墙验算其抗震稳定性，同时应按结构设计总说明要求加密设置圈梁和构造柱。

注：“无支长度”指：沿墙长度方向设置的垂直厚度方向（或与墙成一定夹角的有利于墙面外稳定）的填充墙墙肢（或填充墙壁柱、结构墙、结构柱等）之间的净距。

3.7.6　采用混凝土填充墙（清水混凝土墙或无装饰混凝土墙）时，应与建筑协商采取设置竖缝、水平缝或采用薄板加壁柱的措施，避免对结构的过大影响。

【说明】

1. 混凝土填充墙对结构侧向刚度影响很大，容易形成薄弱层或软弱层，应避免采用。必须采用时，宜采用无装饰混凝土外墙。宜结合工程所在地经验，优先采用外挂装配式墙板。

2. 应注意混凝土填充墙设置的均匀性，避免不合理设置造成结构的刚度突变及过大扭转。

3. 应与建筑协商，采取综合措施减小混凝土填充墙对结构侧向刚度的过大影响，如结合建筑要求对混凝土填充墙开竖缝、水平缝或采用钢筋混凝土薄板加壁柱等（见图3.7.6-1和图3.7.6-2）。

4. 设置混凝土填充墙的结构，应采用考虑混凝土填充墙和不考虑混凝土填充墙两种计算模型进行承载力补充分析，取不利值设计。

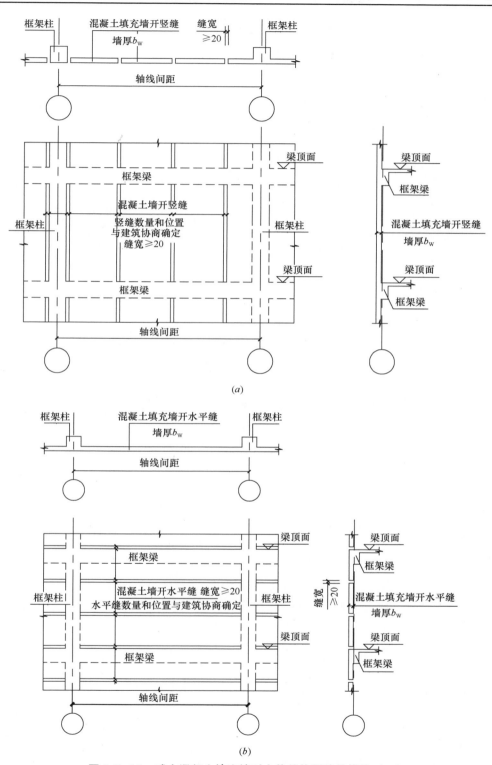

图 3.7.6-1　减小混凝土填充墙对主体结构影响的措施（一）

（a）开竖缝；（b）开水平缝

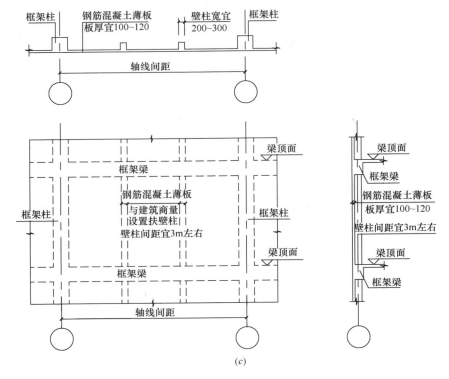

图 3.7.6-2 减小混凝土填充墙对主体结构影响的措施（二）

(c) 薄板加扶壁柱

4 混凝土结构

4.1 一 般 要 求

4.1.1 结构设计应根据房屋的结构体系取用合理的阻尼比，舒适度验算时的阻尼比应取用 0.02。混凝土结构在地震作用下的阻尼比宜按表 4.1.1-1 取值。

混凝土结构在地震作用下的阻尼比取值　　　　　　　　表 4.1.1-1

结构类型		混凝土结构	预应力混凝土结构	
			抗侧力结构采用预应力	次梁或梁板式结构的板采用预应力
阻尼比	多遇地震	0.05	0.03	0.05
	设防地震	0.06	0.04	0.06
	罕遇地震	0.07	0.05	0.07

【说明】

结构的阻尼比是结构设计的重要参数，应考虑结构体系和材料性能的影响、房屋高度的不同，还要考虑多遇地震、设防地震和罕遇地震及结构舒适度验算等问题，多遇地震和罕遇地震下结构的阻尼比应分别计算，舒适度验算时结构的阻尼比应单独计算。

1. 应注意预应力对结构阻尼比的影响，多遇地震下，部分预应力混凝土结构的等效阻尼比，可按预应力混凝土结构部分在整个结构总应变能中所占的比例确定。

1）多遇地震下，全预应力混凝土结构阻尼比为 0.03，钢筋混凝土结构的阻尼比为 0.05，部分预应力结构的阻尼比，依据预应力混凝土结构部分在整个结构总应变能中所占的比例，在 0.03～0.05 之间按线性插值确定。

2）结构的总应变能为钢筋混凝土结构部分的应变能和预应力混凝土结构部分应变能的总和。

3）在多遇地震下，对于仅个别框架梁设置预应力钢筋的结构，阻尼比可依据预应力梁的多少在 0.04～0.045 之间取值，对设置预应力的框架按钢筋混凝土结构和预应力混凝土结构两种不同阻尼比分别计算，包络设计。

4）当板柱剪力墙结构的楼板设置预应力钢筋时，在多遇地震下结构的阻尼比可取 0.04～0.045。

5）其他仅楼板、次梁设置预应力钢筋的结构，在多遇地震下的阻尼比可仍取 0.05。

2. 下部为混凝土结构上部为钢结构房屋的结构阻尼比，应采用下部混凝土结构和上部钢结构的综合阻尼比，可参照《建筑抗震设计规范》GB 50010 附录 C 的相关规定，根据上、下部结构的应变能在整个结构总应变能中所占的比例折算为等效阻尼比设计。简化计算时可按《建筑抗震设计规范》GB 50011 第 10.2.8 条确定。

3. 钢结构的阻尼比见第 5.1.4 条。

4.1.2 混凝土结构的伸缩后浇带应在其两侧混凝土浇筑完成 2 个月以后浇筑封闭，沉降后浇带的封带时间应根据差异沉降的完成情况确定。

【说明】

混凝土结构后浇带的封带时机应考虑工程进度要求结合工程具体情况综合确定，可按以下原则把握：

1. 一般情况下，伸缩后浇带的封带时间应在后浇带两侧混凝土浇筑完成（两侧混凝土不同时浇筑时，按较晚浇筑时间考虑）2 个月以后，超长结构的封带时机根据房屋超长情况及温度应力控制要求，适当延长；

2. 沉降后浇带应根据沉降完成情况（主要考虑荷载情况、沉降完成情况以及设计计算的总沉降量等，按正常进度施工时大致应在主体结构封顶前后，特殊情况下可根据沉降观测结果判定）确定，沉降控制要求严格时，应适当延长。

3. 后浇带混凝土强度等级宜比两侧混凝土提高一级，并采用无收缩或微膨胀混凝土。

4.1.3 特殊工程或特殊环境下的混凝土工程，应特别注意对混凝土施工质量的控制要求，必要时应在设计文件中予以明确。

【说明】

混凝土质量与施工环境及养护措施是否到位密切相关，结构设计时对特殊情况下的混凝土质量应予以重点关注，设计文件中应予以明确。

1. 干燥大风环境下的混凝土施工，应提请施工时特别注意混凝土的养护；

2. 坡屋面混凝土结构，应特别注意混凝土的施工质量，必要时采取双面支模或适当降低混凝土的计算强度等级（如计算的混凝土强度等级比设计图纸要求的混凝土强度等级降低一级等）、适当加强配筋并加大贯通钢筋等措施；

3. 大跨度、大悬挑混凝土构件应按规定起拱，根据《混凝土结构设计规范》GB 50010 第 3.4.3 条确定悬挑构件的构件类型和挠度限值时，其计算跨度 l_0 按实际悬臂长度的 2 倍取用（例如：悬臂长度 4m 的悬臂梁，按 8m 跨度查表控制）。

4.1.4 防火隔墙下宜设置钢筋混凝土梁，应满足防火规范对混凝土保护层厚度的特殊要求（见图 4.1.4-1）。当防火隔墙下不设钢筋混凝土梁时，墙下钢筋混凝土楼板厚度不应小于 140mm。

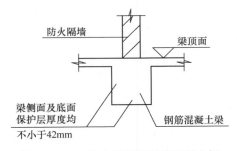

图 4.1.4-1 防火隔墙下钢筋混凝土梁的保护层厚度要求

4.2　框　架　结　构

4.2.1　抗震设计时框架结构房屋的适宜高度见表 4.2.1-1。

抗震设计时框架结构房屋的最大适宜高度（m）　　　　表 4.2.1-1

本地区抗震设防烈度	6 度（0.05g）	7 度（0.1g）	7 度（0.15g）	8 度（0.2g）	8 度（0.3g）	9 度（0.4g）
高度（m）	35	30	25	20	15	12

【说明】

1. 规范规定的框架结构的房屋高度限值，是指现有技术条件下框架结构所能达到的最大高度，是合规高度，但不一定是合理经济高度。

2. 震害调查表明，框架结构的抗震性能较差，地震时破坏较为严重，框架结构的耗能能力约为相同高度剪力墙结构的 1/20，框架结构其整体性和耗能能力尚不及规则的按规定设置了圈梁构造柱的砌体结构房屋。

3. 实际工程中应合理选用框架结构，房屋高度较高时应慎用框架结构，尤其是高烈度区（如 8 度 0.3g 及 9 度）的房屋。

4. 有条件时应利用房屋的楼、电梯间等位置设置适当数量的剪力墙，形成框架-剪力墙结构或少量剪力墙的框架结构，从根本上改善结构的抗震性能。

4.2.2　正确区分单跨框架和单跨框架结构，高层建筑不应采用单跨框架结构，多层建筑不宜采用单跨框架结构。

1　乙类建筑的多层单跨框架结构应采用抗震性能化设计方法，满足基本抗震性能目标的要求，应按提高一度的要求确定抗震措施和抗震构造措施的抗震等级。

2　丙类建筑的多层单跨框架结构宜采用抗震性能化设计方法，满足基本抗震性能目标的要求，抗震构造措施的抗震等级应提高一级。

3　单跨框架应补充多遇地震作用下单榀框架的承载力分析。

【说明】

1. 应正确区分单跨框架和单跨框架结构，单跨框架结构的冗余度低，结构抗震性能差，避免采用，必须采用时应采取有效的结构措施。

2. 下列情况可确定为单跨框架结构：

1）全部由单跨框架组成的结构；

2）由单跨框架和多跨框架组成的结构，且多跨框架之间的间距超过表 4.2.2-1 的结构（图 4.2.2-1）；

多跨框架之间的最大距离					表 4.2.2-1
设防烈度	6 度	7 度	8 度	9 度	B 为多跨框架之间无
最大间距（m）取较小值	3.5B，50	3.0B，40	2.5B，30	2B，20	大洞口的楼、屋盖的宽度

3）房屋端部的单跨框架至第一榀多跨框架的间距大于表 4.2.2-1 间距的 1/2 时（图 4.2.2-1）。

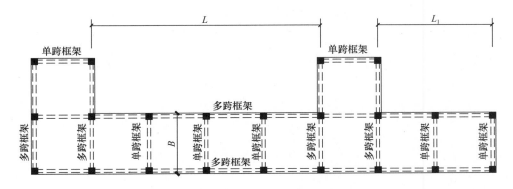

图 4.2.2-1　单跨框架和多跨框架组成的结构

3. 由大小跨组成的两跨框架，在重力荷载及多遇地震作用下，当小跨框架边柱为偏心受拉柱时，或小跨设置小截面梁，小跨边柱为排架柱时（图 4.2.2-2），该两跨框架仍宜按单跨框架采取相应的结构措施。

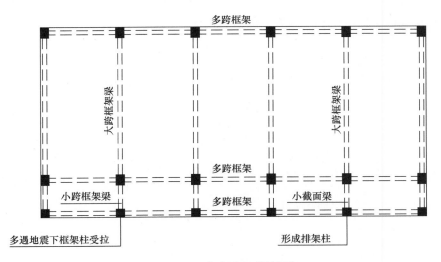

图 4.2.2-2　大小跨组成的框架

4. 未按抗震性能化设计的单跨框架结构，应采取更高的延性措施，抗震构造措施的抗震等级应提高一级，即：

1）乙类建筑单跨框架结构的抗震构造措施的抗震等级，比按乙类建筑确定的抗震构造措施的抗震等级再提高一级；

2）丙类建筑单跨框架结构的抗震构造措施的抗震等级，比按丙类建筑确定的抗震构造措施的抗震等级再提高一级。

5. 单跨框架和多跨框架并存时，应对单跨框架进行多遇地震下单榀框架的承载力补充分析。

4.2.3　应采取措施确保强柱弱梁目标的实现：

1　框架梁支座负弯矩应考虑塑性调幅，有利于适当减小梁端负弯矩；

2　控制梁底跨中钢筋通入支座的数量，有利于减小梁端部梁底正弯矩；

3　应避免不合理的裂缝验算导致框架梁梁端钢筋的增加；

4　应注意楼板配筋对梁端实际承载力的影响；

5　应注意梁端为满足延性要求而设置的正弯矩钢筋对强柱弱梁的影响。

【说明】

强柱弱梁问题实际上就是梁柱塑性铰的出铰机制问题，属于"大震不倒"的问题，要实现强柱弱梁，应采取计算、构造等综合措施。

1. 框架梁的支座弯矩应按规定调幅，适当的梁端弯矩调幅，有利于强柱弱梁的实现。

2. 梁端正弯矩配筋设计涉及计算要求、规范的构造规定及梁底钢筋的配置方式：

1）梁端底面的正弯矩钢筋应满足计算的配筋要求；

2）梁端底面的正弯矩钢筋设置应满足规范规定的延性要求，梁底钢筋与梁顶钢筋的比值：一级抗震等级时不应小于0.5，二、三级时不应小于0.3；

3）当跨中梁底钢筋大于梁端底面钢筋时，跨中钢筋不应全部伸入支座（图4.2.3-1）。

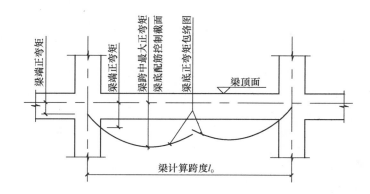

图 4.2.3-1　梁底正弯矩

3. 框架梁端裂缝宽度验算时，梁的计算弯矩应采用柱边截面的弯矩，混凝土保护层厚度计算值应取规范规定的最小值（图4.2.3-2），避免因裂缝宽度验算导致梁端钢筋大量增加。

4. 现浇楼板或装配整体式楼板对框架梁的梁端实际受弯承载力影响很大，尤其是主梁加大板结构。

5. 强柱弱梁计算应考虑梁柱节点的刚域影响，框架梁应采用净跨单元，取用柱边截面（图 4.2.3-3）的梁端内力和配筋，使计算截面和内力与构件的实际部位一致。

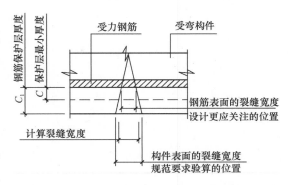

图 4.2.3-2 裂缝宽度验算时的保护层厚度取值

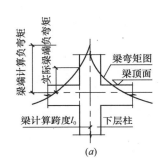 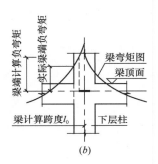

图 4.2.3-3 强柱弱梁验算时采用柱边截面的梁端内力和配筋

(a) 不考虑刚域时；(b) 考虑刚域时

4.2.4 应采取措施避免楼梯对框架结构侧向刚度的影响，否则主体结构分析计算时应补充考虑楼梯实际刚度的计算模型。楼梯梁和楼层梁上的楼梯柱，其抗震等级及构造要求应同主体结构框架，楼梯柱的截面宽度不应小于 200mm。

【说明】

1. 应采取措施避免楼梯对主体结构的斜撑作用，避免主体结构形成短柱，宜优先采用图 4.2.4-1 的楼梯平台与主体结构分离措施，也可采用图 4.2.4-2 的梯段下端滑动措施（注意楼梯碰头）。

2. 框架结构的楼梯间四角应按图 4.2.4-3 要求设置落地框架柱。

3. 楼梯柱与上层框架梁之间应设置构造柱（不承受竖向荷载，留筋后浇），使梁上楼梯柱形成 H 形框架，加强楼梯框架平面内的整体性，采用图 4.2.4-1 做法时，宜沿楼梯踏步两侧设置通长粗钢筋（宜每侧 2 根钢筋直径不小于 16mm，两端满足锚固要求），提高楼梯结构的整体性能（图 4.2.4-4）。

4. 楼梯梁和楼梯柱的抗震等级、轴压比、配筋构造等应满足主体结构框架的构造要求，楼梯柱截面面积不应小于 300mm×300mm，当楼梯柱宽度为 200mm 时，应相应增加楼梯柱的截面长度不应小于 500mm。

5. 外挑楼梯不宜作为疏散楼梯，应加强其与主体结构的连接构造。

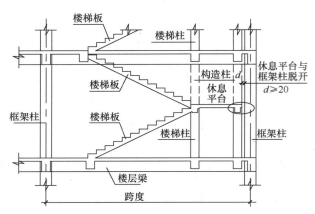

图 4.2.4-1 楼梯平台与主体结构脱开

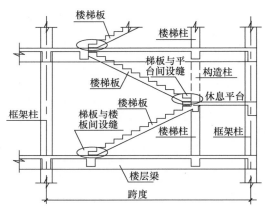

图 4.2.4-2 梯板下端滑动措施

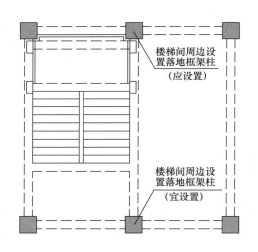

图 4.2.4-3 楼梯间四角设置落地框架柱

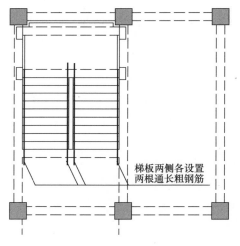

图 4.2.4-4 楼梯板两侧宜设置通长粗钢筋

4.2.5 应注意填充墙设置对结构规则性的影响，在关注填充墙对结构刚度影响的同时，更应关注填充墙对结构的扭转的影响、对结构上、下层的刚度比影响及其短柱效应问题等。

【说明】

1. 框架结构的填充墙种类很多，有实心砖墙、空心砖墙、加气混凝土砌块墙及其他轻质墙体，现行规范中所考虑的填充墙体主要指内嵌的实心砖墙。随着建筑墙体改革的深入，实心黏土砖的使用正逐步减少，当工程中采用实心砖以外的其他情况时，可结合填充墙材料的类型及其与框架的砌筑关系（内嵌、半嵌、外包等）等，参考规范的相关规定确定。

2. 近年来，在公共建筑中经常出现使用现浇钢筋混凝土填充墙的情况，钢筋混凝土填充墙尽管采用后施工工艺，但其自身的侧向刚度对框架结构影响仍然很大，将影响结构体系并改变结构的受力状态。优先考虑采取措施，减小钢筋混凝土填充墙对结构的影响（见第 3.7.6 条）。

3. 结构设计中应注意钢筋混凝土填充墙与砌体填充墙的不同，设计计算中应考虑钢筋混凝土填充墙对结构刚度的影响，按纯框架（不考虑钢筋混凝土填充墙）和框架与钢筋混凝土填充墙（按剪力墙）共同工作分别计算，包络设计（承载力）。

4. 考虑填充墙对结构的影响，属于抗震概念设计的内容。设计人员不同，填充墙对结构影响程度的把握也不相同，数值上应允许有一定的偏差，但应该在同一定性标准上（相差不宜大于 20%。关于填充墙刚度对结构计算周期的影响见第 2.5.5 条）。

4.2.6 高层建筑不应采用异形柱框架结构，异形柱框架结构房屋适用的最大高度应符合表 4.2.6-1 的要求。

异形柱框架结构适用的房屋最大高度（m）　　　　　表 4.2.6-1

本地区抗震设防烈度	6 度（0.05g）	7 度（0.1g）	7 度（0.15g）	8 度（0.2g）
房屋高度（m）	21	18	15	12

【说明】

1. 应避免采用异形柱框架结构，避免采用异形柱。

2. 异形柱框架结构的抗震性能较框架结构又有较大的降低，因此异形柱框架结构不应在抗震设防的高烈度区（8 度 0.3g 及 9 度地区）采用。

3. 本条规定比《混凝土异形柱结构技术规程》JGJ 149 的规定适当从严，高层建筑也不应采用异形柱框架结构。

4. 异形柱框架结构宜采用简单规则的平面布置，刚度和承载力分布应均匀，不应采用特别不规则的结构，不应采用复杂结构形式（多塔、连体和错层等）。

5. 不应采用异形柱单跨框架结构，避免采用异形柱单跨框架，必须采用时，异形柱框架抗震构造措施的抗震等级应提高一级。

6. 异形柱截面中心与框架梁中心应对齐，框架梁应双向拉通，应注意填充墙对异形柱框架结构的影响。异形柱宜采用 L、T 形截面，角柱不应采用一字形异形柱。

4.2.7 少量剪力墙的框架结构，当按框架-剪力墙计算的层间位移角不满足 1/800 的要求时，应按抗震性能化设计方法设计，满足基本抗震性能目标要求。

【说明】

1. 对少量剪力墙的框架结构的基本认识

1）带有少量剪力墙的框架结构是一种特殊的框架结构形式，仍属于框架结构（明确结构体系的目的在于分清框架及剪力墙在结构中的地位，其中框架是主体，是承受竖向荷载的主体，也是主要的抗侧力结构）。在风载或地震作用很小（低于多遇地震作用）时，剪力墙辅助框架结构满足规范对框架结构的弹性层间位移角要求，提供的是剪力墙的弹性刚度 $E_w I_w$；在设防烈度地震及罕遇地震时，剪力墙塑性开展，刚度退化。

2）需要说明的是，规范虽未明确要按纯框架结构计算，但对这一特殊的框架结构，现行规范和规程对钢筋混凝土框架结构的承载力要求、弹塑性变形限值要求等均应满足，因此，按纯框架结构的要求进行补充设计计算是必要的，按纯框架结构和按框架与剪力墙协同工作（即按框架-剪力墙结构）分别计算，包络设计也是必需的。

3）在钢筋混凝土框架结构中，下列两种情况下需要设置少量的钢筋混凝土剪力墙：

（1）在多遇地震（或风荷载）作用下，当纯框架结构的弹性层间位移角 θ_E 不能满足规范 $\theta_E \leqslant 1/550$ 的要求时，通过布置少量剪力墙，使结构的弹性层间位移角满足相应的限值要求。

（2）当纯框架的地震位移满足规范要求，即纯框架结构的弹性层间位移角能满足 $\theta_E \leqslant 1/550$ 的要求时，为改善框架结构的抗震性能而设置少量钢筋混凝土剪力墙。

2. 当框架部分承受的地震倾覆力矩大于结构总倾覆力矩的 80% 时，意味着结构中剪力墙的数量极少（结合《建筑抗震设计规范》GB 50011 第 6.1.3 条的规定，可称其为"少量剪力墙的框架结构"），此时，框架的抗震等级和轴压比应按框架结构的规定执行，剪力墙的抗震等级与框架的抗震等级相同，房屋的最大适用高度宜按框架结构采用。对于这种少墙框架结构，由于其抗震性能较差，不主张采用（注意：这里的"抗震性能较差，不主张采用"，是指与框架-剪力墙结构比较，也即"少量剪力墙的框架结构"的抗震性能要比"框架-剪力墙结构"差，但合理采用包络设计原则后，其抗震性能将比纯"框架结构"仍有明显的提高）。少量剪力墙的框架结构中，剪力墙常出现超筋现象，为避免剪力墙受力过大、过早破坏，宜采取将剪力墙减薄、开竖缝、开结构洞、配置少量单排钢筋等措施。

3. 剪力墙开竖缝的目的是降低墙的抗弯刚度（中部设置一道竖缝时，抗弯刚度约为原来的 1/4，等间距设置两道竖缝时，墙的抗弯刚度约为原来的 1/9），减小墙承担的地震剪力，使整片剪力墙避免矮墙效应。竖缝设置就是根据需要在剪力墙内（上、下边框梁之间）设置竖缝，一般可填充 20mm 的聚苯板，墙的水平分布钢筋不断（见图 4.2.7-1）。

4. 当按框架和剪力墙协同工作模型计算的结构层间位移角，可满足框架-剪力墙结构的规定（即弹性层间位移角 θ_E 不大于 1/800，6 度区及 7 度区场地条件较好地工程较容易满足）时，按框架-剪力墙结构进行设计（应理解为按框架和剪力墙协同工作模型计算，在程序计算中的结构体系可直接点选框架-剪力墙结构），但房屋的最大适用高度、框架的抗震等级、框架柱的轴压比仍应按框架结构采用。

5. 当按框架和剪力墙协同工作模型计算的结构层间位移角，不满足规范对框架-剪力墙结构的要求（即弹性层间位移角 θ_E 大于 1/800，一般为抗震设防烈度较高地区的工程）时，应按"小震不坏、中震可修、大震不倒"的基本抗震性能目标要求，对少量剪力墙的

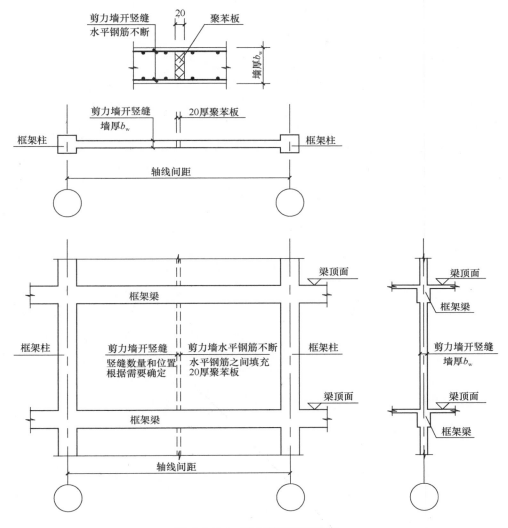

图 4.2.7-1 剪力墙开竖缝做法

框架结构采用抗震性能分析和论证方法，可按以下步骤进行：

1）房屋的最大适用高度可按框架结构确定。当按纯框架结构计算的弹性层间位移角不满足 $\theta_E \leqslant 1/550$ 限值时，其最大适用高度还应比框架结构再适当降低（如降低 10%）。

2）按框架和剪力墙协同工作模型验算层间位移角，计算的层间位移角不应大于 1/550。

3）应按框架和剪力墙协同工作模型验算结构的整体抗震性能指标，如弹性层间位移角、扭转不规则判别、倾覆力矩比、框架和剪力墙的剪力分担比、轴压比（注意：框架的抗震等级、轴压比限值应按纯框架结构确定）的确定等。

4）防震缝的宽度应按框架结构确定。

5）在少量剪力墙的框架结构中，框架柱应按轴网均匀布置，少量剪力墙宜在框架柱间均匀设置并以框架柱为端柱。

6）框架的设计原则：

（1）框架应满足"小震不坏"和"大震不倒"要求；

（2）按纯框架（不计入剪力墙）和框架与剪力墙协同工作模型分别计算，包络设计；

（3）按纯框架结构（去除剪力墙）进行框架的大震弹塑性位移验算，满足"大震不倒"要求。

7）剪力墙的设计原则：

（1）由于此类建筑房屋高度不大，剪力墙设计时应避免采用高宽比不大于 3 的矮墙，剪力墙在柱网处应设置边框柱，楼层处应设置边框梁。剪力墙的抗震等级可取框架的抗震等级。

（2）对计算不超筋的剪力墙按计算配筋。

（3）对抗弯超筋而抗剪不超筋的剪力墙（情况较少），剪力墙边缘构件的配筋面积可取 $0.1b_w^2$；

（4）对抗剪超筋的剪力墙，应优先对剪力墙采取开竖缝措施（降低墙的抗弯刚度，减小地震剪力，避免矮墙效应，见图 4.2.7-1），降低剪力墙的剪力设计值。当不设置竖缝时，应根据墙体的实际抗剪承载力按强剪弱弯原则进行设计，近似计算如下：

① 确定剪力墙的抗剪承载力（按《混凝土结构设计规范》GB 50010 公式（11.7.3-1）取剪力墙的剪跨比 $\lambda = 2.2$，在剪力墙其他条件已知时可求得剪力设计值 V_w）并确定墙的水平分布钢筋（按《混凝土结构设计规范》GB 50010 公式（11.7.4）在剪力墙其他条件已知时可求得 A_{sh}）；

② 按强剪弱弯要求确定墙的竖向钢筋（剪力墙的弯矩设计值取 $M_w \approx \lambda V_w h_0 / \eta_{vw}$，为有利于实现强剪弱弯，此处取 $\lambda = 1.5$ 计算，并按 $M_w = \dfrac{1}{\gamma_{RE}} f_y A_s (h_0 - b)$ 计算，同时按构造要求配置剪力墙的竖向分布钢筋）。举例说明如下：

【例 4.2.7-1】

某抗剪超筋的矩形截面偏心受压剪力墙，混凝土强度等级 C30（$f_c = 14.3 \text{N/mm}^2$、$f_t = 1.43 \text{N/mm}^2$），$b = 200\text{mm}$，$h = 2000\text{mm}$，$h_0 = 1800\text{mm}$，$N = 1200\text{kN}$，$\eta_{vw} = 1.6$，采用 HRB400 级钢筋，确定其水平分布钢筋 A_{sh} 和纵向钢筋 A_s。

根据《混凝土结构设计规范》GB 50010 公式（11.7.3-1）得：

$$V_w = \frac{1}{\gamma_{RE}}(0.2\beta_c f_c b h_0) = \frac{1}{0.85} \times 0.2 \times 1 \times 14.3 \times 200 \times 1800 = 1211294\text{N}$$

$$N = 1200\text{kN} > 0.2 f_c b h = 1144\text{kN}, \text{取 } 1144\text{kN}$$

根据《混凝土结构设计规范》GB 50010 公式（11.7.4）得：

$$A_{sh}/s = \left[\gamma_{RE} V_w - \frac{1}{\lambda - 0.5}\left(0.4 f_t b h_0 + 0.1N\frac{A_w}{A}\right) \right] / (0.8 f_{yv} h_0)$$

$$=\left[0.85\times1211294-\frac{1}{2.2-0.5}\times(0.4\times1.43\times200\times1800\right.$$

$$\left.+0.1\times1144000\times1)\right]/(0.8\times360\times1800)$$

$$=(1029600-188424)/518400=1.62\text{mm}^2/\text{mm}，配直径12@125(A_{\text{sh}}/s=1.81)$$

$$M_\text{w}\approx\lambda V_\text{w}h_0/\eta_\text{vw}=1.5\times1211294\times1800/1.6=2044\text{kN·m}$$

$$A_\text{s}=\frac{\gamma_\text{RE}M_\text{w}}{f_\text{y}(h_0-b)}=\frac{0.75\times2044\times10^6}{360\times(1800-200)}=2661\text{mm}^2，边缘构件纵向钢筋配7根直径$$
22mm 的钢筋。

8）需要注意的是，剪力墙下的基础应按上部为框架和剪力墙协同工作时的计算结果设计。当按地震作用标准组合效应复核基础面积或桩数量时，应充分考虑地基基础的各种有利因素（避免导致基础面积过大或桩数过多）。以桩基础为例，设计时宜考虑桩土共同工作等因素，以适当减少剪力墙下桩的数量，并使剪力墙下桩数与正常使用极限状态下需要的桩数相差不能太多，否则，会加大剪力墙与框架柱的不均匀沉降。

9）由于布置少量剪力墙的框架结构在设计原则及具体设计中存在诸多不确定因素，给结构设计和施工图审查带来相当的困难，结构设计中应尽量避免采用，尽可能采用便于操作且抗震性能更好的框架-剪力墙结构。必须采用时，应提前与施工图审查单位沟通，以利于设计顺利进行，避免返工。

4.3　剪力墙结构

4.3.1　剪力墙可按墙肢截面的高度与厚度之比分类（表 4.3.1-1）。房屋高度较高时，应避免采用大部分由跨高比较大的框架梁与剪力墙联系形成的剪力墙结构。

各类剪力墙的截面高宽比　　　　　　表 4.3.1-1

剪力墙分类	一般剪力墙	短肢剪力墙（$b_\text{w}\leqslant300\text{mm}$）	超短肢剪力墙	柱形墙肢
剪力墙截面高宽比	$h_\text{w}/b_\text{w}>8$	$8\geqslant h_\text{w}/b_\text{w}>4$	$4\geqslant h_\text{w}/b_\text{w}>3$	$h_\text{w}/b_\text{w}\leqslant3$

【说明】

1. 结构设计中应优先采用具有有效翼墙的一般剪力墙，实际工程中，为迎合建设单位控制结构混凝土用量及钢筋用量的要求，常有设计人员不区分工程的具体情况，对房屋高度较高的高层建筑，机械地控制剪力墙截面的高宽比（h_w/b_w），如将 200mm 厚剪力墙的墙肢长度控制在 1650mm 或 1700mm，以避免出现短肢剪力墙。其实，这种做法不仅违背剪力墙结构设计的基本原则，同时由于墙肢两端需要设置边缘构件，连梁配筋也大于墙体配筋，因此，结构设计的经济性也不见得好（加上墙体开洞处需要采用砌体填充墙）。在剪力墙结构尤其是高度较高（如房屋高度不小于 60m）的剪力墙结构中，应尽量采用一般剪力墙，以提高结构的抗震性能，并降低房屋的综合造价。

2. "房屋高度较高"指剪力墙结构的房屋高度接近或超过框架结构的房屋高度上限的情况，此时应避免采用大部分由跨高比较大的框架梁与剪力墙联系形成的剪力墙结构，此类结构的受力和变形特性接近框架结构，对抗震不利。

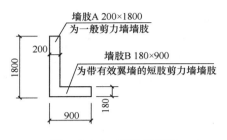

图 4.3.1-1　墙肢的判别

3. 对剪力墙的判别应着眼于每一墙肢，对 T 形 L 形墙肢应注意互为翼墙的概念，有效翼墙可提高剪力墙墙肢的稳定性能，但不能改变墙肢的短肢剪力墙属性，以 L 形墙肢为例判别如图 4.3.1-1。

1) 考察墙肢 A 时，$h_w/b_w = 1800/200 = 9 > 8$，为一般剪力墙，墙肢 B 为墙肢 A 的翼墙墙肢，$h_f/b_w = 900/200 = 4.5 > 3$ 为有效翼墙，则墙肢 A 为带有效翼墙（墙肢 B）的一般剪力墙墙肢；

2) 考察墙肢 B 时，$h_w/b_w = 900/180 = 5 < 8$，为短肢剪力墙，墙肢 A 为墙肢 B 的翼墙墙肢，$h_f/b_w = 1800/180 = 10 > 3$ 为有效翼墙，则墙肢 B 为带有效翼墙（墙肢 A）的短肢剪力墙墙肢。

4. 在墙肢中部开洞，开洞面积不大于墙体面积的 16%，且洞口连梁为强连梁时，可视为不开洞剪力墙。

4.3.2　剪力墙结构应设置适当数量的一般剪力墙，高层建筑不应采用全部为短肢剪力墙的剪力墙结构，多层剪力墙结构不宜采用全部为短肢剪力墙的剪力墙结构。剪力墙的截面厚度应满足墙体稳定性要求。

【**说明**】

1. 结构设计中应限制短肢剪力墙的使用，所有短肢剪力墙（不论是否为"短肢剪力墙较多"的剪力墙结构）都要求满足《高层建筑混凝土结构技术规程》JGJ 3 对短肢剪力墙自身的加强措施。

2. "短肢剪力墙较多"时，还应按照《高层建筑混凝土结构技术规程》JGJ 3 的规定降低房屋的最大适用高度。

3. 高层建筑不应采用全部为短肢剪力墙的剪力墙结构，抗震设防烈度 8 度（0.3g）及 9 度的多层建筑应避免采用全部为短肢剪力墙的剪力墙结构。

4. 剪力墙墙体稳定性验算时，墙肢的计算长度按层高或无支长度的较小值计算（图 4.3.2-1，电梯之间墙肢稳定一般由无支长度控制），当按层

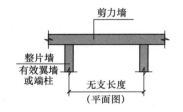

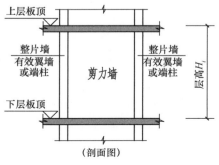

图 4.3.2-1　剪力墙的层高与无支长度

高确定墙肢厚度时，墙肢的厚度不应小于层高的 1/25。

5. 剪力墙墙肢稳定验算时，应注意楼板开大洞对剪力墙计算高度的影响，有部分程序尚无法对跃层剪力墙的计算高度进行自动识别，应手算复核。

4.3.3 应使剪力墙上下传力直接明了，对剪力墙洞口进行必要的规则化处理，避免出现错洞墙和叠洞墙，长墙肢应开计算洞，墙肢截面高度与厚度之比不大于 4 时，宜按框架柱进行截面设计。

【说明】

1. 应注意剪力墙布置及剪力墙墙肢的均匀性要求，避免平面布置不均匀引起的竖向承载力及侧向刚度的突变。

2. 实际工程中，对具有不规则洞口的剪力墙的设计计算不是简单照搬建筑图，应对剪力墙开洞进行规则化处理（虽然程序计算功能日益强大，且只要有输入就会有"计算结果"，但剪力墙不经规则化处理时，其结构传力路径不清晰，"计算结果"的可信度低）。

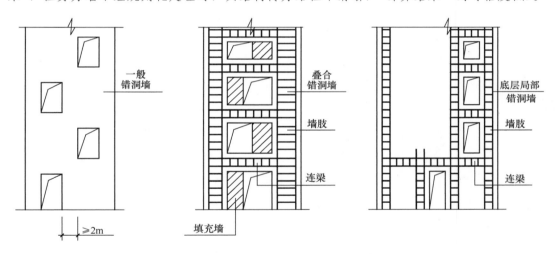

图 4.3.3-1　对剪力墙洞口的规则化处理

3. 应避免采用错洞墙，必须采用时，应按有限元方法进行应力分析，并按应力计算结果进行截面配筋设计或校核。需要说明的是，对复杂结构或构件进行所谓的"精细分析"，不应该成为结构设计的首选，结构抗震设计中的概念设计远比对复杂结构的"精细分析"可靠得多。

4. 墙肢长度不应过长，超过 8m 时计算失真应开计算洞。

5. 剪力墙中任一墙肢的截面高度与厚度之比不大于 4 时，则该墙肢宜按框架柱进行截面设计，这里的"截面设计"指抗力计算（主要涉及内力臂的取值，当按墙计算时，内力臂取 $h_w - b_w$，而按柱计算时则为 $h_0 - a_s$。按柱计算的配筋，应按柱的配筋要求配置在墙肢相应的区域内）的内容，对效应（墙肢刚度、内力及位移等）计算过程仍按墙元模型计算，墙肢的截面尺寸及构造也无需满足框架柱的要求。

6. 房屋周边楼梯间的外部剪力墙为自承重剪力墙，应按有无该墙分别计算包络设计，并采取有效的面外稳定措施。

4.3.4 剪力墙结构的连梁应采用合理的截面尺寸，具有恰当的承载力、刚度和延性，并具有较好的经济性，剪力墙连梁的跨高比宜取 2.5～5，连梁截面高度不宜小于 400mm。连梁的抗震等级同剪力墙，特一级剪力墙的连梁要求同一级。连梁的混凝土强度等级同剪力墙。

【说明】

1. 连梁的特点与划分

1）依据《高层建筑混凝土结构技术规程》JGJ 3 的规定，"两端与剪力墙在平面内相连的梁为连梁"，连梁是连接各墙肢协同工作的关键构件。跨高比较小的连梁对剪切变形十分敏感，容易出现剪切裂缝，而当连梁的跨高比较大时，连梁呈现框架梁的特性。试验研究表明：连梁的 $l_n/h_b \geqslant 5$ 时其力学性能同框架梁，$5 > l_n/h_b > 2.5$ 时连梁以弯曲破坏为主，当 $l_n/h_b \leqslant 2.5$ 时其破坏形态为剪切破坏（剪切滑移破坏、剪切斜拉破坏），其中，弯曲破坏和剪切滑移破坏有一定的延性，而剪切斜拉破坏则几乎没有延性。

2）连梁（主要指小跨高比的连梁，具有跨度小、梁截面高而属于深梁、且对剪应力十分敏感的特点）和普通框架梁在受力特点上有明显区别，竖向荷载的弯矩和剪力一般不

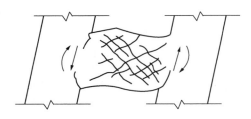

图 4.3.4-1   连梁的受力与变形

大（连梁一般不作为其他楼面梁的主要支承构件），而水平荷载或水平地震作用下墙肢产生的约束弯矩（在连梁的两端同时针方向）和剪力很大，使梁产生很大的剪切变形，出现斜裂缝（在反复作用下出现交叉斜裂缝，见图 4.3.4-1）。

3）连梁的跨高比按连梁净跨与连梁高度的比值（l_n/h_b）计算，连梁可依据跨高比划分为强连梁和弱连梁（见表 4.3.4-1），实际工程中，仅依据梁的跨高比判别连梁的强弱也不完全合理，一般情况下，连梁高度不宜小于 400mm。当连梁截面高度小于 400mm 时，也应判定为弱连梁。

按跨高比划分的连梁   表 4.3.4-1

连梁	深连梁	强连梁	连梁	弱连梁
跨高比 l_n/h_b	$l_n/h_b \leqslant 1.5$	$1.5 < l_n/h_b \leqslant 2.5$	$2.5 < l_n/h_b < 5$	$l_n/h_b \geqslant 5$

2. 剪力墙结构中的弱连梁仍可按剪力墙开洞计算，构造及施工图表达方式均可按图集 16G101 中 LLK 设计，弱连梁的刚度可不折减，纵向钢筋和箍筋加密区设置同框架梁，混凝土强度等级、腰筋布置等同剪力墙。

3. 剪力墙结构侧向刚度较大延性较差，有条件通过调整剪力墙的连梁并由连梁的变

形来耗能，改善剪力墙结构的延性，剪力墙结构应采用恰当刚度的连梁。

1）连梁刚度较小（如当连梁的跨高比不小于 5）时，使多肢剪力墙结构变为壁式框架结构或接近排架结构（弱连梁连接的独立墙肢）。结构的侧向刚度很小，连梁的耗能能力大为降低，对抗震不利，同时，剪力墙配筋过大，结构设计的经济性也差，这种结构也是《高层建筑混凝土结构技术规程》JGJ 3 限制使用的结构。

2）连梁刚度过大（如当连梁的跨高比小于 2.5 时），连梁的耗能能力很小，在强烈地震作用下，当连梁破坏后极容易导致剪力墙墙肢的破坏，也应避免采用。

4．本条依据实际工程经验，规定连梁的经济合理的跨高比宜在 2.5～5 之间，剪力墙结构的连梁宜采用较大数值的跨高比（框架-剪力墙结构的连梁宜采用较小跨高比的连梁）。

5．连梁的抗震等级同剪力墙的抗震等级，特一级连梁的要求同一级。连梁的混凝土强度等级同剪力墙。

6．连梁截面高度不宜小于 400mm。

4.3.5 跨高比较小的深连梁宜采用双连梁，以提高连梁的耗能能力并改善结构的延性，应采用具有双连梁计算功能的程序计算或补充计算，补充计算时可按抗弯刚度相等原则对双连梁进行等效。

【说明】

1．跨高比较小的深连梁，可设水平缝形成双连梁（图 4.3.5-1）。震害调查表明，地震区采用的"双连梁"，两根连梁之间留有较大的间距并用砌体墙填充，填充墙区域可以有利于设备管线通行，填充墙给双连梁提供了较大的初始刚度（墙体裂缝前），有利于抗风。地震作用时，填充墙首先破坏，起到耗能和保护连梁及剪力墙的作用。因此，结构破坏不严重。

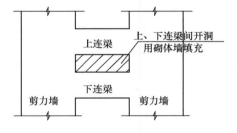

图 4.3.5-1 地震区的双连梁

2．双连梁的设计计算应采用具有双连梁计算功能的程序计算或补充计算，补充计算时可按抗弯刚度相等原则对双连梁进行等效。双连梁的设计计算方法有待进一步研究和改进，以期符合连梁的实际受力状况。

3．对双连梁的等效

1）受层模型计算假定及计算手段的限制，结构设计中将设置水平缝的双连梁进行简单等效，即按连梁抗剪截面面积相等的原则等效（见图 4.3.5-2c），等效连梁的宽度为小截面连梁宽度的 2 倍，高度与小截面连梁相等，按简单等效后的连梁计算截面进行结构分析计算，再根据计算结果对设置水平缝的连梁进行配筋设计。

2）简单等效存在的问题，对"双连梁"按连梁抗剪截面面积相等的原则进行简单等效后，其截面的抗剪承载力没有改变，但等效引起了连梁实际抗弯承载力及受力状况的巨大改变。处理不当，连梁的强剪弱弯难以实现，在罕遇地震作用下有可能导致连梁失效，危及剪力墙（甚至整个结构）的安全。

3）在水平缝上、下设置的连梁为一对连梁，与等效连梁（并排设置的两根同截面连梁）完全不同，两根并排设置的连梁，其截面特性可以是每根连梁的简单叠加（$A = A_1 + A_2$，$EI = EI_1 + EI_2$），而上、下并排设置的连梁的截面特性不再遵循两根梁的简单组合原则（$A = A_1 + A_2$，$EI \neq EI_1 + EI_2$），连梁的实际抗弯能力比两根并排设置的单梁有大幅度的提高，其主要原因是上、下设置的连梁承担着附加轴力，轴力形成的内力偶对外力起平衡作用，实际连梁的抗弯刚度与等效连梁之间存在很大的差异，此处以算例（由杨婷工程师完成）比较并说明之。

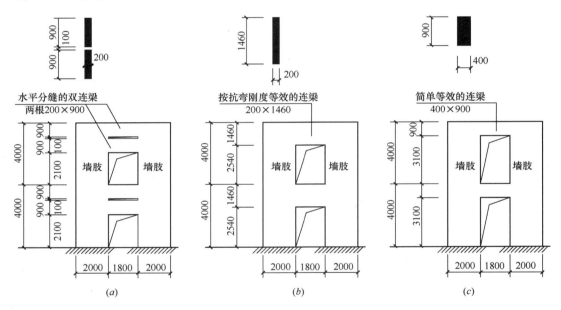

图 4.3.5-2 对双连梁的等效

(a) 等效前；(b) 按抗弯刚度等效；(c) 简单等效

【**例 4.3.5-1**】某单片钢筋混凝土剪力墙，墙厚 200mm，其他尺寸如图 4.3.5-2 (a)，比较可以发现，按抗弯刚度相等原则等效的连梁截面为 200mm×1460mm，简单等效的连梁截面为 400mm×900mm，前者抗弯刚度是后者的 2.13 倍，是不开缝连梁（200mm×1900mm）的 0.454 倍。对连梁抗弯刚度估算的偏差将导致结构计算内力的很大变化：

（1）在多遇地震作用下，连梁的超筋多为抗剪截面不够，采用简单等效的小截面高度连梁计算，表面的计算结果合理（抗剪不再超筋），掩盖了计算连梁与实际连梁的受力模型的巨大差异，计算连梁主要承受剪力和弯矩，而实际连梁（双连梁）属于受拉（压）和弯剪复合受力构件，在地震剪力和弯矩及地震轴向拉压力的反复作用下，连梁梁端极易出现破坏，使连梁过早地退出工作。

（2）在罕遇地震作用时，由于双连梁破坏而退出工作，使连梁两端的墙肢变成独立墙肢，导致墙肢地震作用效应的急剧增加。由于结构设计时没有按《高层建筑混凝土结构技术规程》JGJ 3 的规定，考虑在大震下连梁失效不参与工作，"按独立墙肢的计算简图进行第二次多遇地震作用下的内力分析，墙肢截面应按两次计算的较大值计算配筋"，大震时墙肢存在破坏可能，造成连梁和剪力墙的各个击破，难以实现结构大震不倒的要求。

（3）计算连梁的实际抗弯刚度计算值过小，将导致连梁分担的地震作用减小，大大加大了墙肢的负担（但即便如此，墙肢还不足以单独承担连梁破坏后的地震作用），结构设计的经济性差。

4. 对跨高比较小的深连梁，采取设置水平缝的双连梁，并采用简单等效方法确定连梁的计算截面时，由于在计算假定、截面选取等方面存在诸多困难，实际连梁与等效连梁在设计计算及受力模型上存在很大的差异，且难以确保大震下连梁的强剪弱弯，易造成大震下连梁及剪力墙的各个击破，难以实现大震不倒的抗震设计基本要求，因此，强震区使用时应采用具有双连梁计算功能的程序，或按双连梁实际抗弯刚度进行等效的补充计算，加强对双连梁强剪弱弯的复核。

4.3.6 连梁宜采用墙元模型计算。

【说明】

1. 剪力墙连梁的计算模型

1）一般连梁（$l_n/h < 5$）应采用墙元（即剪力墙开洞）模型计算（图 4.3.6-1）；

2）当为弱连梁（$l_n/h \geqslant 5$）时，宜采用梁元（即杆元）模型计算（见图 4.3.6-1）。

2. 实际工程中，为了减小设计工作量且便于调整优化，对所有连梁（无论跨高比大小）均宜按墙元模型（采用墙开洞的墙元模型，通过改变洞口高度调整连梁截面）计算（图 4.3.6-1），以便于方案调整并减小结构设计工作量。

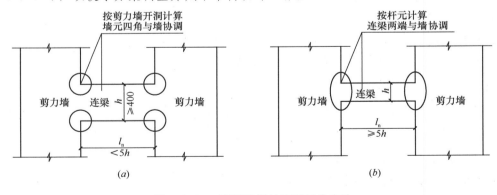

图 4.3.6-1 强弱连梁的实用区分方法

（a）较强连梁；（b）弱连梁

4.3.7 应采取在楼层平面内设置斜梁、过渡梁等方法，避免连梁作为楼面梁的支承梁，必须采用时，应采取提高连梁受剪承载力的措施，确保地震时连梁具有足够的抗剪承载力。

【说明】

1. 作为主要的耗能构件，连梁应避免作为楼面梁（以承受竖向荷载为主）的支承梁，实际工程中可采取设置斜梁、过渡梁等方法（图4.3.7-1），改变楼面梁与连梁的支承关系。

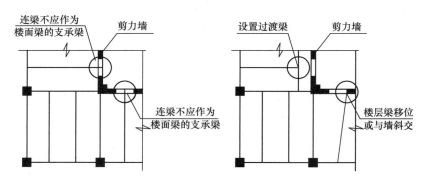

图 4.3.7-1　楼面梁与连梁的避让措施

2. 连梁作为楼面梁的支承梁（无法避免）时，应采取提高连梁抗剪承载力的设计措施，确保连梁在大震时的抗剪承载力。

1）提高连梁抗剪承载力的主要措施有，连梁内设置交叉钢筋或暗撑及抗剪用钢板或窄翼缘型钢等。

2）钢筋混凝土连梁应优先考虑设置交叉斜筋，设计计算时可不考虑《混凝土结构设计规范》GB 50010 中连梁剪力增大系数的调整，在复核验算时考虑实际抗剪承载力的提高。对设置交叉钢筋或暗撑的钢筋混凝土连梁，应确保连梁出现塑性铰后仍能具有足够的抗剪承载力（一般可用作小跨度楼面梁的支承梁）。

3）对设置抗剪用钢板或窄翼缘型钢的钢筋混凝土连梁，复核计算及构造要求应满足附录 D 的相关要求。

4.3.8 为改善结构的抗震性能，提高结构设计的经济性，对超筋连梁除应按规范要求进行处理外，还应采取措施满足强剪弱弯要求。

【说明】

在风荷载作用下连梁处于弹性或基本弹性工作状态，在地震作用下连梁出现塑性铰，按"强墙肢、弱连梁"的设计原则，使连梁屈服先于墙肢且使墙肢形成具有多个连梁塑性铰的结构。对超筋连梁的处理见附录 D。

4.3.9 剪力墙应设置翼墙，结构整体分析时不宜考虑剪力墙小墙肢及无效翼墙的作用，施工图制图时应考虑小墙肢及无效翼墙的影响。

【说明】

1. 小墙肢构件截面面积小、轴压比大，若将其作为结构受力构件参与整体分析，往往导致小墙肢配筋过大，抗震性能差，一旦破坏也将危及整体结构的安全，结构设计的经济性也不好，因此结构分析计算时一般可不考虑小墙肢的作用，而在施工图制图时考虑小墙肢，横贯小墙肢的连梁按无小墙肢设计（一根连梁直通），纵向钢筋应直通。

2. 无效翼墙的构件尺寸也较小，参与整体分析时常出现不合理的配筋，因此结构分析计算时一般可不考虑无效翼墙的作用，而在施工图制图时考虑无效翼墙对缓解墙肢轴压比、对墙肢稳定性、对剪力墙端部钢筋合理分布等的有利影响。

3. 事实上，实际工程中所有翼墙都是有效的，不存在"无效翼墙"，所谓"无效翼墙"只是从计算角度考量的，翼墙墙肢（墙厚 b_f）对剪力墙腹板墙肢（墙厚 b_w）的稳定性贡献较小，小到工程设计角度可以忽略不计的程度。有条件时剪力墙墙肢应设置翼墙（有效翼墙或无效翼墙），以提高墙肢的稳定性及配筋合理性。

4.3.10 剪力墙底部加强部位应根据墙肢轴压比情况，设置约束边缘构件或构造边缘构件。

【说明】

1. 以底层墙肢的轴压比作为判别是否设置约束边缘构件的依据，是建立在墙肢在底部加强部位高度范围内截面不变（或均匀变化）基础上的，也就是在底部加强部位的高度范围内，墙肢的最大轴压比数值应出现在墙底截面。底部加强部位及相邻上一层的剪力墙，当侧向刚度无突变时，墙的厚度不宜改变。对复杂工程，当剪力墙墙底截面的轴压比不是最大值时，应以底部加强部位高度范围内墙肢的最大轴压比数值来确定是否设置约束边缘构件。

2. 超高层建筑在剪力墙的约束边缘构件和构造边缘构件之间设置 1～2 层过渡层，可以避免剪力墙边缘构件设置的突变，实现平稳过渡。实际工程中，对复杂结构、结构设计的关键部位等结构设计认为有必要的工程和部位，均可灵活设置剪力墙的过渡层，以改善结构的延性，提高剪力墙的抗震能力。

3. 对剪力墙边缘构件灵活设置过渡层，也是抗震概念设计和抗震性能化设计的重要内容之一。过渡层边缘构件的截面尺寸可同构造边缘构件，配箍特征值取约束边缘构件的 λ_v 与 0.1 之和的平均值，即 $(\lambda_v+0.1)/2$；竖向钢筋可取约束边缘构件与构造边缘构件之和的平均值。

4. 实际工程中，在剪力墙底部加强部位及其相邻上部楼层，应避免剪力墙数量及墙肢厚度的剧烈变化。结构设计中，为控制楼层侧向刚度比或避免设置剪力墙约束边缘构件，常采用加厚底部加强部位剪力墙的做法，此时，应注意在底部加强部位以上改变墙厚引起的轴压比突变问题，当轴压比超过表 4.3.10-1 数值时，应考虑约束边缘构件向上延伸或设置过渡层。

剪力墙底部加强部位以上构造边缘构件的最大轴压比（建议值）　　表 4.3.10-1

抗震等级或烈度	一级（9度）	一级（6、7、8度）	二、三级
轴压比	0.3	0.4	0.5

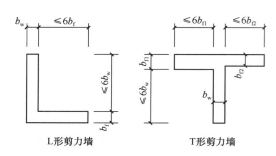

L形剪力墙　　　　T形剪力墙

图 4.3.10-1　可采用墙肢组合轴压比的情况

5. 剪力墙墙肢轴压比指单个墙肢的轴压比，对 T 型 L 型截面，当腹板墙肢净长度不大于其厚度的 6 倍、翼墙每侧外伸长度不大于其厚度的 6 倍（图 4.3.10-1）时，也可采用各墙肢的组合轴压比。

4.3.11　带端柱的剪力墙应采用合适的计算模型，避免出现模型化误差，当其计算结果明显不合理时，应采用简化方法进行补充分析。

【说明】

1. 带端柱的剪力墙不是剪力墙与柱的简单叠加，程序中对柱墙采用直接叠加的计算处理方法，常使设计者混淆端柱与框架柱的本质区别。端柱不是柱而是墙，应强调端柱与墙的整体概念。柱墙直接叠加的等效处理方法可作为设计的辅助计算方法，而不应作为首先推荐的方法。采用柱墙直接叠加的计算模型，常造成计算结果的混乱：

1）柱墙直接叠加时，柱端（杆元两端）与墙角部节点（墙单元节点）无法直接连接，程序处理上需要引入罚单元（就是在柱端和墙角部节点之间引入一根水平向的虚拟梁），而罚单元刚度的大小直接影响结构计算的准确性，目前情况下，程序尚无法根据工程具体情况合理取用罚单元的刚度，造成带端柱剪力墙计算结果不合理，严重时超筋超限普遍。

2）结构计算中也难以考虑图 4.3.11-1 所示的压应力扩散的作用，由于柱和墙各自采用不同的计算假定，采用罚单元连接的柱、墙分离式计算，常导致同一结构构件内端柱与墙肢的计算压应力差异很大。当不考虑结构构件的轴向变形时，往往夸大了柱子承受

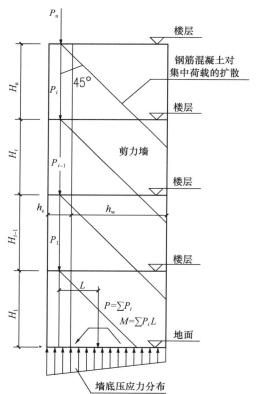

图 4.3.11-1　钢筋混凝土对竖向荷载的扩散

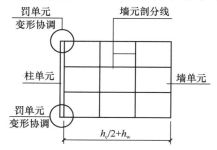

图 4.3.11-2　程序对有端柱剪力墙的计算模型

竖向荷载的能力，造成柱墙轴力的绝大部分由端柱承担，而剪力墙只承担其中的很小部分，端柱配筋过大，计算不合理；而当过多地考虑结构构件的轴向变形时，又常常造成剪力墙墙肢承担的压应力水平高于端柱，计算结果也不合理。

3）程序采用墙＋柱的输入模式，会出现端柱的抗震等级同框架的情况（这个问题很容易被忽视）。而在框架-剪力墙结构中，框架的抗震等级一般不会高于剪力墙的抗震等级，会出现偏不安全的情况，应人工修改端柱的抗震等级，使其同剪力墙。

2. 建议优先考虑采用墙＋墙的 T 字墙计算模型，就是将端柱（柱宽 b_c，柱高 h_c）按 T 形截面的翼缘墙肢输入（墙肢的 $b_{w1}=h_c$，$h_{w1}=b_c$，图 4.3.11-3（a））。

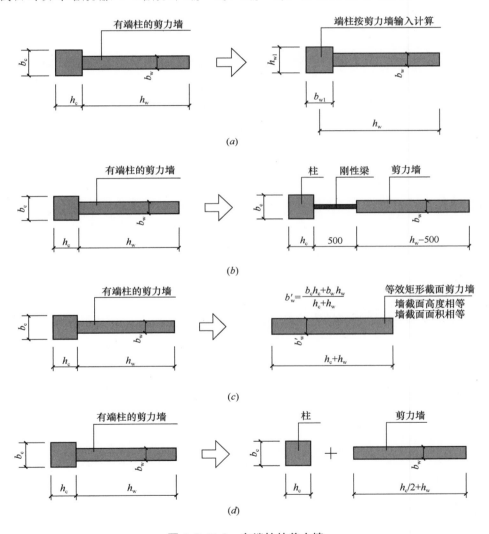

图 4.3.11-3　有端柱的剪力墙

（a）建议优先采用的计算模型；（b）、（c）建议可采用的比较计算模型；

（d）不建议采用的计算模型

3. 当采用墙＋柱计算模型的计算结果明显不合理时，为消除罚单元设置不当造成的影响，也可按以下方法进行比较计算，取合理结果设计：

1）在端柱与墙之间开计算洞（洞口可取 500mm×800mm），形成柱＋刚性梁＋墙的计算模型（图 4.3.11-3（b）），刚性梁宽度同墙厚，截面高度可取层高－800；

2）采用等效墙厚法计算，墙长为（h_c+h_w），按墙截面面积相等的原则将有端柱剪力墙等效为矩形截面剪力墙（图 4.3.11-3（c）），墙的等效截面厚度 b'_w，按等效厚度剪力墙验算平面外稳定，此时，由于对端柱的有利作用（端柱对墙肢平面外稳定的有利影响）考虑略有不足，其结果是偏于安全的。必要时还可以考虑实际端柱截面对墙肢稳定的有利影响，采用手算复核。

4. 实际工程中还应特别注意对与墙肢相连的台口柱及转换柱等结构设计关键构件的计算模型复核。

4.4 框架-剪力墙

4.4.1 框架-剪力墙结构应设计成双向抗侧力体系，结构两主轴方向均应布置剪力墙，且宜使各主轴方向抗侧刚度接近。剪力墙宜均匀布置在建筑物周边附近、楼梯及电梯间、恒载较大部位。剪力墙间距不宜过大，单片剪力墙底部承担的水平剪力不应超过结构底部总水平剪力的30%。房屋超长时，纵向剪力墙不宜设置在房屋的端部。

4.4.2 钢筋混凝土框架-剪力墙结构和钢筋混凝土框架-筒体结构均以剪力墙作为第一道防线，框架作为二道防线。但在结构布局和受力上有所不同，设计中需根据结构主要受力特点及规范相关规定判定结构体系，并执行相应措施。

【说明】

钢筋混凝土框架-筒体结构抗震性能要略优于框架-剪力墙结构，实际工程中二者判别时有以下3种情况要注意区分：

1. 框架-筒体结构高度低于60m时，筒体发挥作用不明显，可按框架-剪力墙结构设计。考虑到筒体在整体结构中所发挥的主要作用，筒体角部边缘构件宜按框架-筒体结构予以加强。

2. 建筑筒体由于门洞、设备洞等条件限制，无法形成真正意义上的整体结构筒，此时应按框架-剪力墙结构设计。

3. 基于刚度及抗扭设计需求，在筒体外又增设部分剪力墙，当筒体墙承担的底部倾覆力矩不小于全部剪力墙底部倾覆力矩的80%时可视为框架-筒体结构，小于80%时宜按框架-剪力墙结构设计。

4.4.3 框架-剪力墙结构应根据在规定的水平力作用下结构底层框架部分承受的地震

倾覆力矩与结构总地震倾覆力矩的比值，确定相应的设计方法，并应符合下列规定：

　　1　框架部分承受的地震倾覆力矩不大于结构总地震倾覆力矩的10%时，按剪力墙结构设计，其中的框架部分应按框架-剪力墙结构的框架进行设计；

　　2　当框架部分承受的地震倾覆力矩大于结构总地震倾覆力矩的10%但不大于50%时，按框架-剪力墙结构的规定进行设计；

　　3　当框架部分承受的地震倾覆力矩大于结构总地震倾覆力矩的50%但不大于80%时，按框架-剪力墙结构设计，其最大适用高度可比框架结构适当增加，框架部分的抗震等级和轴压比限值应按框架结构的规定采用；

　　4　当框架部分承受的地震倾覆力矩大于结构总地震倾覆力矩的80%时，按框架-剪力墙结构设计，但其最大适用高度应按框架结构采用，框架部分的抗震等级和轴压比限值应按框架结构的规定采用。当结构的层间位移角不满足框架-剪力墙结构的规定时，可按有关规定进行结构抗震性能分析和论证。

【说明】

　　通常情况下，框架-剪力墙结构中框架与剪力墙在结构中所发挥的作用通过底层所承担的倾覆力矩比衡量，竖向规则的结构框架底层承担的倾覆力矩比在20%~40%时受力呈典型的双重抗侧力特征，结构经济。竖向不规则时可分别计算底层和底部加强部位最上层两个位置的倾覆力矩比，综合判断并确定构件抗震等级。

　　当结构高度接近规范中框架结构的适用高度限值时，如有条件设置部分剪力墙，应优先选用框架-剪力墙结构。

　　4.4.4　当钢筋混凝土框架-剪力墙结构中存在部分短肢剪力墙时，应根据短肢剪力墙承担的底部倾覆力矩占全部剪力墙底部倾覆力矩的比例，按如下规定执行：

　　1　在规定的水平地震作用下，短肢剪力墙承担的底部倾覆力矩不应大于全部剪力墙底部倾覆力矩的30%。

　　2　在规定的水平地震作用下，短肢剪力墙承担的底部倾覆力矩不大于全部剪力墙底部倾覆力矩的10%时，短肢墙厚度不应小于200，结构适用高度及构件抗震等级仍按《高层建筑混凝土结构技术规程》JGJ 3执行，其中短肢剪力墙抗震等级宜提高1级，已为一级的不再提高。

　　3　在规定的水平地震作用下，短肢剪力墙承担的底部倾覆力矩大于全部剪力墙底部倾覆力矩的10%，且不大于30%时，短肢墙厚度不应小于200，结构适用高度及框架抗震等级仍按《高层建筑混凝土结构技术规程》JGJ 3执行，全部剪力墙抗震等级提高一级。

【说明】

　　工程中由于建筑布局的限制，常有部分剪力墙被分割形成短肢。本条参考了《高层建筑混凝土结构技术规程》JGJ 3剪力墙结构中关于短肢剪力墙的相关规定，同时考虑到框架-剪力墙结构中剪力墙作为主要抗侧力构件，故对短肢墙比例的控制及构件抗震措施严于剪力墙结构中要求。

4.4.5 抗震设计时，框架-剪力墙结构对应于地震作用标准值的各层框架总剪力应符合《建筑抗震设计规范》GB 50011 及《高层建筑混凝土结构技术规程》JGJ 3 中相关规定。当需要进一步提高框架性能时，可按如下方式对小震作用下的框架剪力进行调整：

1 框架梁按照结构底部总地震剪力标准值的 20％ 和框架部分楼层地震剪力标准值中最大值的 1.5 倍二者的较小值进行调整；

2 框架柱按照结构底部总地震剪力标准值的 20％ 和框架部分楼层地震剪力标准值中最大值的 1.5 倍二者的较大值进行调整。

【说明】

框架-剪力墙结构设计中的关键之一即合理设置框架二道防线，通常情况下应按规范中的调整方式，当需要对框架部分提高性能目标时，可按本条调整。当工程为抗震超限时，应按超限审查意见执行，本条可作为前期方案比选阶段的参考。

4.4.6 框架-剪力墙结构中设置在框架区域的楼梯，其周边结构措施宜按框架结构中楼梯有关规定执行。

【说明】

框架-剪力墙结构的楼梯周边应设置剪力墙。

4.4.7 框架-剪力墙结构中墙与墙之间的连梁应采用刚度较大的连梁，连梁的抗震等级、混凝土强度等级等同剪力墙。

【说明】

1. 一端与剪力墙相连（梁与剪力墙在剪力墙平面内相连）一端与框架柱相连的梁：

1）当梁的跨高比不大于 5 且竖向荷载下的弯矩对梁影响不大时，仍宜按连梁设计；

2）当梁的跨高比大于 5 且竖向荷载下的弯矩对梁影响较大时，应按框架梁设计（按图集 16G101 中 LLk 设计、梁刚度不折减、梁的混凝土强度等级按框架梁、梁腰筋布置同剪力墙、纵向钢筋和箍筋布置同框架梁）。

2. 对框架-剪力墙结构中的连梁，当跨高比不小于 5 时，连梁的混凝土强度等级可按框架梁确定。

3. 依据实际工程经验，连梁的经济合理的跨高比宜在 2.5～5 之间，框架-剪力墙结构的连梁宜采用较小跨高比的连梁（剪力墙结构的连梁宜采用较大数值的跨高比）。

4.5 筒 体 结 构

4.5.1 筒体墙肢平面布置宜均匀、对称，且有利于筒体空间作用的发挥，减小剪力滞后效应。

【说明】

1. 筒体结构包括框架-核心筒结构和双筒结构等。

2. 较好的筒体平面是通过筒内若干道贯通的腹墙将筒的外墙联系成整体，如"日"、"目"、"田"、"畕"字等形状。

4.5.2　筒体墙肢竖向应对齐，墙厚变化应通过分析进行优化。核心筒的宽度不宜小于筒体总高的 1/12。

【说明】

设计中为满足结构刚度需求，首先应通过合理的墙厚变化实现，这需要设计人多次试算，对各层位移角进行总体分析，从而得出最佳变化方式。同时为使刚度均匀过渡，沿竖向墙厚度与混凝土强度等级宜错开变化。从结构经济合理的角度，核心筒的宽度不宜过小。

4.5.3　筒体结构中，框架部分按侧向刚度分配的楼层地震剪力标准值应按《高层建筑混凝土结构技术规程》JGJ 3 中规定执行。

【说明】

1. 框架-核心筒结构，当出现部分楼层框架部分分配剪力小于结构底部总地震剪力标准值的 10% 时，应同时符合以下要求：

1) 框架分配的最小楼层剪力，首层及二层不宜小于结构底部总地震剪力标准值的 5%，以上各层，不宜小于结构底部总地震剪力标准值的 8%，不应小于结构底部总地震剪力标准值的 7%。

2) 框架分配剪力比小于 10% 的楼层占总楼层数比例不宜超过 1/4，不应超过 1/3，此时首层及二层也应计入楼层数。

2. 框架-核心筒结构出现部分楼层框架分配剪力达不到底部总地震剪力标准值 10% 情况时，应全楼整体判断结构框架能力是否满足要求，通常情况下，外框柱距超过 9m 时，框架部分分配剪力难以满足要求，故方案阶段与建筑专业商定合适柱网是解决问题的关键。另外首层和二层框架计算剪力占比较小，本措施适当放宽要求，但设计中仍应采取合理方法尽量提高首层和二层框架分担的剪力。

3. 抗震设计时，筒体结构的框架部分需要进一步提高框架柱性能时，可按如下方式对小震作用下的框架剪力进行调整：

1) 框架梁按照结构底部总地震剪力标准值的 20% 和框架部分楼层地震剪力标准值中最大值的 1.5 倍二者的较小值进行调整；

2) 框架柱按照结构底部总地震剪力标准值的 20% 和框架部分楼层地震剪力标准值中最大值的 1.5 倍二者的较大值进行调整。

4. 与框架-剪力墙体系类似，当需要对框架提高性能目标时，可按本条调整，这也是多个超限工程采取的处理方式。当工程为抗震超限时，应按超限审查意见执行，本条可作为前期方案比选阶段的参考。

4.5.4 超高层框架-核心筒结构在竖向荷载作用下的计算，应考虑柱与核心筒竖向变形差异引起的结构附加内力。

【说明】

1. 高层建筑结构外框柱与核心筒竖向变形计算，理论上应计及地基差异沉降的影响。设置伸臂桁架且需要与外框柱滞后连接时，竖向变形差分析中需要按此连接时序选择适当的计算参数，并在设计文件中明确提出相应的施工要求。

2. 内筒偏置的框架-核心筒结构，柱与核心筒竖向变形差会产生长期的 $P\text{-}\Delta$ 效应，由于筒体受力不均匀而产生的基础倾斜也会产生 $P\text{-}\Delta$ 效应，二者形成叠加效应，当结构高度较高时在设计中应予以高度重视。

4.5.5 钢筋混凝土楼面梁在筒体支承端的计算模型按如下原则处理并相应配筋：

1. 墙厚不小于梁高的 1/2，且不小于梁宽和 350 时，梁端可按嵌固计算及配筋；筒体墙在梁支座处设暗柱，暗柱宽度不小于 3 倍梁宽，暗柱抗弯承载力应能平衡梁端设计弯矩，最小配筋率按《高层建筑混凝土结构技术规程》JGJ 3 第 7.1.6 条。

2. 不满足"1"中条件时，内力分析中筒体梁端可按简支，按此内力计算结果设计跨中和另外端支座配筋；筒体端支座配筋不小于相应抗震等级框架梁纵向受拉钢筋的最小配筋率，墙内设暗柱方式同"（1）"。

3. 支承在筒体的梁端无论计算按何种计算简图处理，配筋构造均应满足抗震框架梁的要求。

【说明】

本条提出混凝土框架梁及次梁在筒体墙支承端计算中按嵌固或简支的判断原则及配筋要求。由于筒体墙厚向上是逐渐变薄的，而楼面梁通常标准层高度一致，所以会出现下部楼面梁在筒端为嵌固，上部变为简支的情况，此情况标准层楼面梁的配筋有时也需相应区分。在计算柱与核心筒竖向变形差引起的结构附加内力时应按筒体梁端嵌固和简支包络设计。

4.5.6 为增加建筑使用净高，楼面梁可采取宽扁形式、梁腹部穿设备管线、采用变高度梁等方案。

【说明】

单一通过宽扁形式梁争取净高有时不够合理，建筑使用净高需要全专业综合、优化，以获得综合效益。

4.5.7 楼面梁腹部设置设备管线穿行洞口时，应避免集中连续开洞，洞口加强依据局部分析并满足构造要求。

【说明】

拟通过设备管线在梁腹部开洞方式以提高使用净高时，首先应通过全专业管线综合由相关专业提供全部梁洞的位置后，结构专业再总体评估是否可行并反馈。采用梁开洞方案时结构不应采用宽扁梁。

4.5.8 框架-核心筒结构当楼面采用变高度梁时，变高度部分梁高不应小于整梁高度的 2/3 且不宜小于 500，变高度部分长度不宜大于梁跨的 1/5。筒体端支座上筋按梁端嵌固内力分析结果配置，梁下筋及另外端支座的上筋按筒体端支座简支内力分析结果配置。梁箍筋加密区长度满足相应抗震等级要求且不小于变高度部分长度，计算箍筋加密区长度时梁高按整梁高度，计算筒体端箍筋最大间距时按筒体端梁高。

【说明】

1. 高层建筑有时会采取将楼面梁走廊部分（即靠近筒体一侧）局部降低梁高的方式，目的是为增加走廊处的净高，本条变高度梁即针对此情况。变高度梁与等截面梁相比筒体段支座的嵌固作用减弱，楼面刚度有所下降，故对梁变高度的长度和高度需要予以控制。当楼面梁为降低高度已经采用宽扁形式，则不应采用此方式。

2. 如果在楼面梁跨中部分采用局部降低梁高的方式时，降低梁高的范围及变截面处的梁高可参考本条要求。

4.5.9 筒体与外框柱中距较大时，应综合比较加强楼面梁与增设内柱方案。

【说明】

筒体与外框柱中距不大于 14m 时楼面梁高度都在常用范围，尽可能不设内柱，既有利于建筑空间使用，结构也合理。当筒体与外框柱中距更大时，可考虑增设内柱，但应与不设内柱而加强梁的方案进行技术经济对比。实际有些工程在靠近筒体处设置内柱（一般设置在走廊与房间隔墙位置），此时内柱与筒体间的梁跨高比小，受力特点类似连梁，构件设计出现困难，同时由于传导至筒体的竖向荷载减小，对于墙体抗拉更为不利。

4.5.10 复杂高层建筑结构筒体墙宜按"超限高层建筑工程抗震设防专项审查技术要点"（建质〔2015〕67 号）中的规定验算拉应力，当拉应力超出规定时，可采取增加墙厚、设置分散型钢、钢板等方式进行控制。

【说明】

1. "超限高层建筑工程抗震设防专项审查技术要点"中墙体拉应力是对超限的框架-筒体结构必须进行验算的内容，本条将验算范围扩大为复杂高层建筑结构，但墙肢拉应力限值可比超限结构适当放松。

2. 墙体底部拉应力验算应根据墙体布局及受力特点合理确定验算墙肢形状。需要注意的是，嵌固端以下有时墙内受拉钢骨会逐渐递减，这时对嵌固端以下楼层也需要验算拉应力。同时墙体受拉情况及对策应结合中、大震的分析综合判定。

3. 在楼面布置中，应尽可能将竖向荷载传导至受拉力大的墙体。超高层由于拉力大，有时也会通过在低区设伸臂方法减小墙体拉力，这时伸臂对减小位移角作用不大。

4.5.11 框架-核心筒结构角部边缘构件按下列要求加强：底部加强部位，约束边缘构件范围应主要采用箍筋，且约束边缘构件沿墙肢的长度取墙肢截面高度的 1/4。底部加强部位以上的全高范围应按转角墙的要求设置约束边缘构件。

4.5.12 内筒偏置的框架-筒体结构应采取措施减小刚心与质心的偏离,增加结构抗扭刚度。当内筒偏置,长宽比大于 2 时宜采用框架-双筒结构。

【说明】

筒体偏置时,可通过墙厚平面优化、增强外框刚度等措施改善结构受力。当出现完全偏置的筒体且最外侧为楼电梯间时,要注意判断最外侧墙体传力的可靠性及自身稳定性等问题。

4.5.13 框架-双筒结构中双筒之间的楼板不宜开洞,开洞时其有效宽度不宜小于楼板典型宽度的 50%。当框架-双筒结构平面为"哑铃形"时,双筒之间最窄处楼板宽度不应小于楼板典型宽度的 50%。双筒之间楼板应按弹性板细化分析,板厚和配筋相应加强。

【说明】

框架-双筒结构中双筒之间的楼板起着协调双筒受力的作用,不宜开洞。当中、大震分析表明双筒间楼板会发生损伤时,可根据损伤程度采取增加板厚及配筋或设置水平钢支撑等措施。

4.5.14 框架-核心筒结构筒体内部楼板的最小厚度不宜小于 140mm,应双层双向配筋,每层每向配筋率不宜小于 0.25%。

【说明】

核心筒内部楼、电梯开洞削弱了楼板,从协调筒体整体工作及墙体稳定性考虑,提出最小厚度及配筋要求。筒外楼板厚度确定时应综合考虑楼面竖向刚度、水平传力及防火、耐久性等构造要求,不宜小于 110mm。

4.5.15 框架-核心筒结构内部楼面采用无梁板平板体系时,外框柱间应设框架梁,在柱与筒体之间应设暗梁,梁宽宜与柱同宽,暗梁构造按框架梁。

【说明】

楼面采用平板体系时,柱与筒体间采用实心板或空心板,设置的暗梁不能起到板的支座作用,仅为加强柱与筒之间的联系。在平面角部宜设梁将角部板分割成简单的单向板。

4.6　板柱-剪力墙结构

4.6.1 设防烈度为 8 度(0.3g)时,不宜采用板柱-剪力墙结构。设防烈度为 9 度时,不应采用板柱-剪力墙结构。板柱-剪力墙结构房屋适宜的最大高度:设防烈度 6 度时为 60m,设防烈度 7 度时为 50m,设防烈度为 8 度(0.2g)时 40m。

【说明】

考虑到板柱-剪力墙结构房屋实际工程经验相对较少、未经受过强烈地震的考验且板柱-剪力墙结构多用于办公楼、商场等公共建筑,因此,在实际工程中应严格控制房屋高度,当房屋高度接近本条规定上限时,应采取严格的结构措施。

4.6.2　采用板柱-剪力墙结构时，剪力墙应均匀、双向布置，楼电梯处宜布置剪力墙。房屋周边应设框架梁形成周边框架，楼电梯区域未设剪力墙时，应布置框架梁形成局部框架。房屋的顶层及地下室顶板宜采用梁板结构。

【说明】

地震区板柱结构应设置剪力墙形成板柱-剪力墙结构体系。

4.6.3　抗风设计时，板柱-剪力墙结构中各层筒体或剪力墙应能承担不小于80%相应方向该层承担的风荷载作用下的剪力。抗震设计时，应能承担各层全部相应方向该层承担的地震剪力，而各层板柱部分尚应能承担不小于相应方向层地震剪力的20%。

【说明】

在板柱-剪力墙结构中，剪力墙是主要抗侧力构件，板柱以承担竖向荷载为主。

4.6.4　板柱-剪力墙结构楼板不宜开大洞并应减少凸凹，无梁楼板局部开洞时，应对板承载力及刚度进行验算。

4.6.5　板柱节点应设柱帽，并应在柱上板带中设置构造暗梁，暗梁宽度取柱宽及两侧各1.5倍板厚之和，在暗梁宽度范围，暗梁支座上部钢筋面积不应小于柱上板带钢筋截面积的50%，并应全跨拉通，暗梁下部钢筋不应小于上部钢筋的1/2，暗梁应配置箍筋。沿两个主轴方向通过柱截面的板底连续钢筋的总截面面积应满足规范要求。

【说明】

1. 考虑到板柱-剪力墙结构工程事故较多（尤其是地下室板柱结构），因此，本条规定板柱-剪力墙结构（无论地上结构还是地下结构）均应满足本条的构造要求。

2. 近年来无梁楼盖（尤其是地下室无梁楼盖）结构事故多发（见图4.6.5-1），且主要表现为竖向荷载下板柱节点区域的冲切破坏及连续倒塌，主要问题如下：

图4.6.5-1　地下室顶板无梁楼盖工程事故

1）施工管理粗放，地下室顶板回填土施工堆土荷载及施工机械荷载大大超出设计限值；

2）无梁楼盖结构对不均匀荷载极为敏感，结构抗连续倒塌能力弱；还由于地下室顶板的特殊位置和上部覆土的特殊情况，使得板柱节点区域的塑性开展难以察觉和预警；

3）超厚填土、大厚度板无梁楼盖板柱节点的受弯和受冲切承载力有待进一步研究；

4) 板柱节点区处于弯曲和冲切应力高度集中的复合受力状态，局部弹塑性发展较为充分，弹性楼板的计算模型（如弹性楼板3、6等）不完全适用（且按弹性楼板计算的结果偏于不安全），结构设计过分依赖弹性楼板假定的有限元分析，并进行过度"优化"。

3. 现阶段对无梁楼盖结构设计提出如下建议：

1) 无梁楼盖结构应采用较为均匀规则的柱网布置，同一方向连续跨度不宜少于5跨；

2) 板柱节点及相关区域应补充单向结构承担全部竖向荷载的等代框架法计算；

3) 应采取措施减小板柱节点两侧不平衡弯矩的影响，板柱节点冲切验算时应考虑节点不平衡弯矩并适当留有余地；

4) 应特别关注板柱节点的竖向承载力问题及构造问题，当竖向荷载大、竖向荷载变化大时（如地下室顶板有覆土荷载和施工机械荷载等），施工图中应明确荷载控制要求（总荷载和不均匀荷载等）；

5) 施工验算时，顶板覆土荷载应按活荷载考虑。

6) 设计文件中还应明确如下要求：

(1) 地下室顶板覆土施工时，应特别注意对施工总荷载（堆土荷载、施工机械荷载等）及荷载均匀性控制；

(2) 地下室顶板进行深厚回填土机械施工时，地下室内部应严禁作业。

4.7　预应力混凝土结构

4.7.1 地震区建筑必要时宜采用部分预应力结构，不应采用全预应力结构，9度区抗侧力结构不应采用预应力结构。

【说明】

1. 依据我国国情，地震区建筑的主要抗侧力结构不应采用全预应力结构。采用预应力结构时，应合理控制预应力度。9度区抗侧力结构不应采用预应力结构或部分预应力结构。

2. 部分预应力的混凝土抗侧力构件，应采用预应力钢筋和非预应力钢筋的混合配筋形式，预应力强度比（预应力钢筋的抗拉承载力设计值/预应力钢筋和非预应力钢筋的抗拉承载力设计值之和）不宜大于0.75。

3. 民用建筑工程中，预应力技术主要用于解决构件的正常使用极限状态（如挠度和裂缝等）问题，多用于主梁、次梁和楼板。

4.7.2 大跨度、大悬挑结构或构件可考虑采用部分预应力方案。超长混凝土结构的温度应力控制时可考虑采用预应力技术。

【说明】

1. 在民用建筑工程中，预应力主要用于解决混凝土构件的挠度和裂缝控制问题，结构（或构件）的跨度较大时，应考虑采用部分预应力结构（或构件），以适当减小构件截面和重量。

2. 预应力构件的跨度不宜超过 30m，悬挑构件的悬挑长度不宜超过 10m，当设置预应力主要为控制构件挠度时，其跨度（或悬挑长度）可适当放宽。更大跨度时宜采用钢结构或组合结构。

3. 超长混凝土结构的温度应力控制时，可结合楼面梁板设计要求，设置适当数量的预应力钢筋。

4.7.3 框架梁、柱宜采用有粘结预应力，为控制楼板、次梁温度应力、控制构件挠度而设置的预应力可采用无粘结预应力钢筋，但应注意无粘结预应力钢筋对截面的削弱。抗震等级为一、二级的框架梁，不应采用无粘结预应力钢筋。

【说明】

1. 设置预应力钢筋满足承载力要求时，应采用有粘结预应力或缓粘结预应力技术，其他情况时宜采用有粘结预应力或缓粘结预应力技术，为控制构件挠度、控制温度应力而设置的预应力钢筋，也可采用无粘结预应力技术。

2. 当无粘结预应力钢筋穿过框架梁柱节点区时，节点核心区的截面抗震验算应计入预应力孔道对核心区削弱影响。

3. 框架柱不应采用无粘结预应力钢筋。

4.8 复杂高层建筑结构

4.8.1 本节的复杂高层建筑指复杂高层混凝土结构，复杂高层建筑结构的主要类型见表 4.8.1-1。

复杂高层建筑结构的主要类型   表 4.8.1-1

序号	1	2	3	4	5	6
主要类型	带转换层的结构	带加强层的结构	错层结构	连体结构	竖向体型收进	悬挑结构

【说明】

复杂高层建筑结构可以是表 4.8.1-1 中的一种，也可能是其中多种复杂结构的组合形式，6 度抗震设计时，同时采用的复杂结构类型不宜超过三项，7 度和 8 度抗震设计时，同时采用的复杂结构类型不宜超过两项，同时具有表 4.8.1-1 中两种以上复杂类型的高层建筑结构属于超限高层建筑结构，应按住房和城乡建设部建质 [2015] 67 号文件要求进行超限高层建筑工程抗震设防专项审查；其他可根据具体情况确定，并宜先与施工图审查单位沟通。

4.8.2 复杂高层建筑结构应重视概念设计，采用抗震性能化设计方法。

【说明】

复杂高层建筑结构具有房屋高度高，复杂程度高、地震破坏损失大、影响大等特点，结构设计时应针对复杂高层建筑的不规则类型和程度，采用恰当的抗震性能化设计方法，实现设定的抗震性能目标的要求。

4.8.3 9度抗震设计时不应采用带转换层的结构、带加强层的结构、错层结构和连体结构。

【说明】

本条规定中的9度为本地区抗震设防烈度，9度抗震设计时，表4.8.1-1中前4种结构类型缺乏研究和实际工程经验，故不应采用。当9度抗震设计时采用竖向体型收进的结构及悬挑结构，应按振型分解反应谱法或时程分析法计算结构的竖向地震作用。

4.8.4 复杂高层建筑结构的计算分析应符合《高层建筑混凝土结构技术规程》JGJ3的有关规定。复杂高层建筑结构中的受力复杂部位，尚宜进行应力分析，并按应力进行配筋设计校核。

【说明】

1. 对复杂高层建筑的结构分析计算，应采用不同计算模型的分析程序，避免出现模型化误差，并根据需要进行结构的弹性和弹塑性时程分析的补充计算，在进行整体分析计算后，应对复杂部位采用有限元等方法进行应力分析，并进行配筋校核，按较大值配筋。

2. 需要说明的是，由于计算假定的局限性和计算程序的适应性不同，现有条件下对复杂结构的计算分析还难以达到模型准确、计算结果合理的程度，需要根据概念设计要求对复杂结构进行多模型的比较分析，一般需要采用两个不同力学模型的计算程序进行比较计算，以消除计算的模型化误差。

3. 比较计算时应校核两个计算程序按弹性方法计算的基本指标（如结构的重量、总地震剪力、基本周期等）是否相当，并根据需要对结构的关键部位和关键构件进行有限元应力分析并按应力进行配筋设计校核。

4. 应重视结构弹塑性变形验算，以发现并对薄弱层进行处理。结构的弹塑性变形验算不在具体数值，而在相互的比值，重在发现结构在罕遇地震下的弹塑性变形规律，弹塑性变形规律对工程设计具有更大的指导意义。

4.8.5 在高层建筑结构的底部，当上部楼层部分竖向构件（剪力墙、框架柱）不能直接连续贯通落地时，应设置结构转换层，形成带转换层高层建筑结构。

【说明】

转换结构分为框支转换（对上部部分剪力墙的转换）和对上部框架柱的转换。"高层建筑结构的底部"，对框支转换的结构指符合表4.8.9-1的情况，对框架柱转换的结构指在房屋下部的 $H/3$ 高度范围内；

1. 当上部为剪力墙结构，下部部分构件转换为柱时，形成部分框支剪力墙结构，相应的转换梁又称为框支梁，转换柱称为框支柱。

2. 当上部柱与下部柱不能连续贯通时，形成托柱转换层结构。

3. 应注意把握框支柱的关键部位，采取恰当的结构措施。直接承托被转换构件的梁为转换梁，转换梁以下直接支承转换梁的柱都是转换柱（一直延续到柱脚），转换框架是由转换梁及一般框架梁（转换层在二层及以上楼层时，在转换梁以下的楼层梁为一般框架梁）和转换柱组成的框架（见图4.8.5-1）。

4. 在地下室顶板及其以下部位转换的结构，可不认定为是本节所指的复杂高层建筑结构，转换构件可参照《高层建筑混凝土结构技术规程》JGJ 3 的相关要求设计。

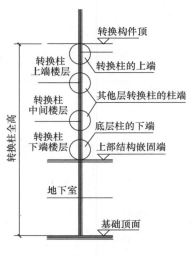

图 4.8.5-1

4.8.6 底部带转换层的 B 级高度筒中筒结构，外筒框支层以上应避免采用由剪力墙构成的壁式框架，否则应按表 4.8.6-1 限制房屋的最大适用高度。

B 级高度筒中筒结构当外筒框支层以上采用壁式框架时房屋的最大适用高度（m）　表 4.8.6-1

抗震设防烈度	6 度	7 度（0.10g）	7 度（0.15g）	8 度（0.20g）	8 度（0.30g）
适用高度（m）	250	205	175	150	135

【说明】

1. 对筒中筒结构，当外筒框支层以上采用壁式框架时，抗震性能比密柱框架差，结构设计中应避免采用。

2. 依据《高层建筑混凝土结构技术规程》JGJ 3 的规定，底部带转换层的 B 级高度筒中筒结构，当外筒框支层以上采用由剪力墙构成的壁式框架时，其最大适用高度应比 B 级高度的筒中筒结构适当降低，表 4.8.6-1 按降低 10% 考虑，并补充 7 度（0.15g）时的高度限值。

4.8.7 属于个别框支转换的剪力墙结构，其房屋的适用高度可按剪力墙结构确定。

【说明】

1. 依据《建筑抗震设计规范》GB 50011 的规定，框支转换"不包括仅个别框支的情况"，"个别框支"指"个别墙体不落地，例如不落地墙的截面面积不大于总截面面积的 10%"的情况。

2. 实际工程中，应区分"个别框支"和"一般框支"的情况，对"个别框支"（当框支的位置在房屋中部区域，且被转换的墙肢面积不超过该墙肢所在楼层墙肢总面积的10％时）可认为其不属于本节的框支转换结构，仅对转换的相关范围采取加强措施（可仅加大转换路径范围内的板厚、加强此部分板的配筋，并提高转换结构的抗震等级等），对转换构件按规定设计。位于房屋高度中、上部范围内框架柱的托换，对结构的整体侧向刚度不会产生很大的影响，一般情况下可认为不属于复杂高层建筑结构，但转换构件可参考本节规定设计。

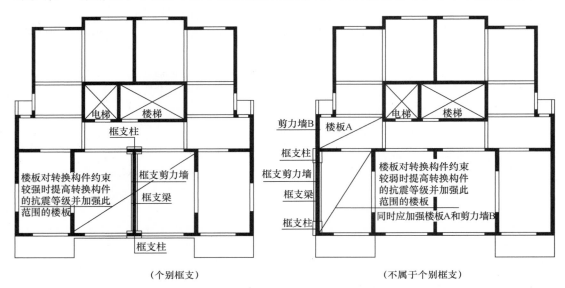

图 4.8.7-1　对"个别框支"的理解

4.8.8　转换结构构件可采用转换梁（避免次梁转换）、桁架、空腹桁架、箱形结构、斜撑等，6度抗震设计时可采用厚板，7、8度抗震设计时地下室的转换结构构件也可采用厚板。特一、一、二级转换结构构件的水平地震作用计算内力应分别乘以增大系数1.9、1.6、1.3；转换结构构件应按规定考虑竖向地震作用。

【说明】

1. 结构设计中应确保竖向传力路径直接有效，避免采用转换层结构。

2. 转换结构构件可采用梁、桁架、空腹桁架、箱形结构、斜撑等，统称为转换构件；部分框支剪力墙结构中的转换梁称为框支梁，转换柱（上端与框支梁相连，下端至基础的框架柱）称为框支柱。转换结构构件的主要类型见表 4.8.8-1。

转换构件的主要类型　　　　　　　　　　　　　表 4.8.8-1

序号	1	2	3	4	5	6
主要类型	转换梁	转换桁架	空腹桁架	箱形结构	斜撑结构	厚板结构

3. 采用梁式转换时，应避免采用次梁转换。

4. 厚板结构一般可用于7、8度抗震设计的地下室转换构件、6度抗震设计的转换构件，实际工程中对于 7 度（0.1g）地区的多层建筑或房屋高度不大于 50m 的高层结构，也可采用厚板转换（采取更为严格的加强措施）。

5. 对转换层应先进行软弱层或薄弱层判别，当为软弱层或薄弱层时应对计算的地震剪力标准值乘以 1.25 的放大系数，尔后进行最小地震剪力系数判别，调整并满足规范规定的最小水平地震剪力系数和最小竖向地震剪力系数要求。再按本条规定进行转换构件水平地震作用计算内力的放大。注意对转换构件进行抗震性能化设计的中、大震分析计算时，不需要乘以本条规定的放大系数。

6. 竖向地震作用与结构质量点所对应的竖向加速度有关，对转换结构的竖向地震作用计算，应计算转换构件各质量点的竖向地震位移和竖向加速度，采用振型分解反应谱法并采用时程分析法进行补充计算。

4.8.9 地面以上框支转换层位置不应超过表 4.8.9-1 的规定，转换层位置在 3 层及 3 层以上的高位转换复杂结构，其框支柱及底部加强部位的剪力墙的抗震等级，应按提高一级采用，已为特一级时可不再提高。

部分框支剪力墙结构地面以上转换层的位置 表 4.8.9-1

情况	8 度	7 度	6 度
转换层位置（层数）	≤3	≤5	≤6

【说明】

1. 本条规定仅适用于部分框支剪力墙结构，而不适用于托柱转换层结构（规范对托柱转换的楼层位置没有限定）。框支转换层位置在三层及三层以上时，可理解为高位转换，高位转换对结构抗震不利，应比一般转换结构（低位）采取更为严格的抗震构造措施，考虑转换构件为结构设计的关键构件，且数量不多，故规定抗震措施和抗震构造措施同步提高。

2. 托柱转换层结构，其刚度变化、受力情况等与部分框支剪力墙结构有明显不同，因此，托住转换的结构可不受表 4.8.9-1 限制，但大范围的框架柱转换（如框架-核心筒结构的外框柱大部分转换时见图 4.8.9-1）应根据工程具体情况参考框支转换要求，采取适当的加强措施。

3. 转换柱的抗震性能水准宜为中震弹性，转换构件的抗震性能水准宜为大震不屈服，并应补充不考虑上部结构协同工作的手算复核，包络设计。

4. 位于房屋顶部楼层的托柱转换构件，可只对转换构件及相关范围的结构构件采取相应措施，转换构件的抗震性能水准可适当降低，如中震弹性并补充不考虑上部结构协同工作的手算复核，包络设计。

5. 设计计算时，应注意对框支梁、框支柱的定义。

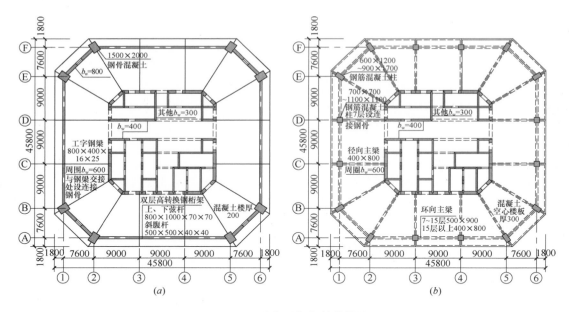

图 4.8.9-1　大部分框架柱的转换层

（a）转换层平面；（b）转换层以上平面

4.8.10　转换梁截面中心与其上部剪力墙的截面中心应重合，避免偏心设置。无法避免时，应采取有效措施，减小转换梁受到的扭矩。

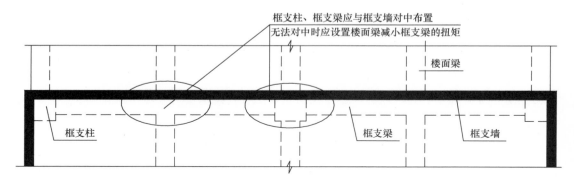

图 4.8.10-1　减小框支梁扭矩的措施

【说明】

　　对框支转换更应注意剪力墙与转换梁的偏心问题（见图 4.8.10-1），框支转换梁与上部被转换的剪力墙重心不重合时，框支梁将承受很大的扭矩，容易出现扭剪破坏，这种情况经常出现在塔楼外墙与裙房柱外侧上、下对齐的框支转换中。实际工程中，应设置与框支梁垂直的楼面梁，减小框支梁的扭矩。

4.8.11　应按《建筑抗震设计规范》GB 50011 附录 E 的要求，验算转换层楼板的抗剪承载力（图 4.8.11-1）。

4.8.12　复杂高层建筑中，可设置加强层解决侧向位移过大和墙肢拉应力过大问题。

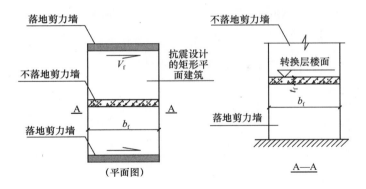

图 4.8.11-1   转换层楼板抗剪承载力验算示意

应根据工程需要确定加强层的类型、位置和数量等，经多方案比较确定。

【说明】

1. 在超高层建筑中，设置加强层的根本目的在于解决结构的层间位移过大问题，并减小核心筒墙肢的拉应力问题。

2. 为解决结构层间位移过大问题而设置的加强层，一般设置在房屋高度的中上部，而为解决核心筒墙肢的拉应力问题，一般设置在房屋高度的中下部，结构设计时应通盘考虑两方面的要求，进行多方案比较，合理设置加强层。

3. 加强层可以是梁、桁架等，可以是型钢混凝土结构也可以是钢结构，实际工程中宜采用多个有限刚度的加强层，避免结构侧向刚度的突变。

4. 以钢桁架结构为例，加强层可以是伸臂桁架或环带桁架，可以单独设置伸臂桁架，单独设置环带桁架，也可以同时设置伸臂桁架和环带桁架。

1) 设置伸臂桁架效率高，但对结构的侧向刚度影响大，结构设计时应注意对伸臂桁架的刚度控制，采用有限多个伸臂桁架。房屋中上部设置的伸臂桁架，其主要作用为减小结构的侧向位移，在房屋中低部设置的伸臂桁架其主要作用为减小核心筒墙肢的拉应力。

2) 设置环带桁架效率较低，但对结构侧向刚度影响较小，可通过环带桁架提高外框架承担的地震剪力并提高框架承担的倾覆力矩比，有利于抗震二道防线的实现。

5. 设置加强层时，应采取措施消除或减小核心筒与外框架柱的差异沉降对结构的影响，以伸臂桁架为例，桁架与外框架柱应采用后连接措施等。

4.8.13 结构设计应按照概念设计要求，通过构造措施改变水平力的传力途径，减轻错层的不利影响。

【说明】

1. 错层处的框架柱为短柱或超短柱，错层对结构的最大危害在于大震时错层框架柱的脆性破坏，从而引起结构的倒塌。

2. 对错层结构的抗震设计不应局限在计算措施上，主要应根据概念设计要求，通过采取恰当的构造措施，如设置与错层传力路径同方向的剪力墙或加腋梁等，改变错层结构的水平传力路径，避免或减轻错层给结构带来的危害。

4.8.14   应限制错层结构房屋的最大适用高度（表 4.8.14-1）。

错层高层建筑的房屋高度限值（m）   表 4.8.14-1

序号	情 况		房屋高度（m）
1	错层高层建筑的房屋高度 H	剪力墙结构	7 度宜 H≤80m；8 度宜 H≤60m
2		框架-剪力墙结构	7 度应 H≤80m；8 度应 H≤60m

【说明】

1. 错层结构的抗震性能差地震破坏严重，应对房屋高度采取严格的限制措施。

2. 对错层结构还应采取其他综合结构措施。

4.8.15   错层处框架柱应按设防烈度地震设计，错层处应优先采用墙长与错层水平传力路径同方向的剪力墙（或扶壁柱），避免将错层处平面外受力的剪力墙作为主要水平受力构件。

【说明】

1. 实际工程中应避免采用错层结构，必须采用时应采取严格的抗震措施。

2. 错层处框架柱，在设防烈度地震作用下，截面承载力应满足《高层建筑混凝土结构技术规程》JGJ 3 公式（3.11.3-2）的要求，错层处及其相邻上、下层的框架柱的抗震等级应提高一级（已为特一级时不再提高），多遇地震下的轴压比限值减小 0.05。

3. 错层处平面外受力的剪力墙，墙厚不应小于 250mm，墙厚方向的抗剪承载力宜按中震不屈服验算，错层处及其相邻的上、下层剪力墙的抗震等级应提高一级（已为特一级时不再提高），多遇地震下的轴压比限值宜减小 0.05，竖向及水平方向的分布钢筋其单向总配筋率不应小于 0.5%。

4.8.16   B 级高度的高层建筑，不宜采用连体结构。连体结构应避免结构侧向刚度突变，连接体应考虑竖向地震的影响。

【说明】

1. 采用连体结构时，连体结构各独立部位应具有相同或相似体型、房屋高度、平面布置和刚度等，结构设计时应补充各单体模型计算，各单体的动力特性（主要指标为基本周期、层间位移角、扭转位移比、扭转与平动周期比等）应相近。

2. 应注意连接体对结构侧向刚度的影响，对连接体进行多方案比较，避免结构侧向刚度突变。

3. 当连接体两侧结构基本均匀时，连接体对两侧结构的约束作用不应过大。

4. 所有连接体均应考虑竖向地震的影响，应采用振型分解反应谱法计算并采用时程分析法进行补充验算，注意竖向地震起控制作用的效应组合。

4.8.17   低位连接体可采用刚性连接或滑动连接，刚性连接时连接体应与核心筒剪力墙有可靠连接;滑动连接时的滑移量应按大震设计,滑动支座应有复位功能并采取防跌落措施;高位连接体不应采用滑动连接,且应将连接体中钢桁架的水平支撑延至两侧筒体结构。

【说明】

1. 低位连体时,由于连接体位置较低,采用滑动连接时,连接体与主体结构之间的大震位移量不大,滑动支座设置难度低;而高位连体时,当采用滑动连接方案时,连接体与主体结构之间需要的位移量较大,方案难以实现。

2. 采用刚性连接时,连接体应与核心筒剪力墙有可靠连接,连接体的拉压力应由核心筒剪力墙承担。

3. 滑移支座宜采用具有复位功能的抗震支座,也可采用具有复位和防跌落功能的阻尼支座。

4. 多个单体共用一个连接体(如屋顶大罩棚)时,连接体与各单体宜采用阻尼支座连接并采取复位和防跌落措施,应考虑各单体与连接体共同工作的分析计算,并进行整体结构的大震弹塑性变形验算。

4.8.18 连接体及与连接体相连的结构和结构构件应按《高层建筑混凝土结构技术规程》JGJ 3 的要求,采取相应的加强措施。

【说明】

对复杂高层建筑结构的加强措施,规范具有相似的规定,对连接体及与连接体相连的结构和结构构件(平面及其相邻上、下层)采取提高抗震等级、轴压比限值控制从严,提高相应楼层的板厚及配筋等,不同复杂情况时可相互借鉴。

4.8.19 仅地下室顶板相连的地面以上多栋塔楼结构,无论地下室顶板是否作为上部结构的嵌固部位,都不属于本节规定的多塔楼复杂高层建筑结构,但地下室顶板设计时应考虑各塔楼的相互作用。

【说明】

当地下室顶板作为上部结构的嵌固部位时,大地下室上的多栋塔楼结构,不属于本节规定的大底盘多塔楼复杂结构;当地下室顶板不能完全作为上部结构的嵌固部位时,仍可认为其不属于本节规定的大底盘多塔楼复杂结构,结构设计时对地下室不完全嵌固的情况采取相应的结构措施。

5 钢 结 构

5.1 一 般 要 求

5.1.1　钢结构材料与选用

1　钢材的表示方法

1）钢材的表示方法由钢材牌号和质量等级组成，如 Q235-B，Q345-C 等。

2）钢材牌号：Q235、Q345、Q390、Q420、Q460，常用的有 Q235 和 Q345。

3）Q 钢材屈服强度：235、345 等，钢材拉伸曲线中的屈服点 235N/mm^2、345N/mm^2 等。Q235 为碳素结构钢；Q345、Q390、Q420 等为低合金高强度结构钢。

4）质量等级：A 级、B 级、C 级、D 级、E 级。常用 B 级、C 级和 D 级。

质量等级与冲击韧性的关系　　　　　　　　　　　　　表 5.1.1-1

质量等级	冲击试验温度及要求	结构工作温度（T）	备注
A	不保证冲击韧性		设计中不使用
B	具有常温冲击韧性的合格保证	$T>0℃$	用于室内环境及热带环境
C	具有 0℃冲击韧性的合格保证	$0℃ \geqslant T > -20℃$	用于寒冷环境
D	具有 -20℃冲击韧性的合格保证	$-20℃ \geqslant T > -40℃$	用于严寒环境
E	具有 -40℃冲击韧性的合格保证	$T \leqslant -40℃$	用于极端低温环境

注：《高层民用建筑钢结构技术规程》JGJ 99 规定，抗震等级为一、二级高层钢结构抗侧力构件钢材的质量等级不宜低于 C 级。

2　设计指标

1）钢材强度设计指标、钢铸件强度设计指标、焊缝强度设计指标、螺栓连接强度设计指标等见《钢结构设计规范》GB 50017。

2）钢材和钢铸件的物理性能指标见《钢结构设计规范》GB 50017。

3　材料的选用

1）在钢结构设计中，应根据结构受力特点、结构使用环境、用钢量及价格等诸因素进行钢材的选用。

2）承重结构采用的钢材应具有抗拉强度、伸长率、屈服强度和硫、磷含量的合格保证，对焊接结构还应具有碳含量及冷弯试验的合格保证。

3）板件厚度不小于 40mm 时，其材质应符合现行国家标准《厚度方向性能钢板》GB/T 5313 的规定。

4）对于有盐雾腐蚀的环境或寒冷地区外露结构的钢构件，宜选用耐腐蚀或耐寒冷的耐候钢。

5）钢铸件的铸钢材质应符合现行国家标准《一般工业用铸造碳钢件》GB/T 11352

的规定。

6）在盐雾腐蚀环境中（如港口环境、游泳馆环境），从防腐角度考虑，尽量少用 H 型钢梁及由型钢杆件组成的桁架，宜用矩形管状截面梁及由圆管截面杆件组成的桁架或网架。

7）不同工作温度环境有不同质量等级要求（见表 5.1.1-1），不应过高地提高质量等级。

8）对于受力较大的钢梁，成品 H 型钢难以满足受力要求，或者板件难以满足抗震设计宽厚比的钢梁，需要选用焊接 H 型钢，但腹板不应过厚，应根据局部稳定来确定，宜参考成品 H 型钢的腹板厚度及市场可供的钢板厚度确定腹板厚度。

4 常用钢板厚度见表 5.1.1-2。

设计中常用的钢板厚度　　　　　　　　　　　　　表 5.1.1-2

钢板类型	钢板厚度（mm）	备注
热轧钢板	6，8，10，12，14，16，18，20，25，30，35，40，50，60，70，80，90，100	用于焊接构件
花纹钢板	5，6，8	用于马道、室内地沟盖板等

注：在选择钢板厚度时还应注意焊接方法对厚度的最小要求。

【说明】

1. 对承受较大荷载的钢结构工程需要采用高强度建筑钢材，如 Q235GJ、Q345GJ 等。

2. 在腐蚀较严重的环境下，需要采用耐候钢。耐候钢即耐大气腐蚀钢，是介于普通钢和不锈钢之间的低合金钢系列，如焊接结构用耐候钢 Q235NH、Q355NH、Q415NH、Q460NH 等，其耐腐蚀性能为普通钢材的 2 倍以上，并可显著提高涂装附着性能，具有较好的耐腐蚀效果。

3. 在盐雾腐蚀很严重环境下，应避免采用钢结构。必须采用时，除了考虑合理的杆件截面外，还应考虑适当加大杆件壁厚及合理选择钢结构节点、防腐涂料等。

4. 钢结构设计应考虑钢材的供应问题，优先选用市场上有可靠供应的钢板。

5. 钢材的价格与钢材牌号和质量等级有关，一般情况下，钢材牌号越高价格越高；钢材质量等级越高价格越高。

5.1.2 钢结构工地连接

1 焊接连接

1）焊接连接类型有四种：构件组焊、构件及板材拼接、构件节点区及肋板焊接和构件节点区及板的焊接。

2）钢结构焊接连接中主要有全熔透焊、半熔透焊和角焊缝。

2 摩擦型高强度螺栓连接

1）在抗剪连接中，每个高强度螺栓的抗剪承载力设计值 $N_{\mathrm{v}}^{\mathrm{b}}$ 应按式（5.1.2-1）计算：

$$N_{\mathrm{v}}^{\mathrm{b}} = 0.9\eta_{\mathrm{f}}\mu\mathrm{P} \tag{5.1.2-1}$$

式中：η_{f}——传力摩擦面数量；

　　　μ——摩擦面的抗滑移系数，见《钢结构设计规范》GB 50017；

　　　P——一个高强度螺栓的预拉力，见《钢结构设计规范》GB 50017。

2）在螺栓杆轴方向受拉的连接中，每个高强度螺栓的受拉承载力设计值 $N_{\mathrm{t}}^{\mathrm{b}}$ 按式（5.1.2-2）计算：

$$N_{\mathrm{t}}^{\mathrm{b}} = 0.8P \tag{5.1.2-2}$$

3）当高强度螺栓摩擦型连接同时承受摩擦面间的剪力和螺栓杆轴方向的外拉力时，其承载力应按式（5.1.2-3）计算：

$$\frac{N_{\mathrm{v}}}{N_{\mathrm{v}}^{\mathrm{b}}} + \frac{N_{\mathrm{t}}}{N_{\mathrm{t}}^{\mathrm{b}}} \leqslant 1 \tag{5.1.2-3}$$

式中：N_{v}、N_{t}——单个高强度螺栓所承受的剪力和拉力；

　　　$N_{\mathrm{v}}^{\mathrm{b}}$、$N_{\mathrm{t}}^{\mathrm{b}}$——一个高强度螺栓的受剪、受拉承载力设计值。

3　框架梁的现场连接

多高层钢结构框架梁现场连接有全焊连接、栓焊连接和全螺栓连接三种形式（图5.1.2-1）。这里的"栓"指高强度螺栓。H 型钢的栓焊连接指的是腹板采用高强度螺栓连接而翼缘则为全熔透焊接。

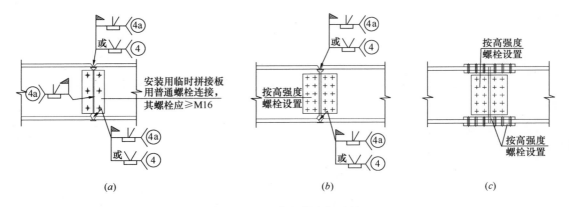

图 5.1.2-1　框架梁现场连接

（a）全焊连接；（b）栓焊连接；（c）全栓连接

【说明】

1. 工程中常用的高强度螺栓为 10.9 级中的 M20、M22、M24。

2. 焊缝的计算见《钢结构设计规范》GB 50017 和中国建筑工业出版社出版的《钢结构设计手册》（上册）。

3. 实际工程中焊缝的设计，按国家标准图《多、高层民用建筑钢结构节点构造详图》

16G519 中的焊缝图例选用。

4．全螺栓连接时，楼板应采用支模现浇的钢筋混凝土板。

5．H 型钢的现场连接一般采用等强连接方法。

5.1.3　钢结构在地下室的做法

1　钢柱在地下室应至少延伸至计算嵌固端以下一层，并宜采用型钢混凝土柱或钢管混凝土柱外包一层混凝土。再向下一层可采用钢筋混凝土柱。

2　在地下室，与钢柱相连的框架梁宜采用型钢混凝土梁，一是减少钢结构安装偏差，二是保证安装时钢框架的安全性。

5.1.4　钢结构抗震设计的一般要求

1　民用建筑钢结构房屋适用的最大高度应符合表 5.1.4-1 的要求。

民用建筑钢结构房屋适用的最大高度（m）　　　　　表 5.1.4-1

结构类型	6 度	7 度		8 度		9 度
	(0.05g)	(0.10g)	(0.15g)	(0.20g)	(0.30g)	(0.40)
框架	110	110	90	90	70	50
框架-中心支撑	220	220	200	180	150	120
框架-偏心支撑	240	240	220	200	180	160

注：1. 房屋高度指室外地面到主要屋面板板顶的高度（不包括局部突出屋顶部分）；

　　2. 超过表内高度的房屋，应进行专门研究和论证，采取有效的加强措施；

　　3. 框架柱包括全钢柱和钢管混凝土柱；

　　4. 甲类建筑 6、7、8 度时宜按本地区抗震设防烈度提高 1 度后符合本表要求，9 度时应专门研究。

2　钢结构民用房屋适用的最大高宽比应符合表 5.1.4-2 的要求。

民用建筑钢结构房屋适用的最大高宽比　　　　　表 5.1.4-2

烈度	6 度、7 度	8 度	9 度
最大高宽比	6.5	6.0	5.5

注：塔形建筑的底部有大底盘时，高宽比可按大底盘以上计算。

3　钢结构平面、竖向不规则性划分：

1）民用建筑钢结构存在表 5.1.4-3 或表 5.1.4-4 中某一项不规则类型，应属于不规则的民用建筑钢结构。

2）当存在多项不规则或某项不规则超过规定的参考指标较多时，应属于特别不规则的民用建筑钢结构。

平面不规则的主要类型　　　　　表 5.1.4-3

不规则类型	定义和参考指标
扭转不规则	在规定的水平力及偶然偏心作用下，楼层两端弹性水平位移（或层间位移）的最大值与其平均值的比值大于 1.2

续表

不规则类型	定义和参考指标
偏心布置	任一层的偏心率大于 0.15 或相邻层质心相差大于相应边长的 15%
凹凸不规则	结构平面凹进的尺寸大于相应投影方向总尺寸的 30%
楼板局部不连续	楼板的尺寸和平面刚度急剧变化，例如，有效楼板宽度小于该层楼板典型宽度的 50%，或开洞面积大于该层楼面面积的 30%，或有较大的楼层错层

注：扭转不规则和偏心布置不重复计算。

竖向不规则的主要类型   表 5.1.4-4

不规则类型	定义和参考指标
侧向刚度不规则	该层的侧向刚度小于相邻上一层的 70%，或小于其上相邻三个楼层侧向刚度平均值的 80%；除顶层或出屋面小建筑外，局部收进的水平向尺寸大于相邻下一层的 25%
竖向抗侧力构件不连续	竖向抗侧力构件（柱、支撑、剪力墙）的内力由水平转换构件（梁、桁架等）向下传递
楼层承载力突变	抗侧力结构的层间受剪承载力小于相邻上一楼层的 80%

4　钢结构房屋适用的抗震等级见表 5.1.4-5。

民用建筑钢结构房屋的抗震等级   表 5.1.4-5

房屋高度	烈　　　度			
	6	7	8	9
≤50m		四	三	二
>50m	四	三	二	一

5　钢结构房屋层间位移要求：

1）多遇地震下弹性层间位移角限值为 1/250。

2）罕遇地震下结构薄弱层（部位）弹塑性层间位移角限值为 1/50。

6　钢结构抗震阻尼比规定：

1）结构设计应根据房屋的结构体系取用合理的阻尼比，舒适度验算时的阻尼比应取用 0.01～0.02。

2）多遇地震下的计算，高度≤50m 时可取 0.04；高度在 50～200m 时可取 0.03；高度≥200m 时宜取 0.02。

3）当偏心支撑框架部分承担的地震倾覆力矩大于结构总地震倾覆力矩的 50% 时，其阻尼比可相应增加 0.005。

4）在罕遇地震作用下的弹塑性分析，阻尼比可取 0.05。

5）钢结构在地震作用下的阻尼比汇总如表 5.1.4-6。

钢结构在地震作用下的阻尼比取值　表 5.1.4-6

情　况		房屋高度 H		
		$H\leqslant50\text{m}$	$50\text{m}<H<200\text{m}$	$H\geqslant200\text{m}$
多遇地震	当偏心支撑框架部分承担的地震倾覆力矩大于结构总地震倾覆力矩的50%时	0.045	0.035	0.025
	其他情况	0.04	0.03	0.02
设防地震		0.045	0.04	0.035
罕遇地震		0.05	0.05	0.05

注：阻尼比是结构设计的重要参数，应考虑结构体系的影响、房屋高度的不同，还要考虑多遇地震（小震）、设防地震（中震）和罕遇地震（大震）及结构舒适度验算等问题。

7　钢结构房屋防震缝：

需要设置防震缝时，缝宽不应小于相应钢筋混凝土框架结构缝宽的1.5倍。

8　应按《高层民用建筑钢结构技术规程》JGJ 99的规定，采用时程分析法进行多遇地震下的补充计算以及罕遇地震下的弹塑性变形计算。

9　高层钢结构房屋对地下室的要求：

超过50m的钢结构房屋应设置地下室。采用天然地基时，基础埋置深度不宜小于房屋总高度的1/15；采用桩基时，基础埋置深度不宜小于房屋总高度的1/20。

【说明】

1. 民用钢结构房屋的最大适应高度、房屋的高宽比限值及不规则指标等在《高层民用建筑钢结构技术规程》JGJ 99中均有详细规定；

2. 钢结构房屋的不规则判别原则与混凝土结构相同，结构设计时《高层民用建筑钢结构技术规程》JGJ 99和《建筑抗震设计规范》GB 50011可相互借鉴。

3. 《高层民用建筑钢结构技术规程》JGJ 99和《建筑抗震设计规范》GB 50011对钢结构房屋的防震缝宽度均有具体规定，由于规范对钢结构房屋的层间位移角限值与钢结构房屋的结构体系无关，故本措施执行《高层民用建筑钢结构技术规程》JGJ 99的规定。

4. 由于计算方法的普及和应用，一般情况下，不规则的钢结构房屋均宜采用弹性时程分析进行多遇地震作用下的补充计算，对复杂结构应按《高层民用建筑钢结构技术规程》JGJ 99的相关规定，进行罕遇地震作用下的弹塑性变形计算。

5. 对高层钢结构房屋提出基础埋深的要求，主要考虑上部结构嵌固端的要求及基础的稳定性要求，当基础埋深不满足要求时，应进行结构的稳定（抗滑移、抗倾覆等）验算。

5.2　楼、屋盖结构

5.2.1　楼板形式

楼、屋盖结构的钢筋混凝土楼板，可采用钢筋桁架楼承板上的现浇板、压型钢板上的现浇板、支模式现浇板和叠合板等。

【说明】

1. 钢筋桁架楼承板上浇混凝土板，由工厂焊接在薄钢板（采用 Q235 镀锌薄板，板厚 0.4～0.6mm）上的钢筋桁架（楼板施工时作为受力骨架，施工后作为楼板受力钢筋）组成，适合于图 5.1.2-1 (a)、(b) 两种情况，具有普遍适应性，不需现场支模，现场焊栓钉，因此楼板施工最快。

2. 压型钢板（Q235）上浇混凝土板，适合于图 5.1.2-1 (a)、(b) 两种情况，不需现场支模，现场只需绑扎板钢筋、焊栓钉等，因此施工较快。这是传统楼板设计方法，目前在国内基本被钢筋桁架楼承板所淘汰。

3. 支模式现浇板，适合于图 5.1.2-1 的各种情况。做法是：栓钉预先焊在钢梁上，板配筋与混凝土结构相同，配筋最合理，节省钢板，但需现场支模板（可利用钢梁下翼缘作为支点进行支模或采用吊模）及现场绑扎板钢筋，经济性最好，但楼板施工稍慢。

4. 叠合板，适合于图 5.1.2-1 (a)、(b) 两种情况，做法是：预制混凝土板上浇筑一层混凝土，现场绑扎上铁钢筋，因此施工较快，经济性好。

5.2.2 楼板跨度及厚度的要求

1 楼板跨度一般控制在 3.0m 以内；

2 楼板最小厚度：

1）根据舒适度和人员走动对楼板振动感觉的许可程度影响，楼板厚度宜取 ≥120mm。

2）对于楼梯踏步折形钢板，应在折形钢板的顶面和侧面现浇一层钢筋混凝土，厚度为 50mm。

【说明】

在楼梯设计中，楼梯板可按钢筋混凝土梯板设计，梯梁按钢梁设计。

5.2.3 栓钉（Q235）

1 为了保证楼板与钢梁顶面的可靠连接和传递水平力，应在钢梁顶面设置栓钉；

2 栓钉的直径 d 可按楼板跨度 L 确定：

$L<3m$ 时，$d=16mm$；

$L=3～6m$ 时，$d=16mm$ 或 $d=19mm$；

$L>6m$ 时，$d=19mm$。

3 栓钉的间距 s

栓钉沿梁轴线方向　　　　　　　　$s≥5d$，一般为 150～200mm；

栓钉沿垂直于梁轴线方向　　　　　$s≥4d$；

栓钉距钢梁翼缘边的边距　　　　　$s≥35mm$；

4 栓钉顶面混凝土保护层厚度应　　$≥15mm$。

5.2.4 楼、屋盖钢梁的布置

1 框架梁、次梁的布置

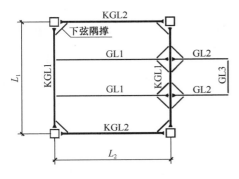

图 5.2.4-1 常规布次梁

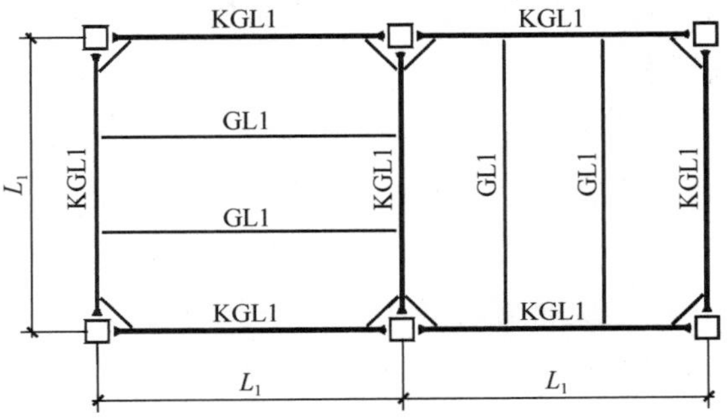

图 5.2.4-2 交替布次梁

1) 多跨次梁情况下，每跨次梁都应为简支梁；

2) 悬挑次梁在主梁支撑点处设置为刚接；

3) 常规布置次梁与混凝土结构布置次梁基本相同；

4) 交替布置次梁可以使两个方向的框架梁受力均衡，提高房间净高；

5) 长向布置次梁，可使 KGL2 的梁高减小以提高房间净高。

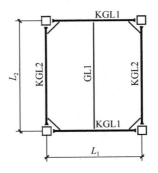

图 5.2.4-3 长向布次梁

2 不考虑钢梁整体稳定性的构造要求

符合下列情况之一时，可不计算梁的整体稳定性：

1) 有铺板（各种钢筋混凝土板和钢板）密铺在梁的受压翼缘上并与其牢固相连、能阻止梁受压翼缘的侧向位移时；

2) H 型钢简支梁受压翼缘的自由长度 L_1 与其宽度 b_1 之比不超过表 5.2.4-1 所规定的数值时；

3) 大跨度钢屋盖在钢梁上翼缘或桁架上弦设置檩条时，檩条的最大间距 L_1 与受压翼缘宽度 b_1 的比值不能大于表 5.2.4-1 中的数值。

H 型钢简支梁不需计算整体稳定性的最大 L_1/b_1 值　　　　表 5.2.4-1

钢号	跨中无侧向支撑点的梁		跨中受压翼缘有侧向支撑点的梁，不论荷载作用于何处
	荷载作用在上翼缘	荷载作用在下翼缘	
Q235	13.0	20.0	16.0
Q345	10.5	16.5	13.0

注：1 其他钢号的梁不计算整体稳定性的最大 L_1/b_1 值，应取 Q235 钢的数值乘以 $\sqrt{235/f_y}$，f_y 为钢材的屈服强度；

　　2 对跨中无侧向支撑点的梁，L_1 为其跨度；对跨中有侧向支撑点的梁，L_1 为受压翼缘侧向支撑点之间的距离（梁在支座处视为有侧向支撑）。

3　钢梁隔撑的设置

一般情况下应通过采取构造措施（如设置隔撑等）确保钢梁的整体稳定性，否则应在结构整体计算中，验算钢梁的整体稳定。

【说明】

1. 钢结构中，钢梁的布置考虑的问题要比混凝土结构多一些，如节点构造要求、腹板开洞穿管线要求（尤其是小风管穿钢梁腹板）、楼板铺设要求、框架梁高的要求等。

2. 钢次梁的间距一般为 2.0～3.0m，间距大了，楼板厚度加大，需要降低钢梁顶面标高。

3. 长向布置次梁，还有利于 KGL2、GL1 梁腹板开洞穿行设备管线，如果 KGL1 梁和 KGL2 梁高差≤150mm，则能使梁柱节点的构造简单。

4. 当框架梁的上翼缘与楼板连接牢固时，可不考虑框架梁上翼缘的稳定问题，但应考虑梁端下翼缘的稳定问题，同理，悬挑梁的下翼缘也有稳定问题，构造上解决稳定问题的方法就是在梁端下翼缘受压区设置隔撑，设置隔撑的位置及平面图中的表示方法见图 5.2.4-1～5.2.4-3。

5.2.5　钢梁截面的选择

1　框架梁截面的选择

一般情况下，框架梁高度取跨度 L（mm）的 $L/20+100$。当荷载偏大时可适当加大上下翼缘的厚度及宽度，荷载特别大时需要适当加大梁高。

2　次梁截面的选择

一般情况下，两端简支的次梁高度取跨度 L（mm）的 $L/20～L/30$。当其他专业需要在腹板上开小洞时，次梁高度基本接近框架梁高度，使得孔洞中心线标高接近同一值。

5.2.6　钢结构舒适度要求

楼盖结构（尤其是大跨度结构）应具有适宜的舒适度，楼盖结构的竖向振动频率不宜小于 3Hz。

【说明】

1. 一般情况下，竖向振动对于大跨度钢结构比较敏感，需要进行舒适度计算；

2. 当钢结构楼梯未采用钢筋混凝土踏步板时，应特别注意舒适度要求；

3. 对不上人的屋盖结构可不考虑舒适度要求。

5.3　钢框架结构

5.3.1　受弯构件承载力计算

1　强度：受弯构件强度计算包含四个部分：正应力、剪应力、局部压应力及折算应力。

1）正应力

单向受弯
$$\sigma = \frac{M_x}{\gamma_x W_{nx}} \leqslant f \qquad (5.3.1\text{-}1)$$

双向受弯
$$\sigma = \frac{M_x}{\gamma_x W_{nx}} + \frac{M_y}{\gamma_y W_{ny}} \leqslant f \qquad (5.3.1\text{-}2)$$

式中各符号含义见《钢结构设计规范》GB 50017。

2）剪应力

$$\tau = \frac{VS}{I t_w} \leqslant f_v \qquad (5.3.1\text{-}3)$$

式中各符号含义见《钢结构设计规范》GB 50017。

3）局部压应力

当梁上翼缘受有沿腹板平面作用的集中荷载（一般是指不确定的集中移动荷载，如吊车轮的移动轮压等），且该荷载处未设置支撑加劲肋时，腹板计算高度上边缘的局部承压强度的计算见《钢结构设计规范》GB 50017。

4）折算应力

在梁的腹板计算高度边缘处，若同时受有较大的正应力、剪应力和局部压应力（这种情况一般是指钢梁上作用了很大的集中力，需要进行复杂应力的计算）时，应计算折算应力，见《钢结构设计规范》GB 50017。

2 整体稳定

1）仅在最大刚度主平面内受弯的构件，其整体稳定性计算应满足式（5.3.1-4）要求。

$$\frac{M_x}{\varphi_b W_x} \leqslant f \qquad (5.3.1\text{-}4)$$

2）两个主平面受弯的 H 型钢或工字形截面构件，其整体稳定性计算应满足式（5.3.1-5）要求。

$$\frac{M_x}{\varphi_b W_x} + \frac{M_y}{\gamma_y W_y} \leqslant f \qquad (5.3.1\text{-}5)$$

式中各符号含义见《钢结构设计规范》GB 50017。

3 局部稳定

1）对钢梁腹板的要求：

（1）腹板高厚比应符合式（5.3.1-6）要求，否则要设置横向加劲肋。

$$h_0/t_w \leqslant 80\sqrt{235/f_y} \qquad (5.3.1\text{-}6)$$

（2）当腹板高厚比 $h_0/t_w > 150\sqrt{235/f_y}$ 时，应设置纵向加劲肋。

2）对钢梁翼缘的要求：

（1）钢梁受压翼缘自由外伸宽度与其厚度之比，应符合式（5.3.1-7）要求。

$$b/t \leqslant 13\sqrt{235/f_y} \qquad (5.3.1\text{-}7)$$

（2）箱形截面梁受压翼缘板在两腹板之间的无支撑宽度与其厚度之比，应符合下式要求。

$$b_0/t < 40\sqrt{235/f_y} \qquad\qquad (5.3.1\text{-}8)$$

（3）当箱形截面梁受压翼缘板设有纵向加劲肋时，b_0 取为腹板与纵向加劲肋之间的宽度。

3）对钢梁加劲板的要求：

在腹板两侧成对配置的横向加劲肋，其截面尺寸应符合下列要求：

（1）加劲板外伸宽度 b_s（mm）：

$$b_s \geqslant \frac{h_0}{30} + 40 \qquad\qquad (5.3.1\text{-}9)$$

（2）加劲板厚度 t_s（mm）：

$$t_s \geqslant \frac{b_s}{15} \qquad\qquad (5.3.1\text{-}10)$$

4 受弯构件挠度的规定

1）结构或构件的变形（挠度）允许值见《钢结构设计规范》GB 50017 附录 A。

2）对于跨度较大（一般指跨度 $L \geqslant 18\text{m}$）的受弯构件可预先起拱，起拱值一般为恒荷载标准值加 1/2 活荷载标准值所产生的挠度值，最大起拱值控制在 $L/500$ 以内。

3）构件挠度应取在恒荷载标准值和活荷载标准值作用下的挠度减去起拱值。

【说明】

双向受弯是一种特殊情况（如无楼板相连的边框架钢梁、坡屋面上的斜放檩条等），这类构件既承受竖向荷载同时也承受较大水平风荷载等，应采用箱形或十字形截面，并按两个主轴方向设计。

5.3.2 钢柱承载力计算

1 轴心受压柱

1）考虑整体稳定的轴心受压承载力按下式计算：

$$\frac{N}{\varphi A_n} \leqslant f \qquad\qquad (5.3.2\text{-}1)$$

式中各符号含义见《钢结构设计规范》GB 50017。

2）箱型截面柱局部稳定要求：

腹板高厚比应符合式（5.3.2-2）要求：

$$h_0/t_w \leqslant 40\sqrt{235/f_y} \qquad\qquad (5.3.2\text{-}2)$$

2 框架柱

框架柱的强度按式（5.3.2-3）计算：

$$\frac{N}{A_n} + \frac{M_x}{\gamma_x W_{nx}} + \frac{M_y}{\gamma_y W_{ny}} \leqslant f \qquad\qquad (5.3.2\text{-}3)$$

【说明】

1. 框架柱绕强轴和绕弱轴的稳定计算见《钢结构设计规范》GB 50017。

2. 实际工程中，柱子变截面是不可避免的，由于钢柱截面积相对于混凝土柱子来说是很小的，钢柱截面偏心对稳定的影响较大，因此，变截面钢柱要求其上下轴心一致，或者单方向对称变截面，或者双方向对称变截面。

5.3.3 风作用下钢框架水平位移容许值

根据《钢结构设计规范》GB 50017 附录 A 的要求，在风荷载标准值作用下，框架柱顶水平位移和层间相对位移不宜超过下列数值。

1 多层框架的柱顶位移： $H/500$

2 多层框架的层间相对位移： $h/400$

5.3.4 钢梁截面形式

1 H 形钢，用于竖向受弯的普遍情况，分为成品 H 型钢和工厂焊接 H 型钢。成品 H 型钢为普遍采用的截面形式，经济性好，截面板件厚度满足非抗震情况下的局部稳定要求。

2 箱形截面，用于钢梁受扭或竖向及水平受弯的特殊情况，但梁柱节点较为复杂。

3 十字形截面，用于无楼板相连的边框架钢梁，既承受竖向荷载同时又承受较大水平风荷载的特殊情况（也可采用箱形截面梁，但梁柱节点较为复杂）。

5.3.5 钢柱截面形式

1 箱形截面：抗弯、抗扭能力强，防腐效果好，节点加工复杂。

2 十字形截面：抗弯、抗扭能力较弱，防腐效果较差，因此，多用于型钢柱。

3 H 形钢截面：绕弱轴抗弯能力很低，绕弱轴长细比很难达到要求。一般用于有纵向柱间支撑的厂房类建筑，其横向为大跨度单榀框（排）架。

5.3.6 钢结构梁柱节点

梁柱节点两种主要形式，见图 5.3.6-1、图 5.3.6-2。

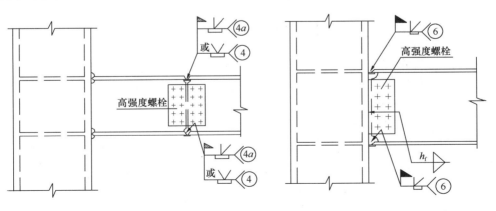

图 5.3.6-1　梁、梁拼接　　　　　　　图 5.3.6-2　梁、柱拼接

【说明】

1. 图 5.3.6-1 柱子带一段悬臂梁，悬臂梁段在工厂焊接，焊接质量优于现场拼接，

此节点对抗震有利，框架梁的工地拼接点处弯矩较小，不足是一次运输的数量有限。

2. 图 5.3.6-2 现场拼接点在柱边，梁端负弯矩比较大，另外，腹板两侧的夹板有一块在工厂进行连接，另一块要在现场连接，抗震性能较图 5.3.6-1 差，优点是好运输。

3. 框架梁现场连接的三种主要方式见图 5.1.2-1。

4. 梁翼缘与柱的连接有加强型连接和骨式连接，一般可采用加强型连接，即，将梁端翼缘的局部加宽，具体做法见《高层民用建筑钢结构技术规程》JGJ 99。

5.3.7 柱腹板节点域的抗剪设计

1　程序计算中不对柱腹板节点域的抗剪能力进行复核。正常的钢框架结构根据大量的计算得知节点域一般都能满足抗剪能力，但是，大荷载、大跨度、高截面钢框架梁上、下翼缘对柱节点域腹板产生的剪力会很大（通常所说的小截面柱大截面梁），需要进行人工验算。

2　《钢结构设计规范》GB 50017 规定，由柱翼缘与横向加劲肋包围的柱节点域腹板，如图 5.3.7-1 所示在周边弯矩和剪力的作用下，其抗剪强度应按下列规定计算：

1）抗剪强度应按式（5.3.7-1）计算：

$$\frac{M_{b1} + M_{b2}}{V_p} \leqslant \frac{4}{3} f_v \qquad (5.3.7\text{-}1)$$

式中：V_p ——节点域腹板的体积，柱为箱形截面时，$V_p = 1.8 h_b h_c t_{wc}$；

t_{wc} ——柱腹板的厚度。

2）在构造上，节点域腹板的厚度 t_{wc} 还应满足式（5.3.7-2）的局部稳定要求：

$$t_{wc} \geqslant \frac{h_c + h_b}{90} \qquad (5.3.7\text{-}2)$$

3）当节点域腹板不满足（5.3.7-1）或（5.3.7-2）时，其腹板应加厚（图 5.3.7-2）。

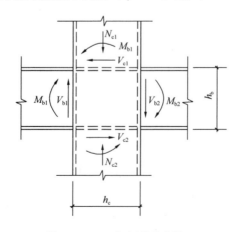

图 5.3.7-1　节点域受力情况

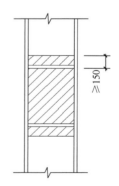

图 5.3.7-2　节点域腹板加厚

5.3.8 柱脚设计

1　无地下室情况下，钢柱脚刚接连接时一般可按图 5.3.8-1 设计。厂房钢柱脚刚接连接时，也可按图 5.3.8-2 高杯口基础设计，施工方便、速度快。

箱形及圆形截面柱螺栓数量选用表

箱形截面柱		圆形截面柱	
单边 h_c	单边螺栓数	直径 D	周圈螺栓数
≤350	3M30	≤350	4M30
400	4M30	400	6M30
450	4M36	450	6M36
500	4M42	500	6M42
550	4M48	550	6M48
600	5M30	600	8M30
650	5M36	650	8M36
700	5M42	700	9M30
800	6M30	800	12M30
900	6M36	900	12M36
1000	7M30	1000	16M30
1100	7M36	1100	16M36
1200	8M30	1200	18M30
1300	8M36	1300	18M36
1400	9M30	1400	20M30

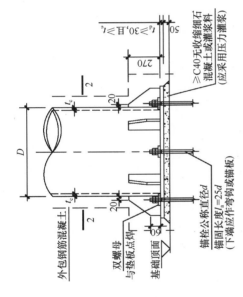

箱形截面柱的柱脚构造

1. 柱底与底板采用完全熔透的坡口对接焊缝连接
2. 加劲板采用双面角焊缝连接

外包钢筋混凝土
双螺母
与垫板点焊
基础顶面
锚栓公称直径d
锚固长度l_a=25d
(下端应作弯钩或锚板)

≥C40无收缩细石
混凝土或灌浆料
(应采用压力灌浆)

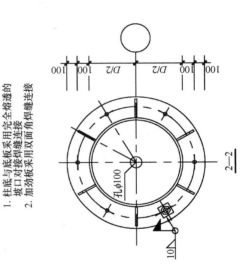

圆形截面柱的柱脚构造

1. 柱底与底板采用完全熔透的坡口对接焊缝连接
2. 加劲板采用双面角焊缝连接

外包钢筋混凝土
双螺母
与垫板点焊
基础顶面
锚栓公称直径d
锚固长度l_a=25d
(下端应作弯钩或锚板)

≥C40无收缩细石
混凝土或灌浆料
(应采用压力灌浆)

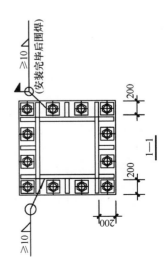

孔ϕ100

2—2

(安装完毕后围焊)

1—1

图 5.3.8-1　柱脚设计

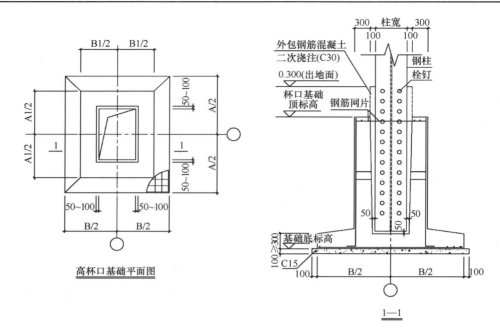

图 5.3.8-2　高杯口基础

2　有地下室情况下，钢柱至少应下插一层。普遍采用的是地下为型钢混凝土柱，地上为箱形柱或圆形钢柱，在首层进行截面转换（图 5.3.8-3）。柱脚为铰接，主要起定位作用（图 5.3.8-4）。

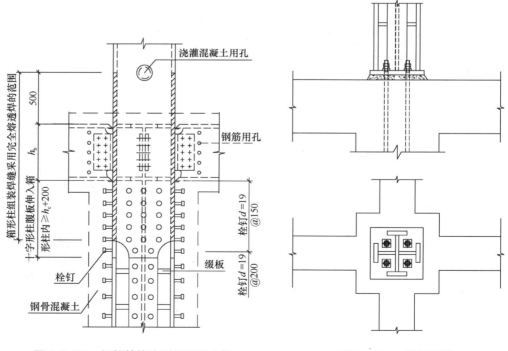

图 5.3.8-3　钢柱转换为型钢混凝土柱　　　　图 5.3.8-4　铰接柱脚

5.4 钢框架-支撑结构

5.4.1 支撑分类

1 中心支撑：

1）在框架梁端部，梁、柱、斜杆的三杆件轴线交于一点（图 5.4.1-1）。

2）在框架梁中部，梁与两根斜杆的三杆件轴线交于一点（图 5.4.1-2）。

3）斜杆的现场接头一般采用全螺栓连接。

4）在构造上，斜杆两端与梁、柱的连接为刚接。

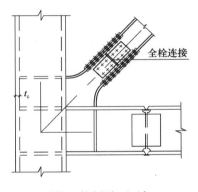 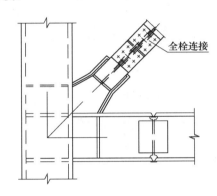

斜杆强轴在框架平面内　　　　　　　　　　　斜杆强轴在框架平面外

图 5.4.1-1　梁、柱、斜杆的连接

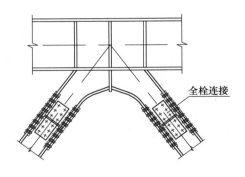 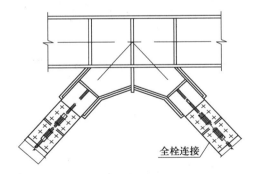

斜杆强轴在框架平面内　　　　　　　　　　　斜杆强轴在框架平面外

图 5.4.1-2　两根斜杆与梁的连接

2 偏心支撑：在框架梁的端部或中部形成一段耗能梁段。

1）在框架梁端部，梁、柱交点与梁、斜杆交点在梁的端部有一段水平距离，形成一段耗能梁段（图 5.4.1-3）。

2）在框架梁中部，梁、左斜杆交点与梁、右斜杆交点间的部分，形成耗能梁段（图5.4.1-4）。

3）斜杆的现场接头一般采用全螺栓连接。

4）在构造上，斜杆两端与梁、柱的连接为刚接。

5）消能梁段应按《多、高层民用建筑钢结构节点构造详图》要求，在梁腹板两侧对称设置足够的横向加劲肋，目的是推迟腹板的屈曲及加大梁段的抗扭刚度。

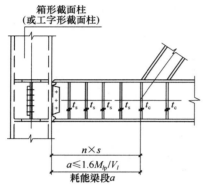

图 5.4.1-3   框架梁端部的耗能梁段   图 5.4.1-4   框架梁中部的耗能梁段

5.4.2   支撑的应用

1   高层钢结构；

2   扭转过大的多层钢结构；

3   层间位移过大的多层钢结构；

4   混凝土结构的房屋加固改造。

5.5 大 跨 度 结 构

（Ⅰ）分 类 与 适 用 范 围

5.5.1   大跨度结构可按照构件类型分为刚性结构、半刚性结构与柔性结构。常见大跨度结构的分类与形式见表 5.5.1-1。

常见大跨度结构的分类与形式   表 5.5.1-1

结构分类	结构形式
刚性结构	刚架、实腹拱、单层网壳、网架、双层网壳、平面桁架、立体桁架、格构拱
半刚性结构	张弦拱架、张弦桁架、弦支穹顶、斜拉网架、斜拉网壳、斜拉桁架
柔性结构	单索、索网、轮辐式索结构、索穹顶

【说明】

近年来，我国大跨度结构工程发展很快，结构形式繁多，迄今对大跨度结构体系有多种分类方法。为了便于结构设计人员掌握以及与建筑师进行沟通，提出上述分类方法。根据《超限高层建筑工程抗震设防专项审查技术要点》（建质〔2015〕67号）的规定，空间网格结构或索结构的跨度大于120m或悬挑长度大于40m，屋盖结构单元的长度大于300m，均属于屋盖超限工程。

5.5.2 在进行大跨度选型时，应结合建筑功能与造型，综合考虑结构合理性、构件加工制作与现场安装方便、用钢量节省等因素，尽量减小现场焊接量。

【说明】

大跨度结构形式灵活多样，选择范围很大。应在满足建筑功能与造型的前提下，选择受力合理、加工制作简单、现场安装方便的结构形式。用钢量作为判断结构体系合理性的重要指标，对结构造价影响显著。应充分发挥钢结构预制装配率高的特点，减少现场焊接工作量，降低现场技术工人投入，确保施工质量。

5.5.3 在大跨度结构设计时，应优先采用高强材料与预应力技术，突出其轻质、高强的特点。

【说明】

高强、轻巧是大跨度结构的主要发展方向之一，不但可以提高结构的安全性，还可以有效降低钢材用量。此外，应提倡建筑专业与结构专业紧密配合，通过结构构件表现建筑效果，减少建筑装饰。

5.5.4 当采用平面桁架体系时，应根据情况布置水平、纵向及垂直支撑体系，保证结构的空间稳定性与整体性。

【说明】

平面桁架体系适用性很强，使用非常灵活，在复杂造型的建筑中得到广泛应用。应注意控制平面桁架弦杆在面外的无支撑长度，并能够将结构的竖向与水平力可靠传递至支座部位。

5.5.5 大跨度结构宜优先采用金属保温板、膜结构或聚碳酸酯板等轻质材料作为围护结构。屋面应保证一定坡度，避免屋顶积水。当采用金属屋面时，屋面坡度不宜小于5%（不应小于3%）；当采用膜结构时，屋面坡度不宜小于10°（不应小于5°）。

【说明】

考虑到用钢量等因素，大跨度结构应避免采用重型屋面形式。屋面坡度可根据建设地点的气象条件与具体结构形式确定，必要时可采取融雪等措施。屋面排水不畅是引起大跨度屋盖积水、漏雨等问题的主要原因。因此，在设计时除应保证屋盖具有良好的防水性能外，还应保证足够的排水坡度。此外，应通过预起拱等措施，控制结构构件与檩条等次结构的挠度不致过大。

（Ⅱ） 整 体 计 算 分 析

5.5.6 在进行大跨度结构计算分析时，应考虑活荷载或雪荷载的不利布置。

【说明】

在大跨度结构设计时，活荷载主要指检修荷载，当无特殊要求时，可取活荷载为 0.3kN/m²。由于屋面尺度、坡度、风向以及日照等因素影响，可能造成雪荷载分布不均匀。一般性情况下，应进行半跨荷载验算，确保大跨度结构的承载力与稳定性满足要求。

5.5.7 体型复杂的重要大跨度结构工程，应通过风洞试验确定用于结构设计的风荷载参数。

【说明】

大跨度结构造型复杂，我国现行《建筑结构荷载规范》GB 50009 给出的体型系数可能无法涵盖。此外，大跨度结构属于风敏感结构，风振系数的计算方法尚不完善。因此，对于体系复杂的重要大跨度工程，应通过风洞试验以及相关风致响应分析，确定大跨度结构设计采用的风荷载。当有相似工程的风洞试验资料时，也可在结构设计时作为参考依据。

5.5.8 根据建设地点的气象条件、施工阶段与使用阶段的温度情况，确定大跨度结构的合拢温度与正、负温差。

【说明】

大跨度结构平面尺度很大，温度变化是对结构的主要作用之一。应选择适当的合拢温度，避免正温差与负温差的差异过大。对于室内环境的大跨度结构，施工阶段的温差通常起控制作用。为避免外露钢结构太阳辐射温升过大，可采用浅色防腐面漆，降低太阳辐射吸收系数。

5.5.9 宜分别采用大跨度钢结构单独模型、下部主体结构与大跨度钢结构组装模型进行计算与优化，并合理确定阻尼比等参数。

【说明】

1. 目前在工程中广泛采用下部为混凝土主体结构、上部为大跨度钢屋盖的结构形式。由于大跨度结构杆件数量很多，一般需要通过单独的计算模型与软件进行专项分析与截面优化，组装模型主要用于整体结构分析与验算。

2. 在进行多遇地震分析时，大跨度钢结构的阻尼比可取 0.02，下部混凝土结构的阻尼比可取 0.05。组装模型的一致阻尼比主要与钢结构和混凝土结构各自所占比重、各类构件的变形能有关，一般可取 0.025~0.035，也可通过计算分析确定。

5.5.10 应通过施工模拟计算，分析施工过程对大跨度结构内力与变形的影响。

【说明】

大跨度结构杆件的受力情况与施工过程密切相关，应避免施工过程引起构件内力、变形与计算分析出现明显偏差。对于大跨度结构，可以通过后装构件（延迟构件）避免某些部位受力过于集中；通过个别支座卸载后固定，避免支座在结构自重作用下受拉。

5.5.11 重大工程宜根据条件进行大跨度结构临时支撑卸载模拟分析，预估施工期间结构的变形。应加强施工期间的安全监测，进行计算结果与实测值的对比分析。

【说明】

大跨度结构多属于重大建筑工程，其安全性受到广泛关注。卸载变形监测是大跨度结构的重要检验方法之一，必要时，还可进行应力、应变等更为全面的监测。也可根据具体情况，提出使用期间健康监测等方面的要求。

（Ⅲ）结构设计要点

5.5.12 大跨度结构杆件的长细比，压杆宜为（120～150）$\sqrt{235/f_y}$，拉杆宜为（180～200）$\sqrt{235/f_y}$，重要部位可适当提高要求。

【说明】

构件长细比是大跨度结构的重要控制指标之一，主要与构件的稳定性有关，长细比过小可能导致结构用钢量增加。关键构件取较小值，一般构件取较大值。在确定钢构件规格时，应注意相邻杆件之间的匹配性、对节点构造的适用性以及建筑外观要求，避免热轧杆件截面规格过多，导致钢材订货困难。

5.5.13 在非抗震以及多遇地震工况组合时，大跨度结构的关键构件以及临近支座杆件的应力比不宜大于0.7，其他重要杆件的应力比不宜大于0.8，腹杆等次要杆件的应力比不宜大于0.9。

【说明】

合理控制应力比对于保证结构设计的安全经济性非常关键。故此，应该根据构件与所在部位的重要性区别对待。对于节点相贯焊接的桁架，构件的应力比还受到节点承载力的控制。此外，由于檩条等非结构构件可能并未放置在节点部位，因此还应关注非节点力的影响。

5.5.14 中小跨度网架宜采用螺栓球节点，大中跨度网架应采用焊接球节点。

【说明】

螺栓球节点网架适用于中小型轻型屋盖，技术成熟，施工方便。受到螺栓承载力与螺栓球单重的限制，结构跨度通常较小。此外，对于长期处于轴向拉力很大的杆件，可能发生螺栓缓慢拉出的情况，应该引起高度重视。

5.5.15 当相邻杆件夹角较小时，可采用相邻杆件之间搭接焊的方式，避免焊接球节点尺寸过大，但应保证不小于杆件截面的3/4焊接于球体之上。

【说明】

当相邻杆件夹角较小时，杆件之间的焊接间隙可能造成焊接球直径过大。大直径焊接球加工难度大，而且球体直径大小悬殊会引起建筑构造不合理、建造成本增大等问题。故此，可以采用个别部位杆件同时焊接于球体与相邻杆件的方法，并应按图 5.5.15-1 设置加劲板。

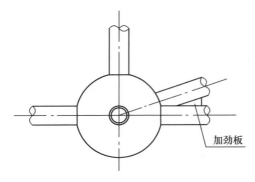

图 5.5.15-1　小角度交汇杆件的焊接球节点

5.5.16　采用腹杆与弦杆相贯焊接的管桁架结构，在计算模型中，当为间隙节点时，弦杆之间、腹杆与弦杆之间均可采用铰接；当为搭接节点时，弦杆之间为刚接，腹杆与弦杆之间可采用铰接。

【说明】

试验研究与工程实践表明，管桁架的应力、变形与相贯节点的形式密切相关。对于常见规格的管桁架，采用间隙节点与搭接节点，不但对节点承载力影响很大，而且对桁架的挠度同样有很大影响。

5.5.17　几何形式复杂、杆件汇交密集、受力集中的部位，可采用铸钢节点。铸钢节点在满足结构受力的同时，还应满足铸造工艺、连接构造与施工安装的要求。

【说明】

1. 铸钢节点应根据铸件轮廓尺寸、夹角大小与铸造工艺确定最小壁厚、内圆角半径与外圆角半径。铸钢件壁厚不宜大于 150mm，应避免壁厚急剧变化，壁厚变化斜率不宜大于 1/5。内部肋板厚度不宜大于外侧壁厚，最小壁厚应满足铸造工艺要求。

2. 铸钢节点重量尚应满足工厂加工能力与现场安装条件。由于铸钢材料强度较低，加工制作难度大，造价较高，在工程中不宜大量使用。

5.5.18　主要节点应采用有限元等方法进行应力分析，确保实现"强节点"的抗震性能目标。节点计算时可采用杆件的实际内力，不考虑稳定系数的影响。

【说明】

节点是保证大跨度结构安全的关键部位。普通节点应按照现行规范中的计算公式进行验算。对于特殊的节点形式，应采用有限元软件进行计算分析。对于重大工程的关键节点，宜通过模型试验验证其可靠性。

5.5.19　大跨度结构应采用可靠的支座形式，支座变形特性应与计算模型的边界条件相一致。

【说明】

大跨度结构可采用平板支座、叠层板式橡胶支座和抗震球形支座等形式。平板支座适用于较小跨度，板式橡胶支座适合于中等跨度，抗震球形支座适用于较大跨度。

5.6 钢结构制作、运输和安装

5.6.1 钢结构制作

一个项目的钢结构制作主要工序有：钢材备料、矫正、构件放样、零件加工、边缘加工、构件组装、构件焊接、焊缝检测、构件铣端、钻安装孔等。一般流程如下：

1 准备车间：材料验收、分类堆放、材料矫正。

2 放样车间：按 1:1 放构件大样并制作样板。

目前有的厂家已能采用数控机床直接切割板件。

3 加工车间：号料、切割、制孔、边缘加工、钢材弯制、零件矫正。

4 半成品仓库：分类堆放构件。

5 焊接装配车间：组装、焊接及焊缝检测、构件矫正、铣端、制作安装孔。

6 油漆车间：除锈、油漆。

5.6.2 钢结构运输

1 钢构件的最大外轮廓尺寸不能超过海上运输、铁路运输及公路运输许可的限制尺寸。

2 钢构件的最大重量要满足现场起吊的要求。

3 要事先踏勘运输线路的路况情况，了解路桥的允许承载力、桥涵和隧道的净空尺寸等。

5.6.3 钢结构安装

1 安装连接应采用传力可靠、制作方便、连接简单、便于调整的构造形式。

2 采用现场焊接连接时，应考虑定位措施将构件临时固定。

3 钢结构安装单位应制定详细的施工组织设计，确保施工的质量和安全。

4 对于采用现场全螺栓连接的重要钢结构工程，应要求在工厂进行预拼装。

5.7 钢结构防腐、防火及维护

5.7.1 钢结构防腐

1 除锈等级：

1）钢材初始表面质量等级应符合表 5.7.1-1 的规定。

钢材初始表面质量等级　　　　　　　　　　　　　　　　　　　表 5.7.1-1

质量等级	锈蚀程度
A 级	钢材表面完全被紧密的轧制氧化皮覆盖，几乎没有锈蚀
B 级	钢材表面已开始发生锈蚀，部分轧制氧化皮已经剥落

续表

质量等级	锈蚀程度
C 级	钢材表面已大量生锈，轧制氧化皮已因锈蚀而剥落，并有少量点蚀
D 级	钢材表面已全部生锈，轧制氧化皮已全部脱落，并普遍点蚀

2）构件所用钢材的表面初始锈蚀等级不得低于 C 级；对薄壁（厚度 1.5～6mm）构件或主要承重构件不应低于 B 级。

3）各种涂料品种下的钢材表面的最低除锈质量等级应符合表 5.7.1-2 的规定。

钢结构钢材基层的除锈等级 表 5.7.1-2

涂料品种	最低除锈等级
富锌底涂料、乙烯磷化底涂料	$Sa2\frac{1}{2}$
环氧或乙烯基酯玻璃鳞片底涂料	Sa2
氟碳、聚硅氧烷、聚氨酯、环氧、醇酸、丙烯酸环氧、丙烯酸聚氨酯等底涂料	Sa2 或 Sa3
喷铝及其合金	Sa3
喷锌及其合金	$Sa2\frac{1}{2}$
热浸镀锌	Pi

注：1 新建工程重要构件的除锈等级不应低于 $Sa2\frac{1}{2}$；

　　2 除锈后的表面粗糙度应符合现行国家标准《钢结构工程施工规范》GB 50755 的规定。

4）除锈方法和除锈质量等级应符合表 5.7.1-3 的规定。

除锈方法和除锈质量等级 表 5.7.1-3

除锈方法	除锈等级	除锈程度	质量要求
喷射和抛射除锈	Sa1	轻度除锈	只除去疏松轧制氧化皮、锈和附着物
	Sa2	彻底除锈	轧制氧化皮、锈和附着物几乎都被除去，至少有 2/3 面积无任何可见残留物
	$Sa2\frac{1}{2}$	非常彻底除锈	轧制氧化皮、锈和附着物残留在钢材表面的痕迹已是点状或轻微污痕，至少有 95％面积无任何可见残留物
	Sa3	使钢板表观洁净的除锈	表面上轧制氧化皮、锈和附着物都完全除去，具有均匀多点光泽
手工和动力工具除锈	St2	彻底除锈	无可见油脂和污垢，无附着不牢的氧化皮、铁锈和油漆涂层等附着物
	St3	非常彻底除锈	无可见油脂和污垢，无附着不牢的氧化皮、铁锈和油漆涂层等附着物。除锈比 St2 更为彻底，底材显露部分的表面应具有金属光泽
化学除锈	Pi	非常彻底除锈	钢材表面应无可见的油脂和污垢，酸洗未尽的氧化皮、铁锈和旧涂层的个别残留点允许用于手工或机械方法除去，最终该表面应显露金属原貌，无再度锈蚀

2 涂装：

1）底层漆应与基层表面有较好的附着力和长效防锈性能，中层漆应具有屏蔽功能，面层漆应具有良好的耐候、耐介质性能。

2）当钢构件外表面有防火涂料时，应取消面层漆。

3）钢结构表面防护涂层的最小厚度应符合表 5.7.1-4 的规定。

钢结构表面防腐涂层的最小厚度　　　　　　　　表 5.7.1-4

防腐蚀涂层最小厚度（μm）			防护层使用年限
强腐蚀	中腐蚀	弱腐蚀	（年）
280	240	200	10～15
240	200	160	5～10
200	160	120	2～5

注：1 采用喷锌、铝及其合金时，金属层厚度不宜小于 $120\mu m$；采用热镀浸锌时，锌的厚度不宜小于 $85\mu m$。

　　2 室外工程的涂层厚度宜增加 $20\mu m\sim40\mu m$。

　　3 当有防火涂料时，底漆和中间漆的漆膜最小总厚度应满足上表要求。

【说明】

1. 热浸镀锌也称为热镀锌，其抗腐蚀能力远远高于冷镀锌（又称电镀锌或化学镀锌）。

2. 常用防腐涂层配套见《钢结构防腐蚀涂装技术规程》CECS 343 附录 A。

3. 防火涂料很难附着在面漆层上。

5.7.2 钢结构防火

1 钢结构耐火等级、耐火极限按表 5.7.2-1 确定。

单、多层和高层建筑构件的耐火极限（h）　　　　　表 5.7.2-1

构件名称	耐火等级						
	单、多层建筑					高层建筑	
	一级	二级	三级		四级		一级	二级
承重墙	3.00	2.50	2.00		0.50		3.00	2.00
柱、柱间支撑	3.00	2.50	2.00		0.50		3.00	2.50
梁、桁架	2.00	1.50	1.00		0.50		2.00	1.50
楼板、楼面支撑	1.50	1.00	厂、库房	民用房	厂、库房	民用房	1.50	1.00
			0.75	0.50	0.50	不要求		
屋盖承重构件、屋面支撑、系杆	1.50	0.50	厂、库房	民用房	不要求			
			0.50	不要求				
疏散楼梯	1.50	1.00	厂、库房	民用房	不要求			
			0.75	0.50				

2 防火涂料及涂层厚度：

钢结构防火涂料分为薄涂型和厚涂型，其中厚涂型又有喷涂型与涂敷型。防火涂料产品应通过国家检测机构检测合格，方可选用。

【说明】

1. 民用建筑的耐火等级应根据其建筑高度、使用功能、重要性和火灾扑救难度等确定，由建筑专业写在说明中。结构专业根据耐火等级确定耐火极限（见表5.7.2-1）。

2. 不能在防腐面层漆上涂防火涂料。

3. 薄涂型钢结构防火涂料性能要求见表5.7.2-2。

薄涂型钢结构防火涂料性能　　　　　　表 5.7.2-2

项　　目		指　　标		
粘结强度（MPa）		≥0.15		
抗弯性		挠曲 $L/100$，涂层不起层、脱落		
抗振性		挠曲 $L/200$，涂层不起层、脱落		
耐水性（h）		≥24		
耐冻融循环性（次）		≥15		
耐火极限	涂层厚度（mm）	3	5.5	7
	耐火时间不低于（h）	0.5	1.0	1.5

4. 厚涂型钢结构防火涂料性能要求见表5.7.2-3。

厚涂型钢结构防火涂料性能　　　　　　表 5.7.2-3

项　　目		指　　标				
粘结强度(MPa)		≥0.04				
抗压强度(MPa)		≥0.3				
干密度(kg/m³)		≤500				
热导率[W/(m·K)]		≤0.1160(0.1kcal/m·h·℃)				
耐水性(h)		≥24				
耐冻融循环性(次)		≥15				
耐火极限	涂层厚度(mm)	15	20	30	40	50
	耐火时间不低于(h)	1.0	1.5	2.0	2.5	3.0

注：有的厂家给出的涂层厚度小于上表数值，其防火涂料产品应有国家检测机构检测合格的证书。

5.7.3　钢结构的维护

设计文件中应按钢结构表面防护层使用年限，明确提出定期检查与维护要求，发现情况应进行局部清理及涂层维修。

6 混合结构

6.1 一般要求

6.1.1 本章规定的混合结构，系指由外围钢框架或型钢混凝土、钢管混凝土框架与钢筋混凝土核心筒所组成的框架-核心筒结构，以及由外围钢框筒或型钢混凝土、钢管混凝土框筒与钢筋混凝土核心筒所组成的筒中筒结构。

【说明】

1. 本条引自《高层建筑混凝土结构技术规程》JGJ 3。一般情况下，外围框架柱可采用钢管柱、钢管混凝土柱或型钢混凝土柱，框架梁可采用钢梁、型钢混凝土梁，而钢管混凝土梁的应用较为少见。

2. 当为减小柱尺寸或为增加延性在柱内放置构造型钢，而框架梁仍为钢筋混凝土梁时，该体系不宜视为混合结构；此外体系中局部使用型钢梁柱或型钢混凝土梁柱者，也不应视为混合结构。

3. 混合结构设计时，可依据或参考的规范有《高层建筑混凝土结构技术规程》JGJ 3 和《组合结构设计规范》JGJ 138 等。不同规范存在差异时，可以较严者为准。

4. 选择构件类型时，应注意方案的经济性比较，并综合项目所在地的习惯做法后确定。

5. 框架、框架-剪力墙等钢筋混凝土结构体系，部分采用了钢构件或钢管混凝土、型钢混凝土构件或形钢-混凝土组合结构的，不属于本章混合结构的内容，可另行依据相关规范规程采取措施。

6.1.2 结构平面布置应简单、规则，楼面梁布置宜选择正交网格布置。

【说明】

采用混合结构的构件内力较大，施工中最常遇到的就是处理钢筋与型钢之间的锚固、排筋问题。平面布置复杂会导致节点构造复杂、施工困难，质量不易得到保证，故一般应选择比钢筋混凝土结构更为规则和简单的平面布置。

6.1.3 结构竖向布置应规则、连续，避免出现竖向构件转换。

【说明】

采用混合结构的建筑通常高度较高，单柱轴力大，如进行托柱转换，代价较高。

6.1.4 混合结构设计的其他要求：

1 混合结构应加强现浇钢筋混凝土与钢结构两者共同工作的可靠性，充分发挥不同材料特长，并达到简化施工的目的。

2 选定的结构布置和构件类型、节点构造应便于检查，有利于保证施工质量。

【说明】

1. 加强不同材料共同工作可靠性的措施，包括选择合理的构件类型与截面形式、改善节点的连接做法、避免采用过厚钢板和保护层过薄、钢材与混凝土接触面设置栓钉、合理布置钢筋、采取措施增加混凝土整体性、设置过渡层等，可结合项目情况综合考虑。

2. 型钢与混凝土之间的连接构造，不同于钢筋与混凝土的连接构造，应注意内在施工质量，避免混凝土在内置型钢处出现气腔与浇灌死角。

6.2 结 构 平 面 布 置

6.2.1 混合结构的平面应符合《高层建筑混凝土结构技术规程》JGJ 3 平面布置的规定。梁跨度宜均匀，减少斜交或多方向汇交的布置。

【说明】

1. 混合结构的平面形状应按照《高层建筑混凝土结构技术规程》JGJ 3 的规定，在与建筑等专业进行方案配合时，宜优先选择矩形平面并配套对应矩形柱、选择多边形或圆形平面并配套对应圆柱等。

2. 钢筋混凝土结构杆件主要由混凝土和钢筋组成，而混合结构增加了杆件表面的钢管或内置型钢，使得节点复杂性远比钢筋混凝土节点，需要更加规则的平面以避免节点过于复杂。多方向梁在型钢混凝土柱上汇交，将导致柱混凝土、柱纵筋被钢梁截断过多（图6.2.1-1），混凝土整体性下降，柱纵筋连通困难，柱在梁高范围截面对称性下降，并导致焊缝重叠等；地下室则易出现钢筋混凝土梁与下插的型钢混凝土柱连接情况，梁钢筋在柱内锚固难度更大，遇柱型钢需要绕行或穿孔、焊接，应在设计前期早考虑其不利影响。

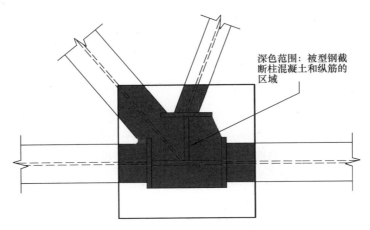

深色范围：被型钢截断柱混凝土和纵筋的区域

图 6.2.1-1 多方向梁汇交导致柱混凝土与纵筋不连续

3. 宜避免布置夹角小于 30 度汇交的梁，当梁汇交角度较小导致连接加劲肋过长时，可在合适位置增加与之垂直的横向次梁加以截断，优化梁的连接（图 6.2.1-2）。

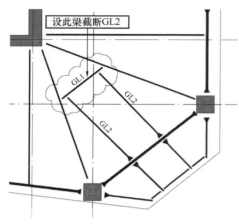

设此梁截断GL2

GL1

GL2

GL2

图 6.2.1-2 增加横向次梁优化梁的连接

6.2.2 框架梁和楼面梁与柱的连接应尽量居中，减少偏心连接。

【说明】

梁柱连接存在偏心时，应考虑偏心的影响。偏心连接除需要考虑偏心弯矩外，还会导致钢梁腹板与型钢混凝土柱内的型钢错位，节点连接复杂，此时原内置型钢在钢梁腹板位置需要局部增加钢板进行连接，节点构造应做到将钢梁内力传至整个型钢而不是单块钢板上。

6.2.3 混合结构宜采用钢梁，周边框架梁与柱应采用刚接；连接柱和内筒墙体的楼面梁两端可采用铰接；平面两个方向尺寸、刚度相差较大时，楼面梁端部宜采用刚接。楼面梁与斜柱相交，导致梁承担拉力时，应优先选择刚接做法。

【说明】

1. 连接柱和内筒墙体的楼面梁两端采用刚接或铰接的做法，对结构整体刚度影响不大，为简化施工，节点可采用铰接，但当柱外存在悬挑梁时，该处楼面梁应采用刚接以平衡悬挑梁的弯矩；在平面两个方向尺寸相差较大时，虽有扁长内筒，但两个方向侧向刚度差异加大，受力开始接近框架-剪力墙结构，此时楼面梁两端与框架柱和内筒墙体刚接，有利于增加短方向的结构刚度。

2. 地上的框架梁不应采用钢筋混凝土梁，地下室的楼面梁如选择采用钢筋混凝土梁，宜相应选择型钢混凝土柱，不宜采用钢管混凝土柱，以适应梁柱节点的连接。

3. 楼面梁同时承担剪力和拉力时，梁端节点连接的螺栓数量或焊缝应进行相应验算，在梁柱节点处应采用刚接，在另一端的梁墙节点处宜采用刚接；存在拉力的梁，节点翼缘、腹板的连接应采用全熔透焊缝或全螺栓连接，不应采用栓焊混用做法。

6.2.4 混合结构存在斜柱时，应避免楼面梁再与其斜交连接。

【说明】

本条目的是避免因几何复杂导致设计和施工全过程复杂化。

6.2.5 对于框架-核心筒结构，需要在内筒以外的楼板开设备洞口、电梯井道的，应严格控制开洞率，核心筒外墙每侧的开洞合计长度不应大于该侧核心筒长度的 50%，且洞口应间隔分布，避免相互连成长洞；剩余楼板应按中震弹性验算水平抗剪承载力。设备管井和电梯移至核心筒外时，核心筒边长不应因此明显减小，其高宽比仍不宜小于核心筒高度的 1/12。

【说明】

框架-核心筒的设备管井和楼电梯间一般是放在核心筒内，但部分项目可能遇到放在核心筒外的要求，此时应判断放在核心筒内时，是否出现大量不合理穿墙留洞。如果在电梯厅通道、门洞上方等位置就可以解决设备进出线，则管井等应主要放在核心筒内，难以避免时，可适当同意将导致不合理穿墙的管井放在核心筒外，以保证更重要的核心筒完整性。同时，应采取加强措施使剩余楼盖仍具有足够的水平抗剪能力。

6.2.6 混合结构的楼盖体系除符合《高层建筑混凝土结构技术规程》JGJ 3 楼盖布置规定外，楼板厚度尚应满足耐火极限的要求。

【说明】

需要注意一般情况下楼板的耐火极限为 1.5h，但建筑高度超过 100m 时耐火极限为 2.0h。

6.3 结构竖向布置

6.3.1 混合结构的竖向布置应符合《高层建筑混凝土结构技术规程》JGJ 3 的规定。框架柱沿周边间距尽量均匀，不宜大小间距混排。

6.3.2 框架柱沿高度宜采用同类型柱，需要在地下室转换为钢筋混凝土柱时，应设过渡层，过渡层应设在地下一层或以下，当按不同嵌固层包络设计时，过渡层的起始层应位于最低一个嵌固层以下。

【说明】

混合结构的框架柱一般应采用同类型下落至基础，同层的框架柱也宜采用相同的类型。基于地下室防火防腐或造价原因，对需要在地下室转换柱类型者提出本条建议。当地面以上柱轴压比较小、较大的柱截面是为了提供整体结构侧向刚度时，在地下室可考虑柱类型的转换。

6.3.3 建筑体型自下而上内收，需要部分采用或全部采用斜柱时，斜柱折点位置、数量宜结合安装段、加强层等位置确定，避免折点过多。

【说明】

建筑竖向体型下大上小或呈弧形导致采用斜柱时，如斜柱逐层设置会导致折点过多、定位复杂、需采取加强措施的楼层增多，不利于简化设计。

6.3.4 核心筒需要布置型钢时，沿核心筒周边的布置间距宜均匀、各边合计型钢面积宜基本相当。核心筒需要布置型钢承担竖向拉力时，型钢应从不需要楼层上下各延伸一层。

6.3.5 为减少竖向刚度突变，并避免加强层的节点受力过大，宜优先考虑不设加强层的混合结构体系。需要设置加强层时，宜沿高度均匀布置；需要控制底部墙体竖向拉力时，宜优先布置在较低楼层。

【说明】

1. 目前国内设有加强层的超高层建筑案例已经不少，设置加强层，起到了控制侧向位移、减少墙体拉应力等作用。另一方面，由于加强层用钢量较多、施工难度较大，许多建设单位希望减少加强层数量，但会导致结构竖向刚度在加强层的突变更加突出、伸臂桁架杆件截面偏大、节点区钢板过厚、与内筒混凝土墙分担的内力不合理等系列问题。

2. 有工程案例表明，6、7度地震区，场地条件较好，建筑高度在300m以下的建筑，经过合理布置，在不设加强层的情况下，周期、位移等指标能够满足规范限值，从而减少了刚度突变和局部楼层与节点受力过大、钢板过厚现象；8度区建筑高度在200m以下，场地条件较好时，也可以考虑不设加强层的方案。

6.4 构 件 设 计

6.4.1 框架梁、柱选型见表6.4.1-1。

框架梁、柱选型 表6.4.1-1

	按柱截面尺寸		按连接楼面梁类型		按连接楼面梁的连接方向		
	大	小	钢梁	型钢混凝土梁	正交	斜交	多方向
钢柱	△	✓	✓	—	✓	✓	△
钢管混凝土柱	✓	✓	✓	—	✓	✓	△
型钢混凝土柱	✓	△	✓	✓	✓	△	—

表中符号含义：✓ 推荐，△ 可考虑，— 不推荐。

【说明】

1. 本条按照梁柱节点构造的复杂程度与施工难易程度提出。柱截面尺寸以边长800为界；多方向指三个或以上方向的梁汇交在柱上，在同一延长线的视为一个方向。

2. 采用钢柱、钢管混凝土柱时，宜选择钢梁；采用型钢混凝土柱时，宜选择钢梁、型钢混凝土梁。

6.4.2 框架柱截面形状选择

1 钢柱，外轮廓宜采用矩形、圆形。

2 型钢混凝土柱，外轮廓宜采用矩形，内置型钢宜沿两个主轴双向布置，可采用十字形、口字形等，尺寸较大时可采用王字形等；仅在柱沿两个主轴方向尺寸、受力差异较大时，可采用工字型。型钢混凝土柱内置多个型钢时，应用钢板连成整体（图6.4.2-1）。

3 钢管混凝土柱，外轮廓宜采用圆柱或矩形。柱边长大时应考虑按照"日、田"字格等进行内部分仓，或在柱壁板布置横竖加劲肋并与对边拉接，减小板件宽厚比。

【说明】

1. 钢柱外轮廓也可采用工字形，但在平面的角部应采用两个方向刚度相当的截面形式，如矩形等。

2. 较大的钢管柱内部分腔有助于减小板件宽厚比，避免外壁采用过厚钢板，内部分仓尺寸以 1200±400 为宜，需要焊接人员进入操作时宜取较大值。

3. 由于钢管柱变形时，管壁可能内凹，故图 6.4.2-2 采用成对钢筋拉接对边的做法，只适用于钢管混凝土柱，不适用于钢管柱。

4. 型钢混凝土柱内置的多个型钢连成整体时，有助于增加柱的整体性，避免在型钢之间的混凝土纵向劈裂。同时，还应注意选择的柱类型与内部构造，应有利于简化施工、保证混凝土的浇灌质量。

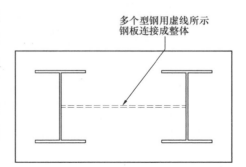

图 6.4.2-1 同一构件由多个型钢组成时应连成整体

5. 柱截面复杂时，应有进一步的承载力比较分析。

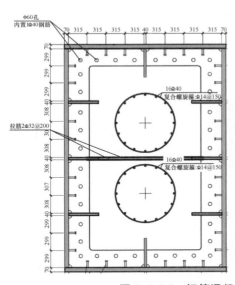

图 6.4.2-2 钢管混凝土柱采用成对钢筋拉接对边

6.4.3 钢管混凝土柱内配纵筋与栓钉

钢管混凝土柱直径或边长不小于 800mm 的内壁应设置栓钉，柱内横向加劲肋面积较大时，加劲肋上下表面也应考虑布置栓钉；柱截面更大时，宜考虑内部分仓与配筋。

【说明】

1. 本条作用在于加强钢管与柱内混凝土的整体性，减少因混凝土收缩与钢管脱离的可能性，改善横向加劲肋上下表面混凝土的连续性。

2. 按《钢管混凝土结构技术规范》GB 50936 要求，矩形柱边长大于 1.5m 或圆柱直径大于 2m 时，柱内部还应考虑分仓、增设通长钢筋笼等措施，防止混凝土收缩和过大体积素混凝土的不利影响。此外，对混凝土还应提出不对钢管产生膨胀内应力的要求。

3. 必要时，应进行专项施工论证、进行试点，成功后再正式施工。

6.4.4　型钢混凝土柱与钢筋混凝土柱、与钢管混凝土柱的过渡，应设置过渡层。

【说明】

过渡层应布置栓钉；型钢混凝土柱的首层与顶层，宜布置栓钉。

6.4.5　梁柱节点区的柱复合箍筋层数多于 3 层或箍筋直径大于 14mm 时，间距可采用 150mm。

【说明】

本条 150mm 数值取自规范规定。

6.4.6　地面以上楼层的框架梁、次梁宜优先选择热轧 H 型钢，必要时可选择型钢混凝土梁；钢梁承担扭矩时，应采用闭口箱形截面。

【说明】

1. 地面以上功能相对简单，宜选择重量较轻的钢梁。首层和地下室楼盖，荷载较大，功能复杂，首层作为嵌固层宜采用型钢混凝土梁、首层以下的楼层考虑防腐与防火、简化施工的目的，可采用钢筋混凝土梁。

2. 钢梁承担扭矩时，还应对截面进行验算。

6.4.7　框架梁采用钢梁时，支座应按钢梁计算，不考虑与楼板的组合梁作用。楼面梁采用钢梁时，正弯矩区宜按考虑钢筋混凝土楼板的组合梁计算，上翼缘宽度可小于下翼缘；负弯矩区应按钢梁计算。采用组合梁时，尚应验算施工期间混凝土未凝固时钢梁的承载力与变形。

【说明】

按组合梁设计时，上翼缘宽度适当减小可节省一定用钢量。

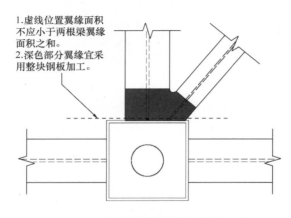

6.4.8　柱宽大于梁宽 6 倍以上时，可考虑在柱两边布置双梁等做法。

【说明】

单根框架梁对大尺寸柱的约束有限，尤其在偏心布置时更应留意。除布置双梁外，还可采取加宽梁端翼缘的做法；如柱截面边长大于 2.5m，也可考虑双梁布置等做法。

6.4.9　两根及以上梁在柱上刚接汇交且翼缘出现重叠时，汇交后的梁截面翼

1.虚线位置翼缘面积不应小于两根梁翼缘面积之和。
2.深色部分翼缘宜采用整块钢板加工。

图 6.4.9-1　汇交梁翼缘重叠时做法示意图

缘面积不应小于汇交前各梁的翼缘面积之和，并宜采用整块钢板加工该翼缘。

6.4.10 混合结构的内筒可采用钢筋混凝土墙、型钢混凝土墙、钢板混凝土墙、钢板分腔内灌混凝土墙等。型钢混凝土墙、钢板混凝土墙在楼层需要设置暗梁。

【说明】

1. 墙体内置型钢或钢板时，应在内筒外墙的底部加强区楼层、加强层、顶层等关键楼层的墙内布置型钢混凝土暗梁，其余楼层宜布置型钢混凝土暗梁或钢筋混凝土暗梁；内墙根据实际情况酌情布置型钢暗梁或钢筋混凝土暗梁。

2. 采用钢板混凝土墙时，楼层处应设置型钢梁。

6.4.11 墙体布置的梅花形拉筋遇钢板、型钢时，可采取在钢板预焊钢筋连接器、与钢板焊接、钢板厚度穿孔小于 30mm 或设置超长栓钉等做法，边缘构件的箍筋遇到型钢，应有不少于 1/3 数量连通，且分布均匀。

6.4.12 连梁采用内置型钢做法时，型钢应伸过洞边 1 倍的连梁高度且不小于 2 倍的型钢高度，或与洞边竖向型钢连接。内置型钢宜采用窄翼缘 H 型钢，避免采用单钢板做法。内置型钢的钢板与混凝土接触面应设栓钉。

【说明】

连梁剪力较大，抗剪截面不足，或高度较小难以布置交叉斜筋时，可采用内置型钢的连梁。内置型钢连梁宜结合各层洞口位置，在洞边的墙体内连续布置自下而上的竖向型钢暗柱与连梁型钢焊接，加强连梁型钢的锚固、增加洞边墙体的延性。

6.4.13 构件钢材含钢率

1 不同抗震等级的型钢混凝土梁、柱型钢含钢率：

四级：梁不宜小于 2%、柱不宜小于 4%，均不宜大于 15%。

一~三级：梁、柱均不宜小于 4%，不宜大于 15%。

2 钢管混凝土柱的钢管尺寸应符合有关规范对径厚比的规定；圆钢管混凝土柱的套箍指标宜为 0.5~2.5，长径比不宜大于 20。

3 钢管混凝土柱的钢管在浇筑混凝土前，其轴心应力不宜大于钢管抗压强度设计值的 60%，并应满足稳定性要求。

【说明】

1. 确定构件截面和含钢率、钢管壁厚时，需要注意钢材与混凝土承担的内力不应相差悬殊；钢管混凝土柱在浇筑混凝土前和浇筑后但未达到强度时，构件承载力尚未形成，并且内灌混凝土多采用流动性高的混凝土，凝固前对钢管的产生环向应力不容忽视，需要加以控制并与竖向应力叠加考虑，以确定合理的柱尺寸。

2. 需要注意《高层建筑混凝土结构技术规程》JGJ 3 中混合结构的框架无特一级规定，故一些规范规程对特一级含钢率下限为 6% 的规定不在本条表述。

6.5 连接、节点设计

6.5.1 梁柱节点应采用刚接。受力和几何构造复杂的节点，应进行有限元分析验证并采取加强措施。

6.5.2 型钢混凝土梁与型钢混凝土柱的连接，梁钢筋宜布置成多排，钢筋多数优先从型钢边绕过、少数与型钢焊接或穿过。

6.5.3 与斜柱相连的梁，其剪力、轴力、弯矩等应按中震设计，节点连接的焊缝或螺栓数量应按与钢梁等强设计。

【说明】

节点采用焊接时，焊缝质量等级应要求为一级。

6.5.4 钢梁与内筒连接处，宜布置型钢；钢梁端部剪力较小时，可采用墙内设预埋件的做法，钢梁承担拉力时，应与墙内型钢或夹墙式预埋件连接。

【说明】

墙内预埋件可划归节点类，应按强节点弱杆件的原则，按满足抗震要求的预埋件进行设计。当钢梁或型钢混凝土梁与墙刚接、或钢梁存在拉力、或梁端内力较大等情况时，宜在墙内布置型钢连接或采用夹墙式预埋件等更稳妥做法。

6.5.5 梁端腹板采用螺栓连接时，宜优先选择双夹板连接，当梁跨度较小时，可酌情考虑单板连接。

【说明】

单板连接存在偏心，故独立梁不应采用；梁跨度较小时剪力较小，在上翼缘有现浇楼板的情况下可考虑采用。

6.5.6 加强层节点

1 伸臂桁架布置，应尽量与墙在同一垂直平面内，减少斜交布置，简化节点构造，增加可靠性。

2 伸臂桁架应在墙体内延伸，并在伸臂桁架入墙处布置可靠的竖向型钢，必要时不考虑与混凝土的共同作用，按钢构件验算该处节点可靠性。

3 应优先采用焊接节点；因几何形状复杂而采用铸钢节点时，应注意铸钢强度与钢材强度不同对节点设计的影响，有条件时，可采用锻钢节点。

4 应采取有助于减小节点板的节点做法。当采用节点板时，节点板的有效传力面积应大于支撑斜杆面积。

5 承担拉压力为主的杆件，或采用全焊接连接、或采用全螺栓连接，不应混合使用。

6.5.7 钢柱脚

　　1　基础柱脚

　　1）用于钢柱、钢管混凝土柱、型钢混凝土柱、核心筒内插型钢等钢柱脚的类型，包括外露式柱脚、外包式柱脚和埋入式柱脚。

　　2）宜优先采用埋入式柱脚，柱脚底板下的混凝土应进行局部承压验算，设局部承压钢筋网或构造钢筋网；可将基础底板被钢柱脚占据部分视为洞口，采取在基础顶面设洞边加筋、在埋入段四周布置钢筋笼等构造措施；埋入段的柱内部、外部均应布置栓钉。

　　2　未落至基础底板的钢柱脚

　　1）未落至基础底板的钢柱脚应布置在楼层结构面处，不宜放在楼层之间。

　　2）钢柱或型钢底端应设柱脚底板，避免型钢端部直接接触混凝土；应控制柱脚底板尺寸，避免柱、剪力墙的混凝土整体性被柱脚底板过多隔断。

【说明】

　　1. 混合结构的柱身混凝土强度通常远高于基础强度等级，需要留意基础局部承压问题；柱脚底板下采用灌浆料时，其强度应能承担上部柱的轴力。

　　2. 钢柱脚如放在楼层之间，不仅在层高范围的柱截面类型发生变化，还可能因钢构件突然结束，导致混凝土局部应力偏高、柱身下部轴压比超出限值，柱脚处也没有框架梁对节点区形成三向约束，故未落至基础的柱脚，不宜放在楼层之间。

　　6.5.8　应加强楼板钢筋与大型钢管混凝土柱、与钢板分腔内灌混凝土墙的连接。钢管柱所在位置可视为楼板开洞，按洞边加筋适当增设板顶、板底补强钢筋；钢管柱、钢板墙可在板厚1/2处布置长细栓钉（图6.5.8-1），加强楼板与柱传递楼层剪力的可靠性。布置栓钉时，柱内对应位置应设承担栓钉拉力的水平加劲肋、对拉钢筋等加强措施。

【说明】

　　楼板钢筋如未采取可靠措施与柱连接或锚固，在柱截面边长较大时，刚性楼盖假定在传递地震剪力时的可靠性将大打折扣。

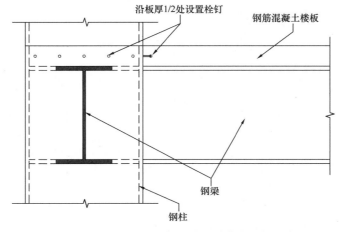

图6.5.8-1　沿板厚1/2布置栓钉示意图

6.5.9 型钢混凝土构件的钢筋与型钢或钢板之间应留有适当的净距，以保证钢筋四周与混凝土的粘结锚固，避免混凝土浇灌死角，净距可按30mm和1.5倍钢筋直径的较大者确定；非锚固段的钢筋如紧贴型钢或钢板，钢筋应采用间断焊与型钢或钢板焊接。

【说明】

竖向钢筋如紧贴型钢或钢板可考虑焊接；水平钢筋不宜与型钢或钢板紧贴，避免钢筋下方混凝土浇灌不实。

6.5.10 梁钢筋焊于钢管混凝土柱伸出的H型钢牛腿时，应避免钢筋与翼缘偏心，梁的上筋、下筋宜分别对称焊在钢牛腿上、下翼缘的两个表面。翼缘承载力不应低于所连接的钢筋承载力，钢牛腿腹板应能承担钢筋混凝土的梁端剪力；钢管柱内部在对应钢牛腿的翼缘位置应设水平加劲肋、对拉钢筋等传递钢筋拉力。混凝土与钢管接触面宜设置栓钉，加强混凝土、钢材两种材料接触面的连接。

【说明】

在钢板上焊接钢筋也可采用翼缘开槽后伸入钢筋咬合焊接的无偏心连接，开槽后的翼缘承载力应大于钢筋合计承载力。钢牛腿应开设必要透气孔防止因焊接钢筋形成混凝土浇灌死角。

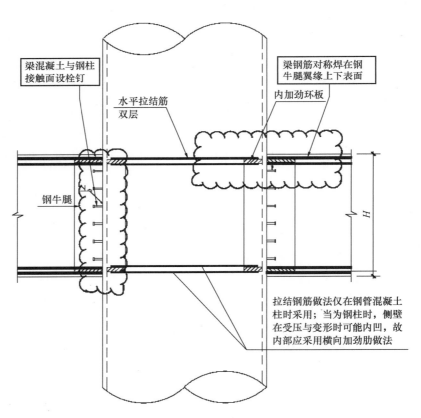

图 6.5.10-1　梁钢筋焊接及梁高范围栓钉布置示意图

6.5.11 核心筒墙体设备留洞

1 边长在 800mm 及以上的洞口，应与设备专业配合在设计早期提出；其余不影响总体计算结果的洞口可在制图期间提出。

2 约束边缘构件不应留设洞口，仅在必须时可预留直径不大于 300mm 的设备套管；洞口位置宜在墙段中部、距墙端应大于洞口长边尺寸；设备套管边缘至墙边、门窗洞边的净距应大于 1 倍墙厚和 2 倍设备套管管径、600mm 三者的较大值；多个设备套管在水平方向的管径合计值不应大于所在位置约束边缘构件的 20%，套管之间净距应大于较大设备套管管径的 2 倍。

3 一般墙体预留的设备套管或留洞在水平方向的合计值不宜大于墙肢长度的 20%。

【说明】

设计早期及早确定较大设备洞口，可以真实反映在计算模型中。如果较晚提出，可能导致计算结果失真，或导致梳理好的洞口序列变得凌乱，或需要在新洞口边补充型钢、重新分析钢板墙受力等，致使后续设计工作难度增加、成本上升。

6.5.12 所有带内部空腔的构件、节点四周应封闭，隔绝外部的水汽与杂物。

【说明】

包括现场过焊孔等，焊接完成后也应及时封闭；中空的钢管类构件可采取围焊薄钢板等封闭措施；钢管混凝土构件的侧壁开孔可用柔性材料封闭。

7 消能减震与隔震结构

7.1　消能减震结构

（Ⅰ）金属消能器

7.1.1　金属消能器可用于 7 度及以上抗震设防的新建与加固改造工程。金属消能器的主要作用是提高结构抗侧刚度、改善结构的抗扭性能以及增强结构的耗能能力。

【说明】

1. 金属消能器的主要作用是增强结构在多遇地震与风荷载作用下的侧向刚度，在罕遇地震作用下发挥金属材料延展性好、耗能能力强的优点，用于吸收大部分地震能量，减小主体结构的损伤。

2. 框架结构可设置金属消能器形成双重抗侧力体系，剪力墙结构可采用设置金属可更换连梁的方式。

3. 与传统的结构抗震设计相比，金属消能器技术先进，抗震效果好，装配化程度高，符合建筑工业化的发展方向。

7.1.2　金属消能器包括防屈曲支撑（BRB）、防屈曲钢板剪力墙、剪切钢板消能器和加劲消能器等形式。

【说明】

1. 防屈曲支撑（BRB）由核心单元和外约束单元组成，利用核心单元钢材的拉压塑性变形消耗地震能量，是一种位移相关型的消能器。BRB 芯材截面形式可采用一字型、十字形和口字形，常用 Q190、Q235 等较低屈服点的钢材。外约束单元常用圆钢管或方钢管，也可填充混凝土形成钢管混凝土约束单元。BRB 具有较高的承载能力，屈服承载力可达 1000t，最大构件长度可达 20m。BRB 滞回耗能性能优越，兼有普通支撑（抗风和小震条件下提供抗侧刚度）和耗能构件（中震和大震条件下提供阻尼）的双重作用，力学性能可控而稳定，耐久性良好，施工简便，便于维护等优点。BRB 既可用于钢框架结构，也可用于混凝土框架结构。

2. 防屈曲钢板剪力墙由低屈服点的内嵌钢板和前后两侧混凝土盖板组成，三者通过螺栓连接，在混凝土盖板上开椭圆形孔以便螺栓有足够的滑移空间。防屈曲钢板剪力墙在面内具有较大的刚度，同时在大震作用下具有饱满的滞回性能，耗能效果良好。防屈曲钢板剪力墙可用于钢框架结构。

3. 剪切钢板消能器是利用较低屈服点钢板平面内剪切应力作用下产生的塑性滞回变形来耗能。在剪切钢板消能器中，为了防止钢板过早发生屈曲，抑制面外变形，一般需对剪切钢板设置适当间距的加劲肋。可将剪切钢板消能器用于剪力墙的连梁，形成可更换连梁。

4. 加劲消能器是利用低屈服点钢板在平面外弯矩作用下产生的塑性滞回变形来耗能，通常由数块相互平行的钢板和定位组件构成。加劲消能器可结合门架形支撑使用。

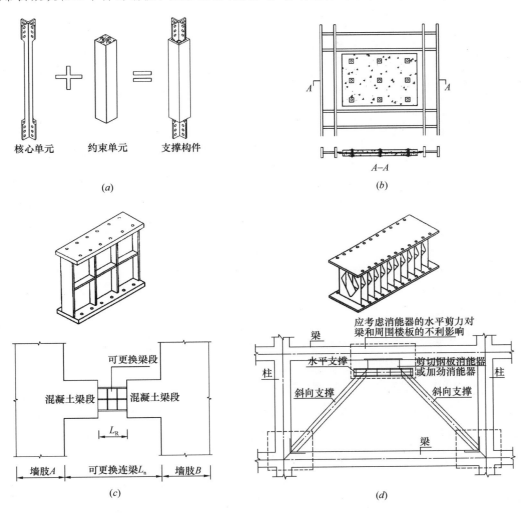

图 7.1.2-1

（*a*）防屈曲支撑；（*b*）防屈曲钢板剪力墙；

（*c*）可更换梁段；（*d*）剪切钢板消能器或加劲消能器

7.1.3 金属消能器应沿结构两个主轴方向设置，避免偏心扭转效应。金属消能器的数量、规格和分布应通过技术经济综合比较，合理确定。

【说明】

优化金属消能器布置与数量，有利于提高整体结构的消能能力，形成均匀合理的受力体系，减少不规则性。金属消能器宜沿竖向连续布置，在罕遇地震下形成合理的屈服机制，避免金属消能器屈服后形成新的薄弱层。

7.1.4　金属消能器设计应符合下列要求：

1　金属消能器在小震与风荷载作用下应保持弹性；在大震和风荷载作用下，不应发生低周疲劳、节点破坏。

2　对于设置金属消能器的结构，当采用等效中震弹性计算时，应考虑抗侧力构件刚度降低以及塑性耗能的影响。

3　当金属消能器不承担竖向荷载时，在设计文件中应明确施工要求，并在计算模型中进行逐步激活施工模拟。

【说明】

1. 在小震与风荷载作用下，金属消能器不应进入屈服。应考虑金属消能器引起相邻柱、墙、梁的附加轴力、剪力、弯矩等效应，金属消能器与主体结构连接节点的强度不应低于结构构件的强度，与其相连部位不应出现滑移或拔出等破坏。

2. 由于金属消能器在中震时开始塑性耗能，故此采用弹性振型分解反应谱法已不适用。当采用等效中震弹性计算时，应对金属消能器的刚度进行折减，并将塑性耗能作为等效附加阻尼。

3. BRB 与钢板剪力墙宜按不承受竖向荷载设计，施工模拟时应注意荷载施加顺序。根据现行行业标准《高层民用建筑钢结构技术规程》JGJ 99 第 B.1.2 条的规定，承受竖向荷载的钢板剪力墙，其竖向应力导致抗剪承载力的下降不应大于 20%。

7.1.5　防屈曲支撑设计应符合下列要求：

1　防屈曲支撑与纯框架的刚度比的合理取值区间为 0.5～2.0，能够使防屈曲支撑在结构抗震中发挥最大作用，同时具有较好的经济性。

2　防屈曲支撑用于混凝土结构时，小震作用下层间位移角限值为 1/550，大震作用下层间位移角限值为 1/130，且最大层间位移与屈服层间位移之比不宜大于 4。

3　防屈曲支撑（BRB）在设计位移幅值下往复循环 30 次后，消能器主要设计指标误差和衰减不应超过 15%，且不应有明显的低周疲劳现象。

【说明】

1. 将防屈曲支撑与纯框架的刚度比控制在合理的区间内，是形成合理的双重抗侧力结构的主要前提之一。刚度比的合理取值区间由下述文献的研究成果得到：赵瑛，郭彦林. 防屈曲支撑框架设计方法研究 [J]，建筑结构，2010，40（1）：28-43，85。

2. 根据《高层民用建筑钢结构技术规程》JGJ 99 第 E.1.1 条的规定，耗能型屈曲约束支撑在多遇地震作用下应保持弹性。根据《消能减震技术规程》JGJ 297 第 6.5.2 条关于性能水准和变形参考值的规定，当大震作用下结构的变形为 $3[\Delta_{u_e}]\sim 4[\Delta_{u_e}]$ 时，结构达到中等破坏程度。

3. 通过计算层间位移与支撑的屈服位移之比，可以判断防屈曲支撑是否达到屈服状态，开始滞回耗能。结合滞回曲线的形状可以判断塑性发展是否充分。钢筋混凝土框架主要构件的抗震性能目标如表 7.1.5-1 所示。

钢筋混凝土框架主要构件的抗震性能目标　　　　表 7.1.5-1

地震烈度		多遇地震 （小震）	设防烈度地震 （中震）	罕遇地震 （大震）
抗震设防水准		第一水准	第二水准	第三水准
宏观损坏程度		完好	轻微损坏	中等破坏
变形要求		1/550	不大于 2 倍屈服位移	不大于 4 倍屈服位移
构件 性能	混凝土框架柱	弹性	轻微塑性变形	明显塑性变形，经修理后可使用
	混凝土框架梁	弹性	轻微塑性变形	明显塑性变形，经修理后可使用
	防屈曲支撑	弹性	允许轻度塑性变形	充分屈服耗能

4. 消能减震部件的性能参数应经试验确定，在进场安装前应提供检验报告或产品合格证，并按比例抽检。对金属屈服位移相关型消能器等不可重复利用的消能器，在同一类型中抽检数量不少于 2 个，抽检合格率为 100%，抽检后不能用于主体结构。

7.1.6 防屈曲钢板剪力墙设计应符合下列要求：

1 防屈曲钢板剪力墙的相对高厚比 λ（即钢板墙的净高度与其厚度和钢号修正系数乘积（$\sqrt{235/f_y}$）的比值）不宜小于 200。

2 对于防屈曲钢板剪力墙，混凝土盖板周边的可滑动间隙应根据在罕遇地震下结构的变形要求确定。混凝土盖板的约束刚度比宜为 1.15～2.56。

3 防屈曲钢板剪力墙中单侧混凝土盖板厚度不宜小于 100mm，且应双层双向配筋，每个方向的单侧配筋率均不应小于 0.2%，且钢筋最大间距不宜大于 200mm。

4 防屈曲钢板剪力墙应在混凝土盖板的双层双向钢筋网之间设置联系钢筋，并应在板边缘处做加强处理，通常可采用在混凝土盖板四周设置直径不应小于 10mm 的 2 根周边钢筋等措施。

【说明】

1. 当钢板剪力墙的相对高厚比小于 100 时，钢板主要以平面内受剪来抵抗水平剪力，此时设置混凝土板来限制钢板的平面外屈曲，对提高钢板剪力墙的承载力和耗能能力的作用不大。实际应用时，防屈曲钢板剪力墙中的钢板高厚比大于 200 时更为经济。

2. 防屈曲钢板剪力墙的设计原则是小震作用下混凝土盖板不参与受力，仅作为内嵌钢板的面外约束而存在；在大震作用下，预制混凝土盖板可参与受力，预制混凝土盖板先在角部与周边框架接触，随后接触面不断增大，混凝土盖板开始与钢板共同承担水平荷载，此时，混凝土盖板的加入，可以补偿因部分钢板发生局部屈曲而造成的刚度损失。混凝土盖板与周边框架之间的预留间隙应保证在小震作用下二者不接触，在大震作用下二者开始接触，因此，每侧间隙的大小可依据大震下高层建筑钢结构的弹塑性层间位移角限值确定。

3. 混凝土盖板的约束刚度比 η_c，即混凝土盖板的剪切屈曲荷载与内嵌钢板剪切屈服荷载的比值，应符合公式（7.1.6-1）要求。

$$\eta_c \geqslant \left\{ \begin{array}{l} 1.15, \lambda \leqslant 200 \\ 0.45 + \dfrac{\lambda}{285}, \lambda > 200 \end{array} \right\}, \eta_c = \dfrac{1.48\, k_s\, E_c\, t_c^3}{f t_w\, H_e^2} \qquad (7.1.6\text{-}1)$$

式中，λ 是钢板剪力墙的相对高厚比，E_c 是混凝土的弹性模量，t_c 是盖板厚度，t_w 是钢板剪力墙的厚度，H_e 是钢板剪力墙的净高度，f 是钢材的抗拉、抗压和抗弯强度设计值，k_s 是四边简支板的弹性抗剪屈曲系数。

4. 通过限制混凝土盖板的约束刚度比 η_c，可以实现对混凝土盖板的厚度要求。清华大学的分析表明：在螺栓最大间距满足相邻螺栓中心距离与内嵌钢板厚度的比值不大于100的规定时，混凝土盖板的最小厚度主要由内嵌钢板的高厚比决定，并据此给出了混凝土盖板临界约束刚度的计算公式。只有螺栓间距和混凝土盖板厚度同时满足要求时，混凝土盖板才能有效限制内嵌钢板的平面外屈曲变形，从而提高钢板剪力墙的耗能能力。

（Ⅱ）黏 滞 阻 尼 器

7.1.7 黏滞阻尼器适用于对抗震设防有特殊要求的新建建筑、改善高层建筑风振舒适性以及既有结构加固改造工程等。

【说明】

1. 常用的黏滞阻尼器包括黏滞流体阻尼器与黏滞阻尼墙（图 7.1.7-1）。

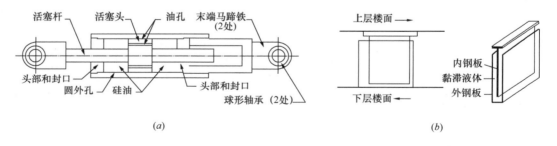

图 7.1.7-1

（a）黏滞流体阻尼器；（b）黏滞阻尼墙

2. 黏滞流体阻尼器由缸体、活塞、黏滞材料等部分组成的，是利用黏滞材料运动时产生黏滞阻尼耗散能量的一种速度相关型消能阻尼器；能够提供较大的阻尼以减小结构振动；不提供附加刚度，不会改变结构自振周期而增加地震作用。

3. 黏滞阻尼墙是由钢板和高黏滞材料组成的一种速度相关型的新型阻尼装置，能为建筑提供较大的阻尼，起到良好的抗震和抗风作用。产品可代替普通墙体，不影响建筑使用功能。

4. 黏滞阻尼器可用于新建建筑和既有建筑抗震加固改造。

7.1.8 黏滞流体阻尼器的速度指数 α 常用的范围在 0.2～0.4 之间。

【说明】

1. 黏滞流体阻尼器的力学模型如下所示：

$$F_\mathrm{d} = C_\mathrm{d} \cdot \dot{u}_\mathrm{d}^\alpha \tag{7.1.8-1}$$

式中，F_d 为阻尼力（单位：N）；C_d 为阻尼系数（单位：N (s/mm)$^{-\alpha}$）；$\dot{u}$ 为黏滞流体阻尼器两端的相对速度（单位：mm/s）；α 为速度指数（$0.1 \leqslant \alpha \leqslant 1.0$）。

2. 通常可以选择速度指数 α 较小的阻尼器，因为 α 较小时（$\alpha < 0.4$），在速度很小的情况下会产生较大的阻尼力，随着速度的增大，阻尼力增幅较小，这样可以保证消能阻尼器在速度较小时有很好的消能效果，并且在速度较大时，不至于产生过大的阻尼力而对结构造成不利影响；但当 α 小于 0.2 时，消能阻尼器内部将可能出现高压和射流，使消能阻尼器的性能变得不稳定。因此，工程中比较常用的阻尼指数 α 范围在 0.2～0.4 之间。

3. 黏滞流体阻尼器抽检数量应适当增多，抽检合格的阻尼器可用于主体结构。型式检验和出厂检验应由第三方完成。

7.1.9 对设置黏滞流体阻尼器的结构分析应采用时程分析法，并忽略阻尼器的刚度。

【说明】

对于一般的工程结构，在地震或者风的作用下，其振动均为低频振动，振动频率一般小于 4Hz，因此，消能阻尼器的刚度可以忽略，可近似地认为消能阻尼器的阻尼系数不随振动频率的变化而变化。

7.1.10 设置黏滞流体阻尼器的结构，应满足抗震设防、抗风及其他设防目标。

【说明】

1. 当遭受多遇地震影响时，黏滞流体消能阻尼器正常工作，主体结构不受损坏或不需修理即可继续使用；当遭受本地区设防烈度的地震影响时，黏滞流体消能阻尼器正常工作，主体结构可能发生损坏但经一般修理仍可继续使用；当遭受罕遇地震影响时，黏滞流体消能阻尼器不应丧失功能，主体结构不发生危及生命安全和丧失使用价值的破坏。

2. 主体结构的位移和最大加速度应满足现行国家或行业标准的规定，在风荷载作用下黏滞流体阻尼器正常工作，且应满足高周疲劳的要求，并能进行更换。

3. 主体结构在其他动荷载作用下（复杂环境激励、设备激励、人群激励等）的振动水平应满足现行相关国家或行业标准的规定，在最大设计荷载下黏滞流体消能阻尼器正常工作，满足高周疲劳的要求，并能进行更换。

4. 既有建筑采用被动控制系统进行加固设计，宜根据后续使用年限、结构重要性等条件确定抗震设防目标，但不应低于现行国家标准《建筑抗震鉴定标准》GB 50023 规定的抗震设防目标。

7.1.11 应对黏滞流体阻尼器的布置进行优化，合理控制成本。

【说明】

黏滞阻尼器宜布置在结构响应较大的楼层，从而可以更好地发挥被动控制装置的耗能减振作用。黏滞阻尼器布置应避免结构沿高度方向的刚度和阻尼突变，形成薄弱构件或薄弱层。因此，黏滞流体阻尼器在结构中布置时，通常以逐层布置为优，其次是隔层布置，也可以在薄弱层布置，但由于后者加大了个别楼层的层间刚度，需要考虑相邻楼层层间位移的放大现象。

7.2　隔 震 结 构

（Ⅰ）适 用 条 件

7.2.1　当设防烈度不低于 8 度时，宜考虑采用隔震结构。

【说明】

1. 当设防烈度不低于 8 度时，采用传统的抗震设计方法，结构的抗震性能或经济指标可能较差，故此可以考虑采用隔震技术，通过减小地震作用的方式，保证结构的安全性。尤其是医疗建筑、学校、数据中心等重点设防类建筑，距离发震断层 5～10km 以内、需要考虑近场影响系数时，应优先采用隔震结构。

2. 隔震结构在房屋基础、底部或者下部结构与上部结构之间设置由橡胶隔震支座和阻尼装置等部件组成具有整体复位功能的隔震层，以延长整个结构体系的自振周期，减小输入上部结构的水平地震作用，达到预期防震要求。

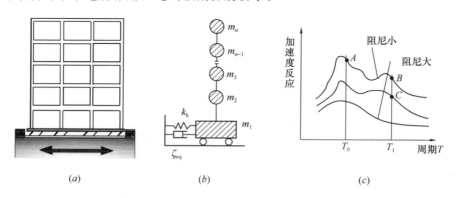

图 7.2.1-1　减震结构原理

(a) 隔震结构；*(b)* 计算简图；*(c)* 加速度反应谱

3. 隔震结构适用于钢、钢筋混凝土、钢-混凝土混合等结构类型的房屋。

4. 在进行隔震结构设计时，采用的现行国家与行业标准见表 7.2.1-1。

现行国家与行业标准　　　　　　　　　　　　　表 7.2.1-1

序号	标准名称	标准编号
1	建筑抗震设计规范	GB 50011
2	叠层橡胶支座隔震技术规程	CECS 126
3	橡胶支座 第1部分：隔震橡胶支座试验方法	GB 20688.1
4	橡胶支座 第3部分：建筑隔震橡胶支座	GB 20688.3
5	桥梁用黏滞流体阻尼器	JT/T 926
6	建筑结构隔震构造详图	03SG610—1
7	建筑隔震工程施工及验收规范	JGJ 360

7.2.2　隔震层位置的选择应使结构形成合理的隔震计算模型、并获得有效的隔震效果。对于有地下室的建筑，宜优先考虑隔震层置于首层与地下一层之间。

7.2.3　在进行隔震层结构布置时，应遵循以下原则：

1　隔震层刚度中心宜与上部结构的质量中心重合；

2　隔震支座的平面布置宜与上部结构和下部结构中竖向受力构件的平面位置相对应。隔震支座底面宜布置在相同标高位置上（必要时个别支座也可布置在不同的标高位置上）；

3　同一结构选用多种规格的隔震支座时，应注意充分发挥每个隔震支座的承载力和水平变形能力；

4　同一支承处选用多个隔震支座时，隔震支座之间的净距应满足安装和更换时所需的空间尺寸需求；

5　铅芯橡胶支座宜布置在结构角部和周边的柱下，以增大结构整体抵抗扭转的能力。

【说明】

1. 常见橡胶隔震支座分为铅芯橡胶支座和非铅芯橡胶支座，常见规格（直径）为 400～1500mm，参见 GB 20688.3 橡胶支座 第3部分：建筑隔震橡胶支座。

2. 普通橡胶支座具有良好的线弹性性能，不仅能显著降低结构的地震作用，还能抑制结构的高阶反应，但不提供阻尼，罕遇地震时隔震支座位移较大。铅芯橡胶支座不仅有较高的阻尼比，侧向刚度比普通橡胶支座提高1倍左右，增强了结构的抗风能力。

7.2.4　在隔震结构中，宜在隔震层的两个水平方向均匀布置黏滞流体阻尼器。阻尼器的速度指数应小于 1.0。

【说明】

在阻尼器布置时，应保证隔震层在各个方向均有阻尼力，且在两个方向提供的阻尼力基本相等。当黏滞流体阻尼器的阻尼指数较小时，在多遇地震作用下阻尼器具有较大的耗能能力，且在罕遇地震作用下阻尼力又不致过大。

7.2.5　隔震设计时，隔震装置和消能部件应符合下列要求：

1　隔震装置和消能部件的性能参数应经试验确定；

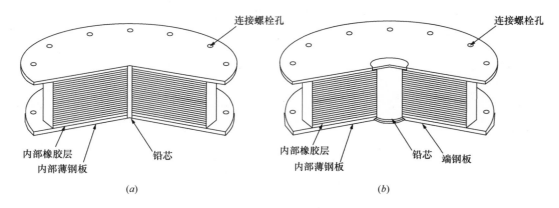

图 7.2.3-1　隔震支座

（a）普通橡胶支座；（b）铅芯橡胶支座

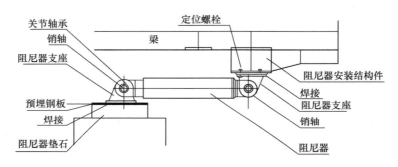

图 7.2.4-1　隔震层阻尼器安装示意图

2　隔震装置和消能部件的设置位置，应采取便于检查和替换的措施；

3　设计文件上应注明的隔震装置和消能部件的性能要求，安装前应按规定进行检测，确保性能符合要求。

【说明】

1. 隔震支座、阻尼器和消能减震部件在长期使用过程中需要检查和维护。因此，其安装位置应便于维护人员接近和操作。

2. 为了确保隔震和消能减震的效果，隔震支座、阻尼器和消能减震部件的性能参数应严格检验。按照国家产品标准《橡胶支座第 3 部分：建筑隔震橡胶支座》GB 20688.3 的规定，橡胶支座产品在安装前应对工程中所用的各种类型和规格的原型部件进行抽样检验，其要求是：采用随机抽样方式确定检测试件。若有一件抽样的一项性能不合格，则该次抽样检验不合格。对一般建筑，每种规格的产品抽样数量应不少于总数的 20%；若有不合格，应重新抽取数的 50%，若仍有不合格，则应 100% 检测。一般情况下，每项工程抽样总数不少于 20 件，每种规格的产品抽样数量不少于 4 件。

（Ⅱ）控 制 参 数

7.2.6 隔震建筑的高宽比不宜大于 4，且不应大于相关规范规程对非隔震结构的具体规定，避免支座产生显著的拉应力。

【说明】

橡胶隔震支座抗拉承载力很低，应避免整体倾覆力矩导致支座拉应力过大。必要时，可通过设置抗拉装置，抵抗结构底部出现的拉力。

7.2.7 橡胶隔震支座的应力应满足下列限值要求：

1　在重力荷载代表值下的压应力：甲类建筑 10MPa，乙类建筑 12MPa，丙类建筑 15MPa；

2　在重力荷载代表值及罕遇地震的水平和竖向地震同时作用下的压应力：30MPa；

3　在罕遇地震作用下的拉应力：1MPa。

【说明】

1. 按照稳定性要求，以压缩荷载下叠层橡胶水平刚度为零的压应力作为 σ_{cr}，将橡胶支座在地震下发生剪切变形后上下板投影的重叠部分作为有效受压面积，以该有效受压面积得到的平均应力达到最小屈曲应力作为控制橡胶支座稳定的条件，取容许剪切变形为 0.55D（D 为支座有效直径），则可得丙类建筑的压应力限值 $\sigma_{max}=0.45\sigma_{cr}=15.0$MPa。

2. 隔震支座受拉后内部有损伤，降低了支座的弹性性能。隔震支座出现拉应力，意味着上部结构存在倾覆危险。规定隔震支座拉应力小于 1MPa 的理由是，广州大学工程抗震研究中心所做的橡胶垫的抗拉试验中，其抗拉极限强度为 2.0~2.5MPa；美国 UBC 规范采用的容许抗拉强度为 1.5MPa。

7.2.8 隔震支座水平位移不应超过支座有效直径的 0.55 倍和支座内部橡胶总厚度 3.0 倍二者的较小值。

【说明】

通过限制隔震层在罕遇地震下的最大位移，防止隔震层在大震下发生失稳破坏。

7.2.9 隔震层以上结构的水平地震作用根据水平向减震系数确定；其竖向地震作用标准值，8 度（0.2g）、8 度（0.3g）和 9 度时分别不应小于隔震层以上结构总重力荷载代表值的 20%，30% 和 40%。

【说明】

1. 为了便于进行隔震设计，《建筑抗震设计规范》GB 50011 提出了"水平向减震系数"的概念，对于丙类建筑，相应的构造要求也可有所降低。在进行隔震层以上结构的水平地震作用和抗震验算时，构件承载力应留有一定的安全储备。

2. 值得注意的是，目前一般橡胶隔震支座只具有隔离水平地震的功能，对竖向地震没有隔震效果，隔震后结构的竖向地震力可能大于水平地震力，应予以重视并做相应的验算，采取适当的措施。

7. 2. 10   隔震层以上结构的抗震措施，当水平向减震系数大于 0.40 时（设置阻尼器时为 0.38）不应降低非隔震时的有关要求；水平向减震系数不大于 0.40 时（设置阻尼器时为 0.38），可按降低一度采用抗震构造措施，与竖向地震作用有关的抗震构造措施不应降低。

【说明】

1. 隔震后上部结构的抗震措施可以适当降低，橡胶隔震支座以水平向减震系数 0.40 为界划分，并明确降低的要求不得超过一度，不同设防烈度时如表 7.2.10-1 所示。

隔震后上部结构的抗震措施   表 7. 2. 10-1

本地区设防烈度 （设计基本地震加速度）	水平向减震系数 β	
	$\beta \geqslant 0.40$	$\beta < 0.4$
9（0.40g）	8（0.30g）	8（0.20g）
8（0.30g）	8（0.20g）	7（0.15g）
8（0.20g）	7（0.15g）	7（0.10g）
7（0.15g）	7（0.10g）	7（0.10g）
7（0.10g）	7（0.10g）	6（0.05g）

2. 值得注意的是，我国《建筑抗震设计规范》GB 50011 的抗震措施，一般没有 8 度（0.30g）和 7 度（0.15g）的具体规定。因此，当 $\beta > 0.40$ 时抗震措施不降低，对于 7 度（0.15g）设防时，即使 $\beta < 0.40$，隔震后的抗震措施基本上不降低。

7. 2. 11   隔震层以上结构的总水平地震作用不得低于非隔震结构在 6 度设防时的总水平地震作用。各楼层的水平地震剪力尚应符合《建筑抗震设计规范》GB 50011 对本地区设防烈度的最小地震剪力系数的规定。9 度时和 8 度且水平减震系数不大于 0.3 时，隔震层以上的结构应进行竖向地震作用计算。

【说明】

1. 隔震后的上部结构用软件计算时，直接取 α_{max1}（隔震后的水平地震影响系数最大值）进行结构计算分析。从宏观的角度，可以将隔震后结构的水平地震作用大致归纳为比非隔震时降低半度、一度和一度半三个档次，如表 7.2.11-1 所示（对于一般橡胶支座）；而上部结构的抗震构造，只能按降低一度分档，即以 $\beta = 0.40$ 分档。

隔震后上部结构的水平地震作用   表 7. 2. 11-1

本地区设防烈度 （设计基本地震加速度）	水平向减震系数 β		
	$0.53 \geqslant \beta \geqslant 0.40$	$0.40 > \beta > 0.27$	$\beta \leqslant 0.27$
9（0.40g）	8（0.30g）	8（0.20g）	7（0.15g）
8（0.30g）	8（0.20g）	7（0.15g）	7（0.10g）

续表

本地区设防烈度	水平向减震系数 β		
(设计基本地震加速度)	0.53≥β≥0.40	0.40>β>0.27	β≤0.27
8 (0.20g)	7 (0.15g)	7 (0.10g)	7 (0.10g)
7 (0.15g)	7 (0.10g)	7 (0.10g)	6 (0.05g)
7 (0.10g)	7 (0.10g)	6 (0.05g)	6 (0.05g)

2. 由于地震影响系数在长周期段下降较快，对于基本周期大于3.5s的结构，水平地震作用下的结构效应可能很小。对于长周期结构，地震作用中的地面运动速度和位移可能对结构的破坏具有更大影响，但是规范所采用的振型分解反应谱法尚无法对此做出估计。出于结构安全的考虑，提出了对结构总水平地震剪力及各楼层水平地震剪力最小值的要求，规定了不同烈度下的剪力系数，当不满足时，需改变结构布置或调整结构总剪力和各楼层的水平地震剪力使之满足要求。

（Ⅲ）设 计 要 点

7.2.12 建筑场地宜为Ⅰ、Ⅱ、Ⅲ类，并应选用稳定性较好的基础类型。

【说明】

隔震房屋适合建设在硬土场地。由于软弱场地过滤掉了地震波的中高频分量，延长了结构周期，采用隔震结构作用不大。

7.2.13 布置隔震层时，应尽量使隔震层的刚度中心与上部结构的总质量中心重合，偏心率不宜大于3%。

【说明】

隔震层偏心率计算方法如下：

1. 结构的质心：

$$x_m = \frac{\sum N_i x_i}{\sum N_i}, \qquad y_m = \frac{\sum N_i y_i}{\sum N_i} \tag{7.2.13-1}$$

2. 隔震层的刚心：

$$x_s = \frac{\sum K_{ey,i} x_i}{\sum K_{ey,i}}, \qquad y_s = \frac{\sum K_{ex,i} y_i}{\sum K_{ex,i}} \tag{7.2.13-2}$$

式中：　N_i ——第 i 个隔震支座承受的长期轴压荷载；

x_i，y_i ——第 i 个隔震支座坐标；

$K_{ex,i}$ 和 $K_{ey,i}$ ——隔震层第 i 个隔震支座的等效刚度。

3. 隔震层偏心距：

$$e_x = |x_s - x_m|, \quad e_y = |y_s - y_m| \tag{7.2.13-3}$$

4. 隔震层扭转刚度：

$$K_t = \sum [K_{ex,i}(y_i - y_s)^2 + K_{ey,i}(x_i - x_s)^2] \tag{7.2.13-4}$$

5. 隔震层弹性回转半径：

$$R_{ex} = \sqrt{\frac{K_t}{\sum K_{ex,i}}}, \qquad R_{ey} = \sqrt{\frac{K_t}{\sum K_{ey,i}}} \tag{7.2.13-5}$$

隔震层偏心率：

$$\rho_x = \frac{e_y}{R_{ex}}, \qquad \rho_y = \frac{e_x}{R_{ey}} \tag{7.2.13-6}$$

7.2.14 风荷载和其他非地震作用的水平荷载标准值产生的总水平力，不宜超过结构总重力的 10%。

7.2.15 设置在隔震层的抗风装置宜对称、分散地布置在建筑物的周边，抗风装置应按式（7.2.15-1）要求进行验算。

$$\gamma_w V_{wk} \leqslant V_{Rw} \tag{7.2.15-1}$$

式中：V_{Rw}——抗风装置的水平承载力设计值。当抗风装置是隔震支座的组成部分时，取隔震支座的水平屈服荷载设计值；当抗风装置单独设置时，取抗风装置的水平承载力，可按材料屈服强度设计值确定；

γ_w——风荷载分项系数，采用 1.4；

V_{wk}——风荷载作用下隔震层的水平剪力标准值。

7.2.16 隔震支座的弹性恢复力应符合式（7.2.16-1）要求。

$$K_{100} \cdot t_r \geqslant 1.40 V_{Rw} \tag{7.2.16-1}$$

式中：K_{100}——隔震支座在水平剪切应变 100% 时的水平有效刚度；

t_r——隔震支座橡胶层总厚度。

7.2.17 进行结构整体抗倾覆验算时，应按罕遇地震作用计算倾覆力矩，并按上部结构重力代表值计算抗倾覆力矩，抗倾覆安全系数应大于 1.2。

（Ⅳ）连 接 构 造

7.2.18 隔震层顶部应设置整体刚度好的梁板式楼盖，且应符合下列要求：

1 隔震支座的相关部位应采用现浇混凝土梁板结构，现浇板厚度不应小于 160mm；

2 隔震层顶部梁、板的刚度和承载力，宜大于一般楼盖梁板的刚度和承载力；

3 隔震支座附近的梁柱应计算冲切和局部承压，加密箍筋并根据需要配置网状钢筋。

【说明】

1. 为了保证隔震层整层能够整体协调,隔震层顶部应设置平面刚度足够大的梁板体系。当采用装配整体式钢筋混凝土楼盖时,为使纵横梁体系能传递竖向荷载并协调横向剪力在每个隔震支座的分配,支座上方的纵横梁体系应为现浇。为增大隔震层顶部梁板的平面刚度,需加大梁的截面尺寸和配筋。

2. 隔震支座附近的梁、柱受力状态复杂,地震时还会受到冲切,应加密箍筋,必要时配置网状钢筋。

7.2.19 隔震结构的隔震缝应满足如下要求:

1 上部结构的周边应设置竖向隔离缝,缝宽不宜小于各隔震支座在罕遇地震下的最大水平位移值得 1.2 倍且不小于 200mm。对梁相邻隔震结构,其缝宽取最大水平位移之和,且不小于 400mm。

2 上部结构与下部结构之间,应设置完全贯通的水平隔离缝,缝高取 20mm,并用柔性材料填充;当设置水平隔离缝确有困难时,应设置可靠的水平滑移垫层。

3 应确保竖向电梯、楼梯、车道等部位在隔震层部位构造的合理性,防止可能的碰撞,管线采用柔性连接方式,盖板构造不得阻碍结构水平位移。

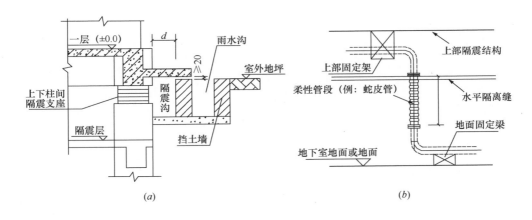

图 7.2.19-1 隔震沟及设备管线做法示意图
(a) 隔震沟与雨水沟做法;(b) 无压管柔性连接

7.2.20 应确保竖向电梯间与楼梯间在隔震层部位构造的合理性,满足使用功能与隔震要求。

7.2.21 隔震支座和阻尼装置的连接构造应符合下列要求:

1 隔震支座和阻尼装置应安装在便于维护人员接近的部位。

2 隔震支座与上部结构、下部结构之间的连接件,应能传递罕遇地震下支座最大水平剪力和弯矩。

3 外露的预埋件应有可靠的防锈措施。预埋件的锚固钢筋应与钢板牢固连接,锚固钢筋的锚固长度宜大于 20 倍的钢筋直径，且不应小于 250mm。

【说明】

上部结构的底部剪力通过隔震支座传给基础结构。因此，上部结构与隔震支座的连接件、隔震支座与基础的连接件应具有传递上部结构最大底部剪力的能力。

7.2.22　在隔震层楼面结构设计时，应考虑经长时间使用以及震后隔震支座需要更换的情况，隔震支座两侧的主框架梁应能承载进行托换时千斤顶的作用力。

8 地基基础

8.1　一　般　要　求

8.1.1　地基基础设计应遵守国家或行业的法规、标准、规范及规程，并且应注意当地的地方标准及当地有关部门的规定要求。由于我国各地区地质条件各不相同，基础施工技术差别很大，具体工程基础设计，应当结合工程的实际情况以及当地的工程经验。

【说明】

1. 各地方的地基基础设计规范体现了当地的区域地基特点，应作为地基基础设计的重要依据。地基基础设计应优先遵循地方规范，地方规范无规定时，应按国家规范的规定执行。目前当地有岩土地基基础设计规范的省市有：北京、上海、天津、重庆、广东、福建、浙江、河南、贵州、辽宁等。

2. 地基基础设计应根据勘察报告的结论与建议，结合上部结构布置，以及当地经验和工程具体情况，进行多方案的技术经济比较。

3. 地基承载力计算时，采用的承载力计算公式和承载力修正系数取值，应与勘察报告依据的规范版本一致。不同地区、版本的地基基础规范，采用的地基承载力计算公式和承载力修正系数不一定相同，不能混用。

4. 不同工程的实际情况以及当地的工程经验，对地基基础设计方案的可行性及经济性影响较大，应予以重视。

8.1.2　地基基础设计应依据岩土勘察资料，综合考虑结构类型、材料情况及施工条件等因素，注重地基基础的概念设计及多方案比较，以满足安全适用、经济合理、技术先进、确保质量、保护环境的基本原则。

【说明】

地基基础设计时，若有条件应考虑上部结构与地基基础整体协调设计。

8.2　场地与勘察报告

8.2.1　建筑场地特别是人为对自然生态及地质环境改变的，应按《岩土工程勘察规范》GB 50021 中特殊地质情况的相关规定，进行不良地质作用和地质灾害的勘察，以及地质灾害危险性评估。

【说明】

建筑物和构筑物场地应避开滑坡崩塌、河道冲刷、地面沉陷等可能危及场地安全的地段、并避让不良地质作用发育区，以上情况的范围应由勘察单位提供。对于山坡、湖海岸边等建筑应特别注意可能存在的地质灾害，勘察报告应做出相应评价。

8.2.2 地基基础工程应根据勘察报告进行设计。在初步设计阶段应有初步勘察报告；在施工图设计阶段应有项目场地的岩土工程详细勘察报告。

【说明】

在初步设计阶段，对重要工程应有初步勘察报告；小型工程遇特殊情况无勘察报告时，若地质条件较好，可参照附近建筑物的勘察报告进行设计。当建设单位对项目建筑方案确认，并且建筑方案到达一定深度时，为节省勘察时间和费用，可直接进行项目岩土工程详细勘察工作，依据详细勘察报告进行初步设计和施工图设计。

8.2.3 结构设计应对勘察方案提出建议（如工程项目勘察技术要求等），勘察报告应经审查单位审查合格后方可作为设计依据。

【说明】

1. 提交设计单位的勘察报告，应系由政府部门指定有资质的单位审查合格的报告，以确保结构设计基本数据的准确可靠。勘察报告未审查通过，结构施工图不能正式出图。

2. 结构设计人员应注意判断勘察报告的内容和深度是否满足设计需求，若不满足应及时提出补充勘察要求；同时分析勘察报告建议的地基基础方案是否符合工程的具体情况，若有不同方案，应与勘察单位及时沟通，建议由勘察单位出具补充说明。

8.2.4 勘察报告中应明确提出防水设计水位和抗浮设计水位，否则，结构设计人员应与勘察单位及时沟通，必要时要求出具补充说明。因人为改变地形的场地，应注意改变后地基及周边地质环境的稳定性以及是否产生基础抗浮问题等。

【说明】

1. 防水设计水位是建筑防水设计的依据；抗浮设计水位是结构抗浮设计的依据。防水设计水位和抗浮设计水位对结构设计的安全和工程费用影响较大，设计应予以充分重视。当抗浮设计水位明显不合理时，应建议业主与勘察单位沟通或进行抗浮设计水位专项论证，并出具补充说明或论证结论，以合理确定抗浮设计水位，节约造价。

2. 位于坡地或岩石地基上带地下室的建筑，当建筑施工对地形、地势、岩土进行了人为改变时，由于基坑周边渗水条件等地质情况发生变化，可能造成局部积水，引发结构抗浮问题，结构设计应与勘察单位沟通说明建筑地下室情况，建议其补充出具相关抗浮设计资料及相应的处理方案。

8.2.5 地基土和地下水对基础混凝土及钢筋具有腐蚀性时，应根据具体腐蚀性类别采用相应的防腐蚀措施。

【说明】

防腐蚀的主要措施有：

1. 根据地基土和地下水所含腐蚀性离子种类选用相应的抗腐蚀水泥；

2. 采用相应强度的混凝土；

3. 基础和地下室与土接触的一侧，采用相应较大的保护层厚度；

4. 基础和地下室与土接触的一层，涂刷防腐材料；

5. 根据结构环境类别和腐蚀性等级控制钢筋混凝土构件的最大裂缝宽度；

6. 在钢筋和钢构件表面涂刷环氧树脂等防腐涂料（参照《工业建筑防腐设计规范》GB 50046）。

8.2.6 当场地地质条件复杂、现场岩土条件与勘察报告不符或有必须查明的异常情况时，应进行施工勘察。对于基础设计有需求（如岩溶、土洞地质情况，荷载较大或复杂地基的一柱一桩工程等）时，应进行施工勘察。

【说明】

场地地质情况复杂或施工遇异常情况时应进行施工勘探，施工勘探孔的深度，对桩基础一般为桩底以下 5 倍桩径且不小于 5m，其他情况时进入持力层深度不宜小于 5m。

8.3 地 基 设 计

8.3.1 地基基础设计相关计算、验算主要应包括以下内容：

1 所有建筑物的地基计算均应满足承载力计算的有关规定；

2 设计等级为甲、乙级的建筑物均应进行地基变形计算。设计等级为丙级的建筑物，符合表 8.3.1-1 所列范围时，可不作变形计算；如有下列情况之一时，应进行地基变形计算：

设计等级为丙级可不作地基变形计算的建筑物范围   表 8.3.1-1

地基主要受力层情况	地基承载力特征值 f_{ak}（kPa）		$80 \leqslant f_{ak}$ <100	$100 \leqslant f_{ak}$ <130	$130 \leqslant f_{ak}$ <160	$160 \leqslant f_{ak}$ <200	$200 \leqslant f_{ak}$ <300
	各土层坡度（%）		≤5	≤10	≤10	≤10	≤10
建筑类型	砌体结构、框架结构层数		≤5	≤5	≤6	≤6	≤7
	单层排架结构（6m柱距）	单跨 吊车额定起重量（t）	10～15	15～20	20～30	30～50	50～100
		厂房跨度（m）	≤18	≤24	≤30	≤30	≤30
		多跨 吊车额定起重量（t）	5～10	10～15	15～20	20～30	30～75
		厂房跨度（m）	≤18	≤24	≤30	≤30	≤30
	烟囱	高度（m）	≤40	≤50	≤75	≤100	
	水塔	高度（m）	≤20	≤30	≤30	≤30	
		容积（m）	50～100	100～200	200～300	300～500	500～1000

1）地基承载力特征值 f_{ak} 小于 130kPa，且体型复杂的建筑；

2）在基础上及附近有地面堆载或相邻基础荷载差异较大，可能引起地基产生过大的不均匀沉降时；

3）软弱地基上的建筑物存在偏心荷载时；

4）相邻建筑距离过近，可能发生倾斜时；

5）地基内有较大或厚薄不均的填土，其自重固结未完成时。

3. 对承受较大水平荷载作用的高层建筑、高耸结构和挡土墙等，以及在斜坡上和边坡附近的建筑物和构筑物，应验算其稳定性；

4. 当地下水埋深较浅，建筑地下室或地下构筑物存在上浮问题时，应进行抗浮验算；

5. 基础的埋深应满足地基承载力、变形和稳定性要求。

【说明】

1. 地基主要受力层指条形基础底面下深度为 $3b$（b 为基础底面宽度），独立基础下 $1.5b$，且厚度均不小于 5m 的范围（二层以下一般民用建筑除外）；

2. 地基主要受力层中如有承载力特征值 f_{ak} 小于 130kPa 的土层时，表中砌体结构的设计应符合国家现行《建筑地基基础设计规范》GB 50007 的有关要求；

3. 表中砌体结构和框架结构均指民用建筑，对于工业建筑可按厂房高度、荷载情况折合成与其相当的民用建筑层数；

4. 表中吊车额定起重量、烟囱高度和水塔容积的数值均指最大值。

8.3.2 地基承载力计算时，应合理取用基础埋深，注意采用的基础埋置深度与基础的实际埋深的关系。

【说明】

1. 地基承载力特征值的确定过程中强调变形控制，地基承载力不是单一的强度概念，而是一个满足正常使用要求（即与变形控制相关）的土的综合特征指标。

2. 地基基础设计中的埋深有两种，一是进行地基承载力修正用的计算埋深，二是为确保建筑物稳定（抗滑移和抗倾覆）用的基础埋深（见 8.4.2 条），本条属于前者。

3. 对地基承载力特征值进行修正（深度和宽度）时，应注意以下问题：

1）勘察报告提供的地基承载力特征值 f_{ak}（由原位测试，浅层平板载荷试验或公式计算得出），应根据基础宽度和基础埋深对地基承载力特征值进行修正；当勘察报告采用深层平板载荷试验得出的 f_{ak} 时，可不进行深度修正（仍应进行宽度修正）。

2）区分"人工填土"和"大面积压实填土"，大面积压实填土指采用机械碾压施工的填土，施工质量有保证。

3）对于"很湿与饱和时稍密状态的粉砂、细砂"，因工程资料不多，其基础宽度和埋深的地基承载力修正系数可分别取 1.0 和 1.5。

4）用于地基承载力修正用的基础计算埋深 d，可按根据实际工程的具体情况确定。

（1）一般情况下，d 可按图 8.3.2-1 确定。对图 8.3.2-1 (e)，外墙基础 $d=0.5$ (d_1+d_2)，内部基础 $d=d_1$（基础离外墙距离不大于 $2d_2$ 时可取 $d=0.75d_1+0.25d_2$）。

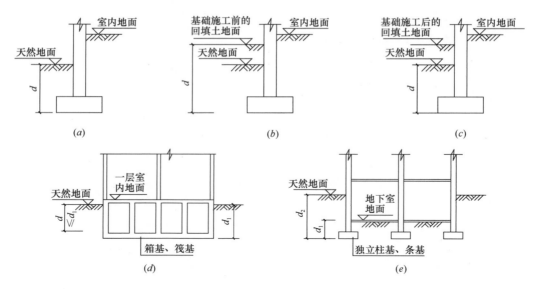

图 8.3.2-1　基础的计算埋深 d

（2）带裙房的主楼，计算主楼边柱下的地基承载力时 d 可按图8.3.2-2确定，当需要进一步细化核心筒下的地基承载力时，可按核心筒平面尺寸参考图8.3.2-2处理。

（3）独立柱基加防水板基础，按防水板及其上部建筑地面做法重量计算等效埋深 d_e。（图8.3.2-3）。

8.3.3　地基变形特征包括沉降量、沉降差、倾斜、局部倾斜。不同结构体系的地基变形计算值，不应大于相应的地基变形允许值。

【说明】

采用不同的计算软件进行地基基础沉降计算时，应注意合理取用地基基床系数，不应简单取相同数值进行比较。

8.3.4　在坡地上建造单栋多、高层建筑物时，应就地势建造，通过场地的局部平整，使建筑物全部或分区坐落在同一标高、土层性质相近的场地（或台阶场地、稳定的土层）上，建筑物临近坡顶一侧，宜设置永久性支挡结构。永久性支挡结构宜与主体结构离开一定的安全间距。

【说明】

建筑物应与永久性支挡结构离开一定安全间距，对于与场地地质稳定相关的永久性支挡结构（或场地边坡支护），应建议业主委托具有相关岩土工程资质的单位，结合场地及建筑物基础情况，进行专项设计。

8.3.5　当因场地、总图等要求设计室外地面高于天然地面，需要大面积堆土时，应尽量提前完成大面积堆载，有利于地基土的固结；必须在主体结构施工完成后进行大面积堆载时，应控制堆载的范围和速度，避免大量、集中、快速堆载；同时宜进行相应的地基

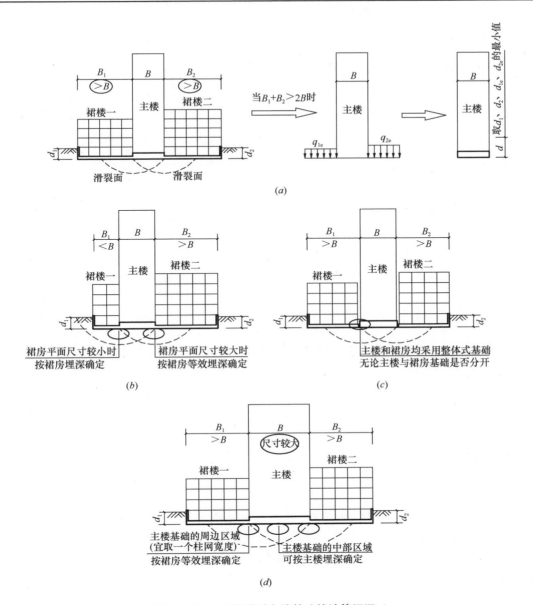

图 8.3.2-2 主裙楼时主楼基础的计算埋深 d

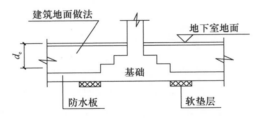

图 8.3.2-3 独立柱基加防水板时基础的计算埋深 d

变形计算分析。

【说明】

对于后期大面积堆载，应注意引起的地基附加沉降量加大，沉降稳定时间延长，以及对桩的负摩阻效应。对于无地下室的结构，若回填深度较大，质量无法保证时，宜设置首层结构板；若回填质量能够满足设计要求时，可采取加强建筑刚性地面的措施。

8.3.6 当地基主要受力层范围内有软弱下卧层时，应验算软弱下卧层的地基承载力以及地基变形，采取合适的结构措施，使其满足承载力及地基变形的要求。

【说明】

1. 结构措施主要有：减小基底附加荷载、增加结构整体刚度和基础刚度、合理设置沉降缝等；另外，应注意对相邻建筑的影响。

2. 对于由火山岩覆盖淤泥、淤泥质土或其他高压缩性土层，以及岩溶、土洞等地质情况，应根据岩体的完整性、厚度等岩层情况，采用合理的基础方案。必要时应提请业主邀请相关专家，进行专项论证。

8.3.7 在遇有软弱土地基、季节性冻土地基、湿陷性黄土地基、膨胀土地基、液化土地基等特殊地基时，应采取相应的结构及综合防治措施，减少或消除特殊地基对建筑物的不利影响，使其满足地基承载力及地基变形的要求。

【说明】

对特殊地基应根据地勘报告确定危害类别，结合规范要求及当地经验有针对性地采用相应的处理措施，满足使用要求。具体措施可参考《湿陷性黄土地区建筑规范》GB 50025、《冻土地区建筑地基基础设计规范》JGJ 118、《膨胀土地区建筑技术规范》GB 50112、《建筑地基处理技术规范》JGJ 79、《复合地基技术规范》GB/T 50783等。

8.3.8 当天然地基不能满足承载力或沉降要求以及经济性较差时，可采用地基处理或桩基。地基处理方法有换填垫层、预压地基、压实地基和夯实地基、复合地基、注浆加固、微型桩加固等，应根据地基及工程具体情况及当地成熟的经验采用可靠有效的方案。

【说明】

常用的地基处理方法：

1. 换填垫层法适宜处理各类浅层软弱地基，处理厚度宜为 0.5～3.0m，对于深厚软弱土层应采用其他地基处理方案。

2. 水泥粉煤灰碎石桩（CFG桩）法一般适用于处理黏性土、粉土、砂土和已自重固结的素填土等地基，CFG桩处理范围宜适当宽出基础边缘。CFG桩复合地基设计属地基加固范畴，应由具有相关岩土资质的单位完成。结构设计人员应提出 CFG桩设计所需的地基承载力要求和地基变形控制要求，作为复合地基设计的依据（北京地区可按《北京市规划委员会关于加强建设工程中的地基处理工程设计质量管理的通知》市规法【2016】1号文件执行）。

3. 对于荷载分布不均匀、地基承载力要求和地基沉降控制要求差别较大的工程（如框架-核心筒结构等），当采用CFG桩复合地基时，结构设计人员宜根据工程的具体情况分区域提出不同的地基承载力要求和地基变形控制要求，以减小差异沉降。

8.3.9 当建筑物采用地源热泵系统时，地源热泵钻孔宜避开主体结构的基础范围。

【说明】

1. 若必须在主体结构的基础范围内布置地源热泵钻孔时，主体结构的基础应加强整体性，地源热泵钻孔及其水平连通沟应避开基础受力较大部位（如墙、柱基础的主要受力区域）。钻孔施工时应采取有效措施（如基础底面标高以上预留不小于1.0m的原状土），避免对基底持力层的扰动。

2. 主体结构地基设计时宜考虑地源热泵钻孔对地基承载力的影响，可根据持力层土质情况对地基承载力乘以适当的折减系数。

8.4　基　础　设　计

8.4.1 基础类型的选择，应根据工程地质、水文地质条件、建筑高度及体型、结构类型、荷载大小、有无地下室、使用功能、相邻建筑物的基础情况、施工条件、经济合理性、和抗震设防烈度等因素综合考虑，经多方案比较后确定。

【说明】

一般情况下，基础类型可按以下原则考虑：

1. 砌体结构：优先选择刚性条形基础；当基础宽度大于2.5m时，宜采用钢筋混凝土扩展基础；

2. 框架结构：1）地基较好时，可采用柱下独立基础；2）地基较差时，宜选用柱下条形基础或筏板基础。如有地下室时，应设置防水板，防水板厚度不小于250mm；

3. 剪力墙结构：可选用条形基础加防水板，或筏板基础；

4. 框架-剪力墙结构：可选用柱下独立基础、墙下条形基础加防水板；或筏板基础、桩基础；

5. 框架-核心筒结构：可选用变厚度筏板基础或桩基础。

8.4.2 建筑物的基础埋置深度，在满足地基稳定、承载力和变形要求、场地冻结深度的前提下，应尽量浅埋，一般不应小于0.5m。对于无地下室的建筑，应注意与设备管线进出位置、标高配合，可将局部基础加大埋深，避让设备管线。高层建筑基础的埋置深度宜为：

1. 天然地基或复合地基，可取$H/(15\sim18)$，H为建筑物室外地面至主要屋面高度；

2. 桩基（由室外地面至承台底），可取 $H/（18\sim20）$；

3. 岩石类地基，可不考虑埋深要求，但应进行水平力作用下（风荷载作用和考虑中、大震影响的地震作用）的倾覆验算，并采取相应的结构构造措施。

【说明】

1. 地基基础设计中的埋深有两种，一是进行地基承载力修正用的计算埋深（见第8.3.2条），二是为确保建筑物稳定（抗滑移和抗倾覆）用的基础埋深，本条属于后者。

2. 当基础埋置深度不满足本条规定时，应进行建筑稳定性验算。

3. 当建筑物埋深不满足本条规定时，建筑物稳定性验算时宜按中震验算。

8.4.3 新建建筑物基础埋深宜与相邻的已有建筑物基础在同一标高。当两者基础不在同一标高时，宜控制其基础之间的净距不少于基础之间高差的 $1.5\sim2$ 倍；若不能满足时，必须采取可靠措施，保证新建建筑物基础和已有建筑物基础的安全。

8.4.4 确定基础底面积（即地基承载力验算），采用相应于作用的标准组合时的基础底面处的压力值；基础受冲切、受剪切、抗弯及局部受压承载力验算，采用相应于作用的基本组合时的基础底面处的压力设计值；基础变形验算，采用相应于作用的准永久组合时的基础底面处的附加压力设计值。

【说明】

基础设计时，对于不同验算应注意采用相应的作用组合值。

8.4.5 对于刚性基础，当基础底面的平均压力超过 300kPa 时，应进行受剪承载力验算，当素混凝土基础截面高度过大时，应采用钢筋混凝土基础。

【说明】

1. 无筋扩展基础可按公式（8.4.5-1）进行抗剪验算。

2. 当按公式（8.4.5-1）计算的基础截面高度过大时，可按公式（8.4.5-2）及公式（8.4.5-3）分别进行复核验算，并取两者计算的基础截面高度较大值设计。

$$V_s \leqslant 0.366 f_t A \qquad (8.4.5-1)$$

式中：V_s——相应于作用的基本组合时，地基土平均净反力产生的沿墙（柱）边缘处的剪力设计值，见图8.4.5-1 (a)；

$\quad\quad A$——沿墙（柱）边缘或变阶处混凝土基础的竖向截面面积。当验算截面为阶形时，其截面的折算宽度按《建筑地基基础设计规范》GB 50007 附录U计算。

$$V_s \leqslant 0.512 f_t A \qquad (8.4.5-2)$$

式中：0.512——为考虑基础厚度的影响，在公式（8.4.5-1）的右端项中引入剪切系数 $\beta=1.4$ 后的数值 $1.4\times0.366=0.512$。其他参数取值同公式（8.4.5-1）。

$$V_s \leqslant 0.366 f_t A \tag{8.4.5-3}$$

式中：V_s——相应于作用的基本组合时，地基土平均净反力产生的距离墙（柱）边缘0.5倍基础高度处的剪力设计值，见图8.4.5-1（b）。其他参数取值同公式（8.4.5-1）。

3. 实际工程中，当地基承载力特征值很高（如远高于300kPa）时，应采用钢筋混凝土基础。

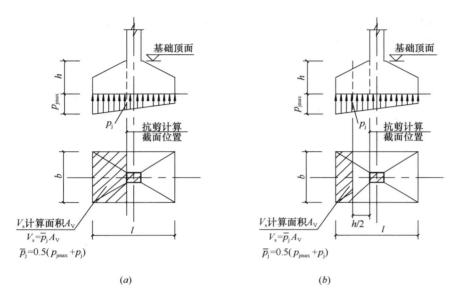

图8.4.5-1 无筋扩展基础剪力设计值的计算

8.4.6 独立基础设计应符合下列要求：

1 底面受拉钢筋的最小配筋率应不小于0.15%，钢筋间距一般取150~200mm，直径不宜小于10mm。分布钢筋直径8mm，间距不大于300mm。

2 对于多柱联合基础，宜设置柱间基础梁或采用由多柱围成的"等代柱"方案，基础梁或"等代柱"按计算配筋。

3 对于上部为大跨度结构的独立柱基础，当无法设置基础拉梁时，应采取措施或采用适宜的基础形状，以满足基础顶面的嵌固要求。

4 对于上部为多层框架结构，基础采用独立柱基础，当风荷载较大时，应对风荷载控制的柱底荷载组合进行验算。

5 对于无地下室、一层不设置结构楼板、采用非整体式基础的结构，当一层地面有较大堆积荷载时，基础设计应考虑一层地面堆积荷载对基础的影响，采取相应措施，保证基础正常使用时的安全。

6 独立基础之间应按《建筑抗震设计规范》GB 50011的要求，宜沿两个主轴方向设置基础拉梁。

【说明】

1. 对柱下独立基础，当按公式（8.4.6-1）确定的基础截面高度明显不合理（基础高度过大）时，可按公式（8.4.6-2）及公式（8.4.6-3）分别进行复核验算，并取两者计算的基础截面高度较大值设计。

$$V_s \leqslant 0.7\beta_{hs}f_tA_0 \tag{8.4.6-1}$$

式中：V_s——相应于作用的基本组合时，柱边（或基础变阶）处的独立基础的剪力设计值，见图 8.4.6-1。其他参数同《建筑地基基础设计规范》GB 50007。

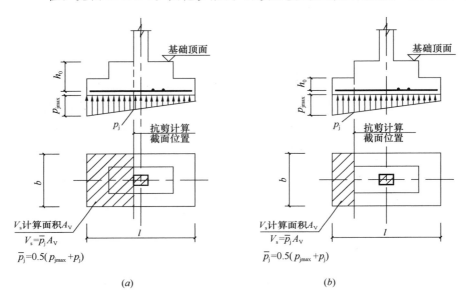

图 8.4.6-1　柱下独立基础剪力设计值的计算

$$V_s \leqslant 0.98\beta_{hs}f_tA_0 \tag{8.4.6-2}$$

式中：0.98——为考虑基础厚度的影响，引入剪切系数 $\beta = 1.4$ 后的数值，$1.4 \times 0.7 = 0.98$。V_s 取值范围见图 8.4.6-1，其他参数同公式（8.4.6-1）。

$$V_s \leqslant 0.7\beta_{hs}f_tA_0 \tag{8.4.6-3}$$

式中：V_s——相应于作用的基本组合时，距柱边 $0.5h_0$ 处的独立基础的剪力设计值，见图 8.4.6-2。其他参数同公式（8.4.6-1）。

2. 独立基础的最小配筋率计算时，可取基础的实际截面面积（如锥形截面或阶梯形截面等）。

3. 当独立基础受力钢筋的实际配筋量比计算所需多 1/3，且双向配筋均直径不小于 10mm 间距不大于 200mm 时，也可不考虑最小配筋率要求。

4. 对多柱联合基础，当采用独立柱基的简化计算方法（即多柱之间简化为等代柱，按独立柱基设计计算）时，多柱之间应设置"等代柱"（双柱之间应设置基础梁或暗梁），由基础梁（或"等代柱"）承担基础底板反力，见图 8.4.6-3。

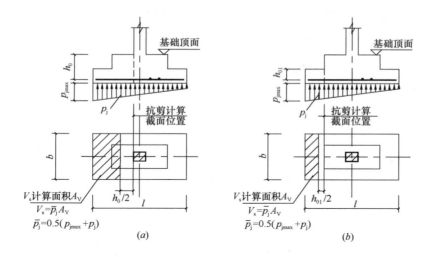

图 8.4.6-2

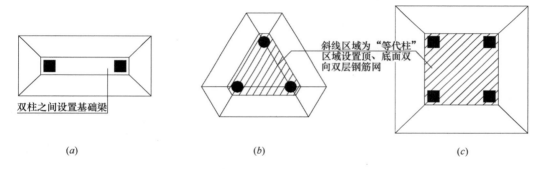

图 8.4.6-3　多柱联合基础"等代柱"的设计构造

5. 当双柱联合基础采用筏板基础按弹性地基梁板法分析计算并配筋时，也可不设置基础梁（宜设置暗梁或顶、底面集中配筋）。当多柱联合基础采用筏板基础按弹性地基板分析计算并配筋时，仍宜满足"等代板"的构造要求。

6. 由于大跨度结构柱脚弯矩及水平力均较大，应加强验算并采取相应的措施（地面以下至基础顶面宜设置大柱墩，柱墩截面宽度不宜小于地上首层柱截面宽度的 2 倍，不应小于 1.5 倍），确保基础顶面嵌固的有效性（基础宽度不宜小于地上首层柱截面宽度的 4 倍）。

7. 当一层地面有较大堆积荷载引起基础差异沉降过大时，应采取有效措施控制差异沉降量。

8. 无地下室时的柱下独立基础之间的拉梁，应根据工程的具体情况考虑以下荷载及设计内力，拉梁配筋时，应将下列各项按规范要求进行合理组合。

1）拉梁承担的柱底弯矩：拉梁分担的柱底最大弯矩设计值可近似按拉梁线刚度分配；

2）拉梁承担的轴向拉力：取两端柱轴向压力较大者的 1/10；

3）拉梁的梁上荷载：当需拉梁承担其上部的荷载（如隔墙等）时，应考虑相应荷载所产生的内力（确有依据时，可适量考虑拉梁下地基土的承载能力）。

8.4.7　对于柱下独立基础加防水板设计，当地下水位产生的浮力小于防水板自重与防水板上的建筑面层重量时，防水板可按构造配筋（最小配筋率 0.15%），独立基础不考虑防水板的影响。当地下水位产生的浮力大于防水板自重与防水板上的建筑面层重量时，防水板可按四角支承在独立基础的双向板计算，或按无梁楼板计算（独立基础可按柱帽考虑），防水板最小配筋率为 0.20%，独立基础应考虑防水板的影响。

【说明】

1. 在可不考虑地下水对建筑物影响时，对防潮要求比较高的建筑，可采用独立基础加防潮板。防潮板宜优先设置在独立基础高度范围内，有利于建筑设置外防潮层，可按防水板做法；若防潮板设置在地下室建筑地面标高处时（防潮板与独立基础不直接接触），应注意框架柱和混凝土墙在防潮板标高处，留设与防潮板相连接的"胡子筋"。

2. 防水板设计应采用抗浮设计水位，而不是防水设计水位。抗浮设计的常用方法有：

1）配重平衡法，即采用在防水板或基础底板上回填素土、级配砂石或混凝土（或钢渣混凝土）等的做法，来平衡地下水浮力；

2）抗力平衡法，即设置抗拔锚杆或抗拔桩，来平衡地下水浮力对结构的影响；

3）浮力消除法，即采用疏导、排水措施，使地下水保持在预定的标高之下，以减小或消除地下水对建筑物的浮力，达到抗浮的目的；

4）综合设计方法，即根据工程需要采用上述两种或多种抗浮设计方法，采取综合处理措施，实现建筑（构筑）物的抗浮。

3. 当采用在地下室四周及底板下设置截水盲沟消除浮力时，盲沟设计应由具有相应资质且当地经验丰富的岩土工程师完成。

4. 独立柱基加防水板基础中，当防水板厚度不小于 250mm 时，可不设置基础拉梁。

8.4.8　条形基础设计应符合下列要求：

1　砌体墙下条形基础可采用混凝土刚性基础或钢筋混凝土条形基础，一般用于单层或多层砌体结构建筑。钢筋混凝土墙下条形基础，多用于多层或小高层钢筋混凝土剪力墙结构的建筑以及纯地下室建筑外墙。

2　钢筋混凝土墙、柱一体时，条形基础设计可考虑墙对柱轴力的扩散作用（从墙顶往下按每侧 45°扩散）；当扩散宽度大于柱距时，可取每跨墙长度范围内墙、柱轴力的平均值设计。

3　柱下条形基础宜采用双向条形基础，且宜按弹性地基梁法计算。当条形基础梁宽度小于柱截面边长时，应在基础梁与柱相交处设置八字角（水平加腋）。

4　条形基梁和基础拉梁的两侧应沿高度配置纵向构造钢筋，存在扭矩时应布置抗扭纵筋，可按《混凝土结构设计规范》GB 50010 的相关规定执行。

【说明】

1. 墙下双向条形基础可分为两个方向的单向条形基础分别计算，应特别注意条形基础相交部位基础底面面积的重叠问题，确保基础安全。

2. 地下室外墙下条形基础设计，应注意墙底弯矩及水平推力对基础的影响；当条形基础为地下室外墙的固端支座，基础厚度与外墙厚度接近时，应注意嵌固的有效性，并复核底板的抗弯、抗剪承载力。

3. 基础梁与柱相交处设置八字角的构造要求见《建筑地基基础设计规范》GB 50007。

8.4.9 钢筋混凝土筏板基础的布置应符合下列要求：

1 钢筋混凝土墙下筏板基础，在门、窗洞口下宜设置基础梁，计算时应注意按实际布置情况输入，进行相应的受力分析以及底板配筋设计。

2 当地基土比较均匀、地基承载力满足规范要求，并且基底平面形心与结构竖向永久荷载的偏心距符合《建筑地基基础设计规范》GB 50007 的相关要求，以及在地震作用下基础底面零压力区符合《建筑抗震设计规范》GB 50011 的相关要求时，筏板基础边缘可与地下室外墙边平齐。

3 高层剪力墙结构的筏形基础，对于仅在地下室最底层布置的不连续钢筋混凝土墙，宜按线荷载加在筏形基础上；对于两端均与其他墙体相连、作为筏形基础的支座考虑时，此段墙体应按深受弯构件进行相关设计。

【说明】

1. 当钢筋混凝土墙的洞口宽度不大于 2 倍的基础底板厚度时，也可不布置基础梁，宜设置基础暗梁。

2. 当地基承载力不满足规范要求或地基沉降量过大需要设置外扩基础，加大基础底面积时，基础筏板合理的外扩长度，一般不宜超过基础底板厚度的 2~3 倍。

8.4.10 筏板变厚度应符合下列要求：

1 框架-核心筒结构采用筏板基础时，应根据核心筒和框架柱的荷载情况采用变厚度的筏板基础，在核心筒范围采用厚筏形基础，在框架柱范围采用"柱墩"或变厚度筏形基础。

2 当框架柱下局部加厚筏板主要用于满足柱与筏板交接处的冲切承载力要求时，一般加厚板的范围较小，可按"柱墩"设计，不考虑加厚板对筏板的其他影响。

3 当框架柱下局部加厚筏板既用于解决筏板冲切又考虑对筏板刚度和承载力的影响时，一般加厚板的范围较大（加厚板的宽度 b 不宜小于柱跨的 1/4）。

【说明】

1. 当"柱墩"宽度较小时，应特别注意加强对"柱墩"边缘冲切承载力的验算。实际工程中加厚板的宽度 b 不宜小于其厚度＋500（即 $b \geqslant h_2+500$，见图 8.4.10-1）。

2. 框架柱下变厚度的筏形基础宜优先采用底平形做法，以减少钢筋搭接，提高钢筋使用效率并有利于保证防水质量。若采用顶平形做法时，应采用元宝形变厚度的筏形基础

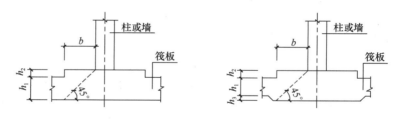

图 8.4.10-1　柱墩的设置要求

（底面尺寸宜大于冲切锥底的平面尺寸）。

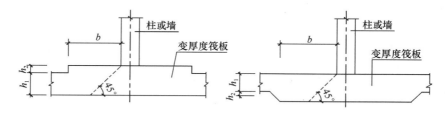

图 8.4.10-2　变厚度筏板的设置要求

8.4.11　当高层建筑主楼与相连的裙房采用整体大底盘筏形基础时，应根据主楼与裙房的上部结构和荷载情况，采用变厚度的筏形基础，主楼不宜布置在大底盘的周边或角部。

【说明】

1. 高层主楼位于大底盘地下室平面的中部时，有利于减少主楼和裙房的沉降及差异沉降，有利于控制主楼的倾斜。

2. 当主楼位于整体大底盘筏形基础的边缘时，应采取以下综合措施：

1）主楼基础范围应优先采取减小地基沉降的措施，如采用桩基础或地基处理方法、采用整体式基础等；

2）考虑主楼偏心的影响，主楼筏板在地下室外墙一侧宜适当外挑（图8.4.11-1）；

3）主楼与裙房之间宜设置沉降后浇带；

4）应进行沉降分析，严格控制差异沉降和主楼的倾斜。

8.4.12　带裙房的高层建筑下整体式筏板基础，其主楼下筏板的整体挠度值不宜大于0.05％，主楼与相邻的裙房柱的差异沉降不应大于其跨度的0.1％。

【说明】

1. 带裙房的高层建筑下整体式筏板基础，指主楼与裙房基础为一个整体，基础以上（一般是地下室顶面以上）可以主楼与裙楼分开，也可以不分开。

2. 主楼下筏板的整体变形值（注意不是地基沉降值）不宜大于 $0.05\%L$（见图8.4.12-1），可取通过筏板平面中点和两侧外框架柱的剖面计算，筏板的整体变形值取筏板平面中心点（如核心筒中心点）的变形值和两侧框架柱下筏板变形值的差值。

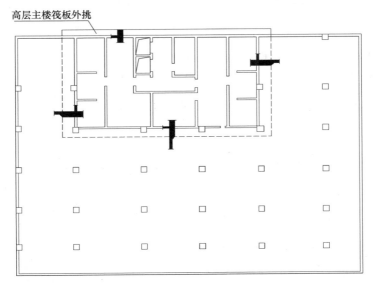

图 8.4.11-1　主楼偏置时筏板做法

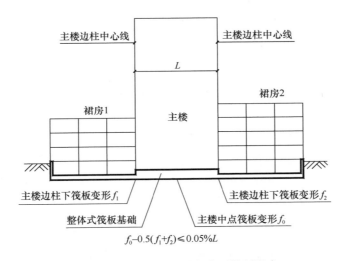

$$f_0-0.5(f_1+f_2)\leqslant 0.05\%L$$

图 8.4.12-1　主楼下筏板变形控制要求

3. 主楼（指主楼周边柱或周边墙）与相邻的裙房柱的差异沉降（注意不是筏板的变形值）不应大于裙房边跨（与主楼相邻）跨度的 0.1%（见图 8.4.12-2），裙房与主楼相邻的边跨跨度不宜过小（一般不宜小于 8m）。

4. 当高层建筑主楼与相连的裙房之间不设置沉降缝时，应采取减小主楼和裙房差异沉降的措施。

1）减小主楼沉降的技术措施有：

（1）采用压缩模量较高的中密以上砂类土或砂卵石作为地基持力层，其厚度一般不小于 4m，并均匀且无软弱下卧层；

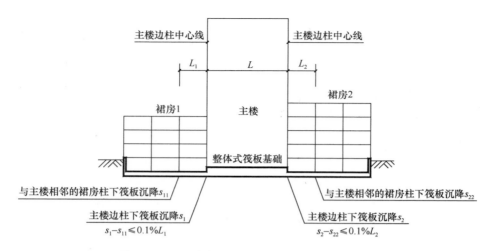

图 8.4.12-2　主裙楼下筏板的差异沉降控制要求

（2）主楼采用整体式基础，并通过采取"挑边"等技术措施，适当扩大基础底面积，减小基底附加应力；

（3）当采用天然地基效果不明显或经济性较差时，主楼可采用地基加固方法，以适当提高地基承载力并减小沉降量；

（4）当采用地基加固方法效果仍不理想时，主楼可采用桩基础（如钻孔灌注桩，并采用后压浆技术，当仅为减少主楼沉降时，也可采用减沉复合疏桩基础等），以提高地基承载力和减小沉降量。

2）适当加大裙楼沉降的技术措施有：

（1）裙楼基础采用整体性较差、沉降量较大的独立基础或条形基础，不宜采用满堂基础；

（2）当地下水位较高时，可采用独立基础加防水板或条形基础加防水板，防水板下（局部）应设置软垫层；

（3）应严格控制独立基础或条形基础的底面积不致过大；

（4）裙楼部分的埋置深度可以小于主楼，以使裙楼地基持力层土的压缩性高于主楼地基持力层的压缩性；

（5）裙楼可以采用与主楼不同的基础形式，如主楼采用地基处理或桩基础，而裙楼采用天然地基（注意：可不执行《建筑抗震设计规范》GB 50011 第 3.3.4 条的规定，以满足差异沉降控制要求为第一需要）。

3）用于减小主楼和裙房差异沉降的后浇带，宜设置在主楼与裙房交接跨的裙房柱一侧（见图 8.4.12-3），沉降实测值和计算确定的后期沉降差满足设计要求后，方可进行后浇带混凝土浇筑。

8.4.13　基础构件应根据其与上部结构嵌固部位的关系，确定是否需要采取抗震构造措施：

1　当基础顶面作为上部结构的嵌固部位时（如无地下室的基础，包括上部结构在大柱墩顶嵌固的基础等），基础构件应按《建筑地基基础设计规范》GB 50007 的相关要求进行设计，并满足抗震构造要求。

2　当基础顶面不作为上部结构的嵌固部位时（如有地下室的基础，上部结构的嵌固端位于基础顶面以上的地下室楼层等），基础构件可不考虑延性设计要求，即：

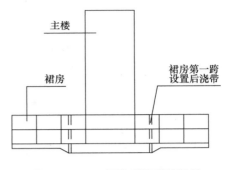

图 8.4.12-3　沉降后浇带的设置

1）基础梁端箍筋不需要加密，只需按承载力要求配置；

2）基础构件钢筋的锚固长度、搭接长度均可按非抗震要求确定；

3　竖向构件的纵向受力钢筋在基础的锚固均应满足抗震设计要求。

8.4.14　厚板基础施工中的"马凳"等钢筋架立措施，均属于施工组织措施，在结构施工图上不做具体规定。

8.4.15　当地下室平面尺寸超出规范要求较多时，应根据上部结构情况，采取相应的措施（如设置沉降缝、伸缩缝、沉降后浇带、伸缩后浇带、膨胀加强带、诱导缝等），控制地基沉降和大体积混凝土伸缩引起的结构裂缝。

【说明】

北京地区在符合《超大体积混凝土结构跳仓法技术规程》DB11/T 1200—2015 相关规定的前提下，采用合适的跳仓法方案代替伸缩后浇带时，应组织相关专家进行专项论证。

8.5　桩　基　设　计

8.5.1　桩基设计一般包括桩和承台设计。初步设计阶段，桩的承载力可依据勘察报告和规范公式进行估算；施工图阶段，桩的承载力应通过试验确定。

【说明】

1. 单桩竖向承载力特征值应通过单桩竖向静载荷试验确定，灌注桩后注浆对桩承载力的提高，应以静载试桩数据为准。

2. 单桩水平承载力特征值应通过现场水平载荷试验确定。

3. 单桩抗拔承载力特征值应通过单桩竖向抗拔载荷试验确定。

4. 桩基设计等级分为甲级、乙级和丙级，甲级和乙级桩基承载力特征值应通过试桩确定，丙级桩基承载力特征值可通过试桩或按详勘报告估算确定，再通过工程桩检验。

5. 试验桩一般要求在施工图设计完成前进行，由设计单位依据勘察报告提出试验桩要求，应加载至桩侧与桩端的岩土阻力达到极限状态，以确定试验桩承载力特征值，取得安全、经济、合理的桩基承载力特征值：

1）试验桩的加载量不应小于单桩承载力特征值的 2.0 倍；

2）当桩的承载力由桩身强度（抗拔桩钢筋强度）控制时，可按设计要求加载量进行加载；

3）对单桩水平承载力试验宜加载至桩顶出现较大水平位移或桩身结构破坏；

4）试验桩桩顶高于设计标高时，试验桩报告应扣除高出部分的土层对试验桩承载力的影响。

6. 工程桩施工完成后，应根据《建筑基桩检测技术规范》JGJ 106 的要求进行桩身完整性检测和桩基承载力的验收检测。

1）单桩竖向抗压工程桩验收检测时，加载量不应小于设计要求的单桩竖向抗压承载力特征值的 2.0 倍；

2）单桩竖向抗拔工程桩验收检测时，施加的上拔荷载不得小于单桩竖向抗拔承载力特征值的 2.0 倍；

3）当抗拔承载力受抗裂条件控制时，应按设计要求确定最大加载值（宜取单桩抗拔承载力特征值的 1.35 倍），钢筋的抗拉承载力设计值不应小于最大加载量；

4）单桩水平承载力验收检测时，可按设计要求的水平位移允许值控制加载。

8.5.2   桩型的选择应根据建筑物结构类型、荷载性质、工程地质情况、成桩工艺要求、施工条件及周边环境等因素，按安全适用、经济合理的原则选用，可参考《建筑桩基技术规范》JGJ 94 附录 A。

8.5.3   桩基设计时，应按《建筑桩基技术规范》JGJ 94 相关要求确定工程相应的设计等级，根据桩基设计等级分别进行承载力计算、稳定性验算以及变形计算。

1   桩基承载力计算包括单桩竖向承载力、单桩水平承载力计算，桩身和承台结构承载力设计，对于抗拔桩应进行单桩抗拔承载力计算；

2   桩基稳定性验算包括软弱下卧层验算；对位于坡地、岸边的桩基，应进行整体稳定性验算；对抗震设防区的桩基，应进行抗震承载力验算；

3   桩基变形计算包括《建筑桩基技术规范》JGJ 94 相关规定的沉降计算；受水平荷载较大、或对水平位移有严格限制的桩基，应进行水平位移计算；桩和承台正截面的抗裂和裂缝验算。

4   桩基计算和验算应按《建筑桩基技术规范》JGJ 94 的相关规定，采用相应作用的标准组合、准永久组合或基本组合；同时应注意根据桩基的安全等级，采取相应的结构重要性系数。

【说明】

1. 确定桩数和布桩时，应采用传至承台底面作用的标准组合；

2. 计算桩、承台承载力、确定尺寸和配筋时，应采用传至承台顶面作用的基本组合；

3. 计算桩的沉降和水平位移时，应采用作用的准永久组合（不考虑风荷载）；

4. 计算风荷载作用下桩的水平位移时，应采用风作用的标准组合；

5. 计算水平地震作用下桩的水平位移时，应采用地震作用的标准组合；

6. 进行承台和桩身裂缝控制预算时，应采用作用的准永久组合；

7. 验算坡地、岸边建筑桩基的整体稳定性时，应采用作用的标准组合；抗震设防区，应采用地震作用和其他作用的标准组合。

8.5.4 桩布置应按《建筑桩基技术规范》JGJ 94 的要求，注意以下问题：

1 桩宜布置在柱、墙、核心筒承台冲切锥体以内，在纵横墙交点处宜布桩，门窗洞口下不宜布桩。

2 对于框架-核心筒等荷载分布差异较大的桩筏基础，在荷载分布比较大的区域（核心筒区域），可采取局部加密布桩、采用较大直径的桩、适当加大桩长、后压浆等提高基桩承载力的措施，以实现变刚度调平设计，减小差异沉降。

3 对于主楼、裙房相连的建筑，基础应按控制地基变形及差异沉降的原则设计，可采取增强主楼（如采用桩基等）、弱化裙房（如采用天然地基、疏短桩、复合地基等）的措施。

4 桩端进入持力层的深度以桩端全截面进入持力层时算起，不包括桩尖部分的长度。

5 当桩端持力层为熔岩时，应根据勘察报告要求，对桩端以下一定深度的岩层状况进行施工勘察，当桩下出现溶洞等不利情况时，应根据规范要求采用有效措施，确保桩端持力层的可靠性。

8.5.5 预制桩选型和施工时，应根据土层条件、施工工艺等因素，选取合适的桩尖类型，应建议预先试沉桩（包括静压桩、锤击桩等），以确认施工可行性。对于需穿透砂石等坚硬夹层、打桩有困难时，可采取引孔等措施，以保证桩端进入设计土层。

1 预应力混凝土管桩包括预应力高强混凝土管桩（PHC）和预应力混凝土管桩（PC）。预应力管桩的接头不宜超过 3 个，不应超过 4 个，接头可优先采用机械快速连接；在保证连接质量时，亦可采用端板焊接。

2 预制方桩的接头不宜超过 2 个，接头可优先采用焊接接头、法兰接头；对于软土层地基时，亦可采用硫磺胶泥锚接，但不宜用于一级建筑桩基或承受拔力的桩。

3 预制桩施工应按合理的顺序进行（一般由内向外），严禁边打桩边开挖基坑，挖土宜分层均匀进行，且桩周土体高差不宜大于 1m。如需截桩，应采取有效措施保证截桩后的预制桩质量。

4 抗震设防烈度为 8 度及以上的地区，采用预制空心桩时，应进行抗剪验算；不满足要求时，应采取可靠的抗剪灌心措施。

【说明】

实际工程中应优先考虑采用钢筋混凝土灌注桩作为抗拔桩使用，当采用预应力混凝土管桩作为抗拔桩使用时应采取可靠的结构措施（图8.5.5-1）：

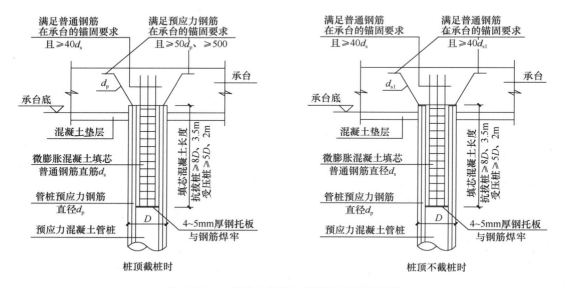

图 8.5.5-1 预应力混凝土管桩与承台的连接

1. 加强桩与承台的连接，采取综合措施确保桩头钢筋与承台锚固有效。

2. 应采取钢筋混凝土填芯措施，加强管桩与承台的连接，同时还能起到强化管桩桩顶，提高管桩抗剪承载力的作用。

1）填芯长度不应小于8D且不得小于3.5m（其中D为管桩外径。当桩不承受拉力时，其填芯长度可取5D及2m的较大值）。

2）填芯部分的纵向普通钢筋按承担桩全部拉力计算（对填芯钢筋混凝土可不考虑裂缝宽度的限值要求），填芯混凝土的纵向钢筋在承台的锚固长度应满足受拉锚固要求，且不宜小于纵向钢筋直径的40倍。

3）填芯混凝土应采用不低于C40的微膨胀混凝土，浇灌前应对管桩内壁进行界面处理，其他做法可参考国家标准图。

3. 一般情况下，不宜采用多节管桩作为抗拔桩使用，必须采用时，只可考虑最上节管桩的抗拔承载力（即不考虑接头以下管桩的抗拔作用，但桩与承台连接的承载力设计时还应考虑多节桩抗拔承载力的影响）。

4. 采取措施确保多节桩接头的有效性。应按抗拉等强接头设计，并采取有效的防腐蚀措施。当设计中无法确保接头防腐措施的长期（工程设计使用年限内）有效时，对接头的焊缝应留出适当的腐蚀余量（可参考钢桩的做法，按等比关系对焊缝强度留有足够的余量）。

8.5.6 桩基承台设计应满足受冲切、受剪切、受弯承载力和上部结构的要求，还应满足《建筑地基基础设计规范》GB 50007 的相关构造要求。当承台的混凝土强度等级低于柱或桩的混凝土强度等级时，应验算柱下或桩上承台的局部受压承载力。

8.5.7 桩顶嵌入承台内的长度，当桩径≤800mm 时不应小于 50mm，当桩径＞800mm 时不应小于 100mm。承台的有效厚度应考虑桩顶嵌入承台内的长度。桩主筋伸入承台内的锚固长度不应小于钢筋直径的 35 倍（HRB400）。对于大直径灌注桩采用一柱一桩时，可设置承台或将桩和柱直接连接，柱主筋插入桩身的长度应满足锚固长度的要求。

8.5.8 承台之间连接应符合以下要求：

1 单桩承台应沿两个相互垂直的方向设置拉梁。

2 两桩承台应沿其短向设置拉梁。

3 有抗震要求的柱下独立承台，宜沿两个主轴方向设置拉梁。

4 拉梁顶面宜比承台顶面低 50～100mm。拉梁宽度不应小于 250mm，高度可取承台中心距的 1/10～1/15，且不小于 400mm。

5 拉梁的配筋应按计算确定（参见第 8.4.6 条）。拉梁内上、下纵筋直径不应小于 12mm，且不应少于 2 根，应按受拉要求锚入承台。

8.5.9 承台、地下室外墙与基坑侧壁之间肥槽较窄时，可采用素混凝土或搅拌流动性水泥土回填；肥槽较宽时，可采用 2∶8 灰土、级配砂石、压实性较好的素土、分层夯实回填，其压实系数不小于 0.94。

8.6 挡 土 墙

8.6.1 地下室外墙

1 地下室外墙荷载包括土压力、水压力、地面活荷载产生的侧压力等（见第 2 章）。

2 地下室外墙按承载能力极限状态计算时，一般可不考虑上部竖向荷载作用，按纯受弯构件计算；按正常使用极限状态验算挠度、裂缝时，则宜考虑上部竖向荷载的有利作用，按压弯构件计算。裂缝宽度的限值可根据地下室外墙两侧不同环境类别确定。

【说明】

1. 墙体弯矩计算时，根据墙长 L（单跨）及层高 h 之间的关系，可分为"双向板"和"单向板"两种计算方式，如图 8.6.1-1 所示（以单层地下室情况为例）。

1）当 $0.5 \leqslant L/h \leqslant 2$ 时，按双向板计算。底部按刚接，两侧按刚接，顶部按铰接。

2）按双向板计算时，设计人员必须自行核对墙体左右两侧的平面外支撑条件是否满足要求。一般情况下，框架结构或框架-剪力墙结构与地下室外墙重合的框架柱不作为外

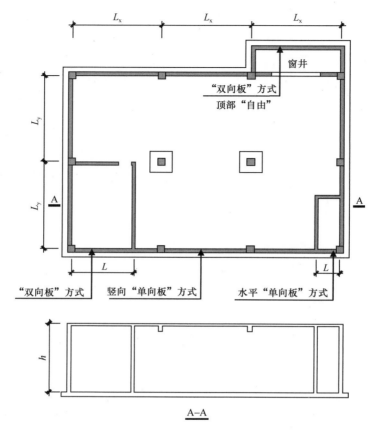

图 8.6.1-1　地下室外墙示例

墙的有效侧向支撑。

2. 对于高层建筑，当地上框架柱延伸至地下室位于外墙内时，虽然框架柱不作为外墙的有效侧向支撑，但应注意该框架柱对外墙外侧水平筋的支座作用，必要时应设置外侧附加水平筋，防止地下室外墙在柱边位置开裂。

1）当 $L/h > 3$ 时，按竖向单向板计算。底部按刚接，顶部按铰接。

2）当 $2 < L/h \leqslant 3$ 时，一般可按竖向单向板计算；当相邻跨为按双向板计算时，本跨可结合相邻跨配筋情况按双向板计算。

3）当 $L/h < 0.5$ 时，按水平单向板计算。

3. 由于墙底一般按刚接考虑，因此对双向板，墙体底部配筋计算时可按三边支撑（底部固端、两边简支）模型，如图 8.6.1-2 计算墙底弯矩，进行墙底配筋；

4. 当墙体高度较高（如层高较高或跃层的楼梯间、窗井墙）时，按水平单向板计算，应分段进行配筋，如图 8.6.1-3 所示，每段配筋可按本段最低点处的荷载值为控制荷载，按两端刚接的单跨梁计算配筋。

5. 地下室顶板及多层地下室楼面板可近似简化为铰接，基础底板一般可简化为刚接，即顶部"简支"，底部"固定"，参见图8.6.1-4。当地下室顶板局部开大洞或者无楼板（如窗井）时，外墙应按顶部"自由"进行计算。当地下室外墙底部按刚接计算时，基础底板的厚度和配筋做法应与此计算模型匹配。当基础底板不满足对外墙底部固定的要求时，应根据外墙与底板的相对刚度的实际情况进行处理（如按铰接补充验算等）。

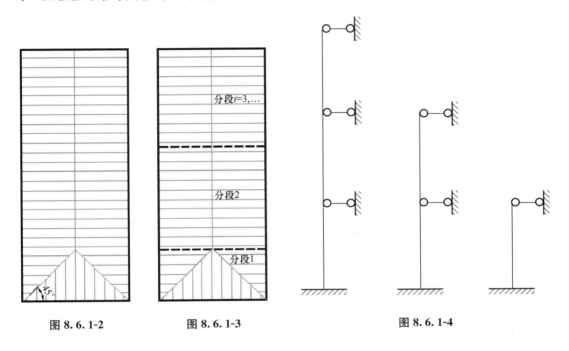

图8.6.1-2   图8.6.1-3   图8.6.1-4

6. 对于按双向板计算的外墙，侧边有两种支座形式，分别为铰接和刚接。

1）当侧边按铰接设计时，外墙外侧水平钢筋可按最小配筋率控制，内侧水平钢筋按计算结果配置拉通钢筋；

2）当侧边按刚接设计时，可采用外墙外侧在支座处配置附加水平钢筋，内侧水平钢筋按计算结果配拉通钢筋。

7. 一般情况下，地下室外墙竖向计算跨度取结构层高，即底部为基础底板板顶，各层为结构楼板板顶；当基础底板上建筑做法较厚（如有抗浮配重层）时，应根据具体情况分析设计，在保证室内外同时回填，且满足相应做法要求的情况下可适当减小。

8.6.2 室外场地挡土墙

1 建筑物地下室范围内的挡土墙（下沉庭院、下沉广场等），挡土墙形式应根据挡土高度及与主体结构的关系进行方案比较，一般情况，挡土高度较小（小于5m）时，可采用钢筋混凝土悬臂式变截面挡土墙；挡土高度较大（大于5m）时，宜采用钢筋混凝土扶壁式挡土墙。

2 建筑物地下室范围以外的一般挡土墙，可按国标图集《挡土墙》04J008、或参考北京市政标准图集《现浇钢筋混凝土悬臂式挡土墙》14BSZ2，相对应的情况选用（注意挡土墙后填土的要求）。室外挡土墙应间隔12m左右设置一道伸缩缝，挡土墙应沿全高均匀设置泄水孔，并注意根据挡土墙的形式，在墙后采用可减小水土压力的填土材料。

3   建筑物地下室范围以外的高大挡土墙，应建议建设单位委托具有相应岩土资质的单位进行设计和施工。

9 附 录

附录A　开合屋盖结构

A. 0. 1　开合屋盖的开合方式应根据建筑用途、建筑外形、建造成本、运营管理方式等综合确定，活动屋盖的结构形式和驱动系统的选择应与建筑造型及支承结构相协调。

【说明】

活动屋盖的移动方式是开合屋盖设计的重要内容。确定开合方式时，应综合考虑建筑物的平面、立面、空间形体以及建筑使用功能、周边环境（包括地理环境、气象条件）等多种因素的影响。同时，应避免采用过于复杂的开合方式，以降低设计与施工的难度，提高活动屋盖运行的可靠性。

A. 0. 2　开合屋盖的开启率应根据使用功能、工程造价、技术可靠性等因素综合确定。宜采用合理的开启率，并选用自重轻、经济性好的活动屋盖形式，中小型建筑可采用开启率较大或全部开启的方式。

【说明】

1. 开启率指活动屋盖处于全开状态时，开口投影面积与整体屋面投影面积比值的百分率。开启率是衡量开合屋盖建筑效能的重要指标，屋盖开启率 α 按公式（A. 0. 1-1）计算。

$$\alpha = \frac{A}{A_0} \qquad\qquad (A. 0. 1\text{-}1)$$

式中：A_0 ——整体屋面的投影面积；

A ——活动屋盖所覆盖开口的投影面积。

2. 对于不同的建筑使用功能，屋面开启率要求不尽相同。在建筑概念方案设计阶段，应由建筑师、结构工程师和机械专业工程师密切配合，共同确定屋盖可开启的范围与开启形式。开启率与活动屋盖的重量及对驱动系统的要求直接相关，对工程造价影响较大。在满足建筑使用功能的前提下，宜尽量采用较小的开启率。

A. 0. 3　根据活动屋盖的移动方式，开合屋盖主要包括沿平行轨道移动、绕枢轴转动和折叠移动三种基本的开合方式。活动屋盖可由多个单元构成，各单元可采用基本开合方式或基本开合方式的组合。

【说明】

1. 水平移动方式指活动屋盖单元沿着平行的水平直线轨道移动。根据屋盖的水平投影用平行线将建筑平面划分为活动屋盖覆盖部分与固定屋盖覆盖部分，通过活动屋盖平行移动的方式实现屋盖开合，是一种相对简单、技术最为成熟的开合方式。由于其突出的安全性，为世界各国的大型开合屋盖结构广泛采用，如日本阿瑞卡体育场、海洋穹顶、美国

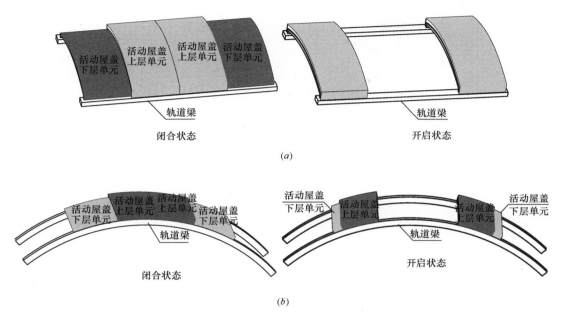

图 A.0.3-1　平行轨道移动开合方式

（a）水平移动；（b）空间移动

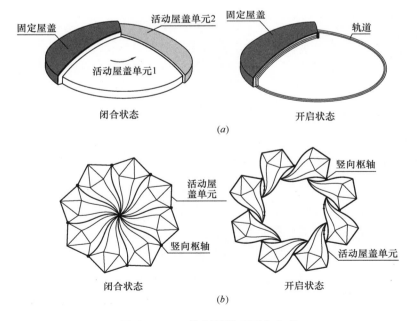

图 A.0.3-2　绕枢轴转动开合方式

（a）活动屋盖单元绕同一竖向枢轴旋转；（b）活动屋盖单元绕各自竖向枢轴旋转

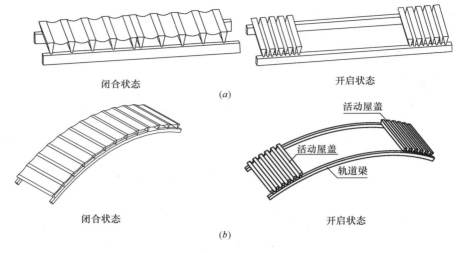

图 A.0.3-3 折叠移动开合方式

(*a*) 水平折叠；(*b*) 空间折叠

休斯敦安然棒球场、澳大利亚国家网球中心以及我国的国家网球中心（钻石球场）等均采用此种开合方式。

2. 空间移动方式指活动屋盖单元沿着有一定坡度的曲线轨道移动。由于活动屋盖的自重会产生一定的移动阻力，因此活动屋盖面积与开启率通常较小，且技术难度较大。但由于容易满足建筑外形美观的要求，随着技术的不断进步，空间移动方式越来越受到青睐。日本大分体育场、小松穹顶、荷兰阿姆斯特丹体育场、英国卡迪夫千年体育场以及我国的南通体育场、鄂尔多斯东胜体育场均采用了空间移动的开合方式。

3. 绕竖向枢轴转动也称水平旋转方式，指活动屋盖在水平的圆弧形轨道上绕竖直方向的枢轴转动。采用这种开合方式的典型工程有日本福冈穹顶、美国匹兹堡市民体育场、威斯康星州米勒棒球场等。当开合屋顶有多个活动屋盖单元时，各单元也可绕各自的枢轴旋转，如上海旗忠网球中心。

4. 折叠移动指通过各种形式的折叠或褶皱将屋面材料折叠或卷绕起来，从而达到屋面开启的目的。根据屋面材料的折叠方式，折叠移动通常分为水平折叠、空间折叠和放射状折叠等形式。为更好地满足折叠的要求，折叠移动中通常采用可折叠性能良好的柔性膜材作为屋面材料，实际工程中也有利用玻璃等刚性材料作为屋面材料的例子。

5. 在水平折叠与空间折叠方式中，主体承重结构通常是单向传力的桁架结构，屋盖的开合通过各榀桁架的相对移动实现，膜材支承于各榀桁架之间，屋盖闭合时膜材处于张紧状态，屋盖开启时膜材处于松弛状态。因此，在这两类折叠方式中，桁架是承重结构，膜材只是屋面覆盖材料，处于闭合状态的活动屋盖可理解为骨架支承膜结构，这两类折叠移动称为刚性折叠方式。桁架沿水平直线轨道移动时称水平折叠，典型的工程实例有英国温布尔顿中心球场改造工程；桁架沿有一定坡度的曲线轨道移动时称空间折叠，典型的工程实例有日本丰田体育场。

A.0.4 当活动屋盖跨度大于 60m 或悬挑长度大于 20m 时，结构的安全等级应为一级。

【说明】

根据《工程结构可靠性设计统一标准》GB 50153 附录 A 的规定，破坏后果很严重的大型公共建筑，其安全等级应为一级。体育场馆的规模分级以及抗震设防类别，可按现行国家标准《体育建筑设计规范》JGJ 31 和《建筑工程抗震设防分类标准》GB 50223 的规定执行。

A.0.5 驱动系统机械部件的设计使用年限不宜小于 25 年，控制系统主要元件的设计使用年限不宜小于 10 年。

【说明】

驱动系统机械部件包括轨道、台车、电动机、减速器、牵引钢索、卷筒、液压元件等。控制系统为操作控制上述元件的电器设备，主要包括线路板、控制器、面板与开关等。控制系统元件应可替换，并保留必要的备件。

A.0.6 台车与活动屋盖之间连接部件的承载力，以及台车与支承结构之间锁定装置的承载力，均应高于与之相邻构件的承载力。

【说明】

台车是活动屋盖与固定屋盖间关键的联系部件，应充分保证其连接部件与锁定装置的安全性，避免出现连接部件与锁定装置先于结构构件破坏，造成活动，屋盖滑落的情况。

A.0.7 台车等驱动系统部件几何尺寸及其与周边部件的间隙应满足台车运行安全的要求。

【说明】

在任何荷载作用下，活动屋盖与支承结构、活动屋盖各部分之间严禁发生碰撞，且在任何运行状态下不应出现阻碍活动屋盖正常运行的变形。

A.0.8 活动屋盖的年开合运行次数和开合运行速度应根据建筑使用要求与综合技术经济性确定。

【说明】

活动屋盖的年开合次数根据实际使用情况差异很大，从一年开启数次至数百次不等，通常情况下可按 400 次/年考虑。运行速度与使用功能、运行距离及牵引动力有关，根据具体情况变化范围较大，开启和关闭时间通常不大于 30min。

附录 B　改造与加固设计

B.1　一　般　规　定

B.1.1　对既有建筑进行改造加固设计并实施以后，加固设计单位应对加固后该建筑结构的设计安全性和耐久性负全部责任。

【说明】

对原有结构的改造加固是一种结构设计责任的转移，加固改造设计后，设计方将承担工程的一切安全责任，结构设计时应高度重视和理解这种责任的转移。

B.1.2　改造加固基本原则

1　应先鉴定后加固；

2　应尽量不拆除或少拆除原有结构构件或更换原有构件。

B.1.3　结构加固后的安全等级

不宜直接沿用其新建时的安全等级作为加固后的安全等级，应根据业主对下一目标使用期的要求，以及该房屋加固后的功能、用途和重要性、破坏后的严重性，重新进行定位。

B.1.4　加固后的使用年限及加固计算原则见表 B.1.4-1。

加固后的使用年限及加固计算原则　　　　　　　　　　表 B.1.4-1

情况	后续使用年限	鉴定方法	抗震鉴定的承载力调整系数 γ_{Ra}	计算原则	备注
A 类建筑	30 年	《建筑抗震鉴定标准》GB 50023 规定的 A 类建筑抗震鉴定方法	可取现行抗规承载力抗震调整系数 γ_{RE} 的 0.85 倍	设计特征周期、原结构构件材料性能设计指标、地震作用效应调整等应按现行国家标准《建筑抗震鉴定标准》GB 50023 的规定采用，新增钢筋混凝土构件、砖砌墙体仍可按原有构件对待	通常指在 89 版设计规范正式执行前设计建造的房屋
B 类建筑	40 年	《建筑抗震鉴定标准》GB 50023 规定的 B 类建筑抗震鉴定方法（相当于 GBJ 11—89 的要求，同时吸收了部分 GB 50011 的内容）	同现行抗规承载力抗震调整系数 γ_{RE}	设计特征周期、原结构构件材料性能设计指标、地震作用效应调整等应按现行国家标准《建筑抗震鉴定标准》GB 50023 的规定采用	通常指在 89 版设计规范正式执行后，2001 版设计规范正式执行前设计建造的房屋

情况	后续使用年限	鉴定方法	抗震鉴定的承载力调整系数 γ_{Ra}	计算原则	备注
C 类建筑	50 年	应按现行国家标准《建筑抗震设计规范》GB 50011 的要求进行抗震鉴定	同现行抗规承载力抗震调整系数 γ_{RE}	材料性能设计指标、地震作用、地震作用效应调整均按《建筑抗震设计规范》GB 50011 的有关规定执行	通常指在 2001 版设计规范正式执行后设计建造的房屋

B.1.5 改造加固设计所需资料

1 原建筑物地质勘察报告，如需要补勘时应在改造前完成。

2 既有建筑抗震鉴定检测报告或检测报告，仅有检测报告时，鉴定报告可由改造加固设计单位出具。

3 原结构竣工图，原建筑设计施工图，与现场建筑现状有不符之处，需以现场检测结果为准，且在检测报告中有所体现。如无竣工图或施工图，须委托检测单位绘制现状图，必要时要提供构件配筋。

4 确定后的建筑方案条件图。

B.2 可 靠 性 鉴 定

B.2.1 抗震鉴定分为两级。

1 第一级鉴定以宏观控制和构造鉴定为主进行综合评价；

2 第二级鉴定以抗震验算为主结合构造影响进行综合评价。

B.2.2 A 类建筑：当符合第一级鉴定的各项要求时，建筑可评为满足抗震鉴定要求，不再进行第二级鉴定；当不符合第一级鉴定的各项要求时，应由第二级鉴定作出判断。

B.2.3 B 类建筑：应检查其抗震措施和现有抗震承载力再作出判断，当抗震措施不满足鉴定要求而现有抗震承载力较高时，可通过构造影响系数进行综合抗震能力的评定；当抗震措施鉴定满足要求时，主要抗侧力构件的抗震承载力不低于规定的 95%、次要抗侧力构件的抗震承载力不低于规定的 90%，也可不要求进行加固处理。

B.3 砌体结构加固要点

B.3.1 砌体结构整体性加固往往需要增设新的构件与原有结构形成一体，共同工作，如增设圈梁、构造柱，增加抗震墙等竖向构件，增设构件的关键是与原有结构的可靠连接，保证新增构件在结构中有效发挥作用。应采用有效的构造处理、连接措施及适当的施工方法，使新旧两部分结构共同工作，如原构件表面凿毛，清理干净，涂刷界面剂，设置一定数量的剪切-摩擦筋，贯通新旧结合面的短钢筋。加大截面采用喷射混凝土施工，通过承压板焊接、锚栓、化学植筋等措施，使新加部分钢筋或型钢与原有结构可靠的连接。必要时采取卸荷方法降低原结构应力应变水平，改善新加结构应力应变滞后现象，提高加固结构承载力。

B. 3. 2　砌体结构加固不仅应对有关构件进行加固，更应针对结构整体性进行加强，提高结构侧向刚度和抗震能力，改善结构破坏形态。另外砌体结构加固中应对下列部位重点关注：

　　1　承重窗间墙宽度过小或抗震能力不能满足要求时，可增设混凝土窗框或采用砂浆面层、夹板墙等方法加固；

　　2　隔墙无拉结或拉结不牢，边框可采用混凝土梁柱形成组合构件，或埋设锚筋、钢拉杆加固；

　　3　支撑大梁等的墙段抗震能力不能满足要求时，可在两端增设砌体柱、钢筋混凝土柱或采用砂浆面层、钢筋网混凝土面层加固，大梁下墙体局部承压不够时增设大梁垫或对墙体加固；

　　4　出屋顶的楼梯间、电梯间和水箱间不符合抗震要求时，可采用面层或外加柱加固，其上部应与屋盖构件有可靠连接，下部应与主体结构的加固措施相连；

　　5　出屋面的烟囱、无拉结女儿墙超过规定的高度时，宜拆矮或采用型钢、预应力钢拉杆加固；

　　6　砌体结构中的雨篷、阳台板等悬挑构件是静定结构，当锚固长度不能满足要求时，可加拉杆或采取减小悬挑长度的措施；

　　7　砌体墙开洞时应根据墙体受力特征、洞口位置和大小，采取相应的补强加固措施及增设洞口的边缘构件，加固措施包括洞边粘钢板，外包型钢等，增设边缘构件包括设置钢筋混凝土梁柱、型钢梁柱等，砌体墙开洞后在洞边应设边柱，洞顶设梁；

　　8　拆除承重墙扩大使用空间改造，需要用托梁拆墙技术，即增设混凝土梁或钢托梁，然后在增设混凝土柱或钢柱。加固后改变传力路线或使结构自重增大时，应对相关结构、构件及建筑物地基基础进行必要计算。结构构件加固，除应满足承载力要求外，尚应复核其抗震能力，不应存在因局部加强或刚度突变而形成新的薄弱部位；同时，还应考虑结构刚度增大而导致地震作用效应增大的影响。

B. 4　混凝土结构加固要点

B. 4. 1　钢筋混凝土结构加固技术根据加固方法可分为两大类：

1 提高构件抗力为主的直接加固法,主要是改善和提高结构构件承载力或增大构件刚度,一般适用于局部构件加固,此方法较为灵活,便于处理各类加固问题;

2 减小构件荷载效应的间接加固法,主要是改变结构受力体系,调整结构传力途径,改善结构的整体性能和受力状态,此法较为简便、对原结构损伤较小,便于今后的更换和拆卸。

B.4.2 加固构件的受力特点:共同工作问题和二次受力问题

1 加固结构构件从广义上讲属于组合结构,新、旧两部分结构存在整体工作共同受力的问题。整体工作的关键,主要取决于结合面的构造处理及施工做法。因此在加固设计中应尽可能采用凿毛、喷砂、高压水喷等方法增加老混凝土截面的粗糙度,并采用水泥基类界面剂提高新老混凝土之间的分子引力。此外为了提高二次组合结合面的粘结性能,保证新旧两部分能整体工作共同受力,加固用的水泥基混凝土要求收缩性小,宜微膨胀,与原构件的粘结性能好,早期强度高。对加固结构用的化学灌浆材料及胶粘剂,要求粘结强度高,可灌性好,收缩性小,耐老化,无毒性。

2 加固结构类似于"叠合构件"存在二次受力问题,加固前原结构已经承受荷载,新加部分在加固后并不立即分担荷载,加固时组合截面中原有结构截面的初始应力往往高于新增材料的应力,在二次受力初期,新增材料的截面应变滞后于原结构的截面应变。因此加固前,应尽量卸掉原结构上的活荷载,必要时,可采取反顶措施,且新加钢筋强度应进行折减,折减系数可取 0.9。

B.4.3 加固方法的选择

应充分了解各种加固技术的原理和适用范围,加固设计中考虑静力加固与抗震(动力)加固受力特点的不同而采取不同的方法。

1 静力加固一般优先考虑结构构件加固,在静力承载力不足时,优先采用增大构件截面等方法。

2 抗震加固一般优先考虑采用增设抗侧力结构,在建筑结构适宜处增设阻尼器、支撑、抗震墙或减震隔震等措施。

B.5 基 础 加 固

既有建筑改造加固时,其地基承载力标准值可考虑地基土的长期压密效应而予提高,提高的幅度应根据既有建筑基底平均压力值,建成年限,地基土类别和当地成熟经验确定,一般可提高 10%。

B.6　常用加固方法

常用加固方法　　　　　　　　　　　　　　　　表 B.6.0-1

加固名称		技术要点	优缺点	适用条件和范围
结构整体性加固	增设抗侧力结构法	在建筑结构合宜处增设抗震墙、柱间支撑、水平支撑、屈曲支撑、闭合墙段、增加阻尼、减震、隔震等措施，也可增设内框架	实施方便、受力可靠、比较经济，占有一定空间，有时连接处理比较困难	需增强结构整体性，提高侧向刚度和抗震能力的各类建筑物
	梁柱捆绑法	在建筑外侧增加构造柱和圈梁或预制楼板增加叠合层；在建筑物纵、横向、竖向增设预应力拉杆等	实施方便，可靠经济；影响外观，室内也会占用一定空间	需增强结构整体性，改善和调整结构破坏形态，提高抗震能力的一般多层砌体结构房屋
结构构件加固（直接法）	增大截面法	在原构件外加混凝土、聚合物砂浆或型钢等增大截面面积，提高承载力和刚度	工艺简单，受力可靠，费用低，应用面广；需支模，湿作业量大，工期长（钢结构无此缺点）	混凝土结构梁、板、柱、墙；砌体结构柱、墙；钢结构梁、柱、桁架等
	置换混凝土法	将原结构的破损混凝土凿除，用强度略高的新混凝土置换，使两者共同工作	工艺简单，受力可靠，费用低，应用面广；施工时需有支顶措施	混凝土结构构件局部加固；新建工程局部质量不合格的返工处理
	外粘型钢法	原构件四角外包角钢加缀板并用胶粘剂灌注成整体，大幅度提高承载力和抗震能力	受力可靠，占空间小，适用面广；费用高	需大幅度提高承载力和抗震能力的混凝土梁、柱；砌体结构柱
	粘贴钢板法	原构件表面粘贴钢板形成整体工作，提高承载力	施工方便，工期短，占空间小，适用面广	混凝土结构受弯，大偏压和受拉构件；钢结构构件
	粘贴纤维复合材料	原构件表面粘贴碳纤维、玻璃纤维、芳纶纤维等形成整体工作，提高承载力和延性	施工方便，工期短，不占空间，适用面广；对胶粘剂要求高，且市场产品杂乱，质量不易控制	混凝土结构受弯、轴心受压，大偏压和受拉构件；砌体墙；钢构件
	钢丝绳网片-聚合物砂浆外加层法	原构件表面加钢丝绳网片-聚合物砂浆形成整体工作，提高承载力	工艺不复杂，受力可靠；多用于混凝土结构，用于砌体时对原结构强度有一定要求	混凝土结构梁、板、柱、墙，砌体结构墙等
	绕丝法（缠丝法）	原构件表面缠绕钢丝或其他材料使构件受到约束作用，提高其承载力和延性	工艺简单，操作方便，工期短；适用面较窄，圆形、方形或 $h/b{\leqslant}1.5$ 的矩形	混凝土结构柱，木结构梁、柱、桁架等

加固名称		技术要点	优缺点	适用条件和范围
结构构件加固（间接法）	外加预应力法	在原构件体外采用高强钢筋或型钢并施加预应力，使其提高承载力、刚度和抗裂度	受力可靠、比较经济，使用面广，占空间较小，需张拉设备，锚固处理	混凝土结构的板、梁、柱和桁架，砌体柱，钢结构梁和屋架等
	增设支点法	在原结构增设刚性或弹性支点，减小跨度、改变受力状态，提高承载力、减小挠度	受力可靠、比较经济，使用面广；需占用空间	混凝土结构的板、梁、柱和桁架及网架等，钢结构梁类似构件
	增设构件法	在原构件间增设新构件，减小负荷面积或计算跨度	不损害原构件，操作较方便，对原建筑有影响	混凝土梁板结构
	卸荷法	在需加固结构上卸荷，以轻自重	方便易做，适用面广	承载力略低于规定的结构
裂缝及缺陷修补	表面封闭法	将修补胶液封闭裂缝通道	施工方便	裂缝宽度 $w \leqslant 0.2mm$ 的构件
	注射法	将修补胶液封闭裂缝通道	施工方便，需注射器	$0.1mm < w \leqslant 1.5mm$ 的裂缝及蜂窝状局部缺陷
	压力注浆法	以较高压力将树脂浆液注入裂缝腔内或局部严重缺陷处	效果好，应用广；需压力灌注设备	贯穿性且深宽的裂缝及大体积混凝土的蜂窝
	填充密封法	在构件表面沿裂缝走向凿凹槽，填入改性树脂进行修补	施工比较方便，应用广	$w \geqslant 0.5mm$ 的活动和静止裂缝

B.7 加固计算程序

B.7.1 模型信息输入：将待鉴定或加固建筑的整体模型和荷载输入，各层构件的材料强度等级和钢筋强度按实际测定值输入。鉴定与加固模型的主要区别如下：

1 鉴定计算模型：

1) 仅做安全抗震鉴定时全部按原建筑实测信息输入；

2) 若为后续改造提供依据时，应输入改造后的荷载，其他按原建筑实测信息输入。

2 加固计算模型：

输入加固方案之后的建筑模型，其中原有构件按实测信息输入，新建构件按设计值输入（A 类建筑新增构件可按原有构件对待）。

3 鉴定加固菜单（新增构件、柱加固、梁加固、震损系数）：

1) 新增构件，指定新增构件，方便设置新构件属性；

2) 柱加固，增大截面法、置换混凝土法、外包型钢法、外粘钢板法、外贴纤维复合材料法；

3）梁加固，增大截面法、置换混凝土法、外包型钢法、外粘钢板法、外贴纤维复合材料法、钢绞线网—聚合物砂浆面层加固法；

4）震损系数，地震后修复的震损建筑加固后进行承载力验算时原结构部分的承载力可以考虑折减 0.7～1。

B.7.2　鉴定加固计算参数

1　鉴定加固标准选择：

1）A 类：《建筑抗震鉴定标准》GB 50023；

2）B 类：1989 系列规范；

3）C 类：2001 系列规范，按 2001 系列规范采用设计内力调整系数；2010 系列规范，按 2010 系列规范采用设计内力调整系数。

2　体系影响系数：根据结构体系、梁柱箍筋、轴压比等符合第一级鉴定要求的程度和部位填写，该系数对楼层综合抗震能力指数计算和构件承载力验算均起作用。

3　局部影响系数：根据局部构造不符合第一级鉴定要求的程度填写，该系数对楼层综合抗震能力指数计算和构件承载力验算均起作用。

【说明】

1. A 类建筑，承载力抗震调整系数的折减系数可为 0.85～1，对砖墙、砖柱和钢构件连接，仍按现行国家标准《建筑抗震设计规范》GB 50011 的承载力抗震调整系数值采用；

2. C 类建筑，"2001 系列规范"与"2010 系列规范"两者区别主要在于抗震计算时的设计内力调整系数，建议按 2010 系列规范设计；

3. 由于加固前和加固后的影响系数不同，体系影响系数和局部影响系数也应根据鉴定阶段和加固阶段分别输入。

B.7.3　梁、柱实配钢筋

柱、梁的实配钢筋需先进行一次结构计算后，分别到柱施工图和梁施工图中输入实配钢筋，然后返回前处理，设置好鉴定加固相关参数再重新进行一遍计算。

附录 C 混凝土收缩徐变计算的相关参数

C. 0. 1 混凝土长期收缩的影响

1 依据标准状态下最大收缩值（相对变形），任何处于其他状态下的最大收缩应用各种不同的系数加以修正，素混凝土（包含低配筋率的钢筋混凝土）的收缩公式如下：

$$\varepsilon_y(t) = \varepsilon_y(\infty) \cdot (1 - e^{-bt}) \tag{C. 0. 1-1}$$

$$\varepsilon_y(\infty) = \varepsilon_y^0(\infty) \cdot M_1 \cdot M_2 \cdot M_i \cdot M_n \tag{C. 0. 1-2}$$

式中：$\varepsilon_y(\infty)$——为某状态混凝土的最终（最大）收缩应变；

$\varepsilon_y^0(\infty)$——为标准状态混凝土的最终（最大）收缩应变，对于各强度等级的混凝土均为固定值 $\varepsilon_y^0(\infty) = 3.24 \times 10^{-4}$；

b——经验系数，一般取 0.01，养护较差时取 0.03；

M_i——为各种修正系数。

2 标准状态指：水泥强度等级 27.5；标准磨细度（比表面积 2500～3500cm^2/g）；骨料为花岗岩碎石；水灰比 0.4；水泥浆含量 P_T 为 20%；混凝土振捣密实；自然硬化；试件截面尺寸 200mm×200mm（截面水力半径的倒数 $r = 0.2$）；测定收缩前湿养护 7d；徐变试验为 28d 加荷；周围空气相对湿度为 50%；徐变试验应力为棱柱强度的 50%。

3 混凝土因素对极限收缩与徐变的修正系数

构件截面尺寸对干缩的影响，采用截面水力半径倒数作为反映截面在大气中的暴露程度。水力半径按水力学概念是河流横截面面积与其润周之比（润周是水与土基接触的周边长度）。混凝土构件的水力半径倒数，就是构件受大气包围截面的周长 L（与大气接触的边长总和）与该周边所包围的截面面积 F 的比值，如：

400mm×800mm 的钢筋混凝土梁，其水力半径倒数（1/cm）为：

$$r = (40+80+40+80)/(40 \times 80) = 0.075(1/cm)$$

而 100mm 厚，3200mm 宽的钢筋混凝土楼板，其水力半径倒数为：

$$r = (10+320+10+320)/(10 \times 320) = 0.206(1/cm)$$

相同截面面积时，板的水力半径倒数比的梁要大数倍（本例 0.206/0.075＝2.75），楼板（尤其是薄板）的收缩远大于梁，梁对楼板的收缩起一定的约束作用。

水泥品种的修正系数   表 C. 0. 1-1

水泥品种	矿渣水泥	快硬水泥	低热水泥	石灰矿渣水泥	普通水泥	火山灰水泥	抗硫酸盐水泥	矾土水泥
M_1	1.25	1.12	1.10	1.00	1.00	1.00	0.78	0.52
K_1	1.20	0.70	1.16	—	1.00	0.90	0.88	0.76

水泥强度等级的修正系数　　　　　　　　　　　表 C. 0. 1-2

强度等级	17.5	27.5	32.5	42.5	52.5	62.5	72.5	82.5
K_2	1.35	1.00	0.92	0.90	0.89	0.87	0.86	0.85

水泥细度的修正系数　　　　　　　　　　　　表 C. 0. 1-3

水泥细度	1500	2000	3000	4000	5000	6000	7000	8000
M_2	0.90	0.93	1.00	1.13	1.35	1.68	2.05	2.42

混凝土骨料的修正系数　　　　　　　　　　　表 C. 0. 1-4

骨料	砂岩	砾砂	玄武岩	花岗岩	石灰岩	白云岩	石英岩
M_3	1.90	1.00	1.00	1.00	1.00	0.95	0.80
K_3	2.20	1.10	1.00	1.00	0.89	—	0.91

水灰比的修正系数　　　　　　　　　　　　　表 C. 0. 1-5

水灰比	0.2	0.3	0.4	0.5	0.6	0.7	0.8
M_4	0.65	0.85	1.00	1.21	1.42	1.62	1.80
K_4	0.48	0.70	1.00	1.50	2.10	2.80	3.60

水泥浆量的修正系数　　　　　　　　　　　　表 C. 0. 1-6

水泥浆量（%）	15	20	25	30	35	40	45	50
M_5	0.90	1.00	1.20	1.45	1.75	2.10	2.55	3.03
K_5	0.85	1.00	1.25	1.50	1.70	1.95	2.15	2.35

初期养护时间 τ_w 的修正系数　　　　　　　　表 C. 0. 1-7

τ_w	1	2	3	4	5	7	10	≥14
M_6	1.11	1.11	1.09	1.07	1.04	1.00	0.96	0.93
	1	1	0.98	0.96	0.94	0.9	0.89	0.84

注：上行为自然养护状态，下行为蒸汽养护状态。τ_w 为混凝土浇筑后初期养护时间（d）。

加载龄期 τ 的修正系数　　　　　　　　　　　表 C. 0. 1-8

τ	1	2	3	5	7	10	14	20	28	40	60	90	180	≥360
M_6	2.75	1.85	1.65	1.45	1.35	1.25	1.15	1.10	1.00	0.85	0.75	0.65	0.60	0.40
	—	—	—	1.20	1.15	1.10	1.05	1.02	1.00	0.85	0.75	0.65	0.50	0.40

注：上行为自然养护状态，下行为蒸汽养护状态。τ 为对混凝土施加荷载（产生内力）时的龄期（d）。

粉煤灰可降低水化热（掺水泥用量的 15% 时，降低水化热 15% 左右），掺粉煤灰的混凝土早期抗拉强度及早期极限拉伸有少量降低（约 10%～20%），后期强度不受影响，因此，对早期抗裂要求较高的工程，当粉煤灰的掺量控制在较小范围内（不超过 20%，超过 30% 时为大掺量）时，对收缩没有明显影响。

4　混凝土所处的大气环境，如温度、湿度、风速等都对其收缩产生影响，特别是湿度和风速的影响不可忽视，环境湿度对混凝土后期收缩的影响很大，湿度越小，混凝土后期收缩越大，实际工程应特别注意。风速的增大加速了混凝土水分蒸发的速度（即干缩速度），容易引起表面裂缝，因此，处于山口、高空、高对流等施工场所应特别注意。相关因素对极限收缩的修正系数如下：

使用环境湿度 W（%）的修正系数　　　　　　　表 C. 0. 1-9

W（%）	25	30	40	50	60	70	80	90	100
M_7	1.25	1.18	1.10	1.00	0.88	0.77	0.70	0.54	—
K_7	1.14	1.13	1.07	1.00	0.92	0.82	0.70	0.53	—

注：W（%）为使用环境的相对湿度。

构件截面尺寸的修正系数　　　　　　　表 C. 0. 1-10

r	0	0.1	0.2	0.3	0.4	0.5	0.6	0.7	0.8
M_8	0.54	0.76	1.00	1.03	1.20	1.31	1.40	1.43	1.44
	0.21	0.78	1.00	1.03	1.05	—	—	—	—
K_8	0.68	0.82	1.00	1.12	1.14	1.34	1.41	1.42	1.42
	0.82	0.93	1.00	1.02	1.03	1.03	1.03	1.03	1.03

注：上行为自然养护状态，下行为蒸汽养护状态。r 为构件的水力半径倒数。

构件应力比的修正系数　　　　　　　表 C. 0. 1-11

应力比	0.1	0.2	0.3	0.4	0.5
K_9	0.85	0.85	0.92	0.99	1.00

注：应力比是使用应力与设计强度之比。

不同配筋及不同模量的修正系数　　　　　　　表 C. 0. 1-12

$E_s A_s/(E_c A_c)$	0.00	0.05	0.10	0.15	0.20	0.25
M_{10}	1.00	0.86	0.76	0.68	0.61	0.55

注：$E_s A_s$、$E_c A_c$ 分别为钢筋和混凝土的弹性模量和截面面积。

不同操作条件的修正系数　　　　　　　表 C. 0. 1-13

操作方法	机械振捣	手工捣固	蒸汽养护	高压釜处理
M_9	1.00	1.10	0.85	0.54
K_{10}	1.00	1.30	0.85	—

风速对混凝土水分蒸发的影响　　　　　　　表 C. 0. 1-14

风速（m/s）	0	8	16	24	32	40
水分蒸发速度[kg/(m²h)]	0.074	0.186	0.304	0.417	0.539	0.662

C.0.2　混凝土的徐变

1　任意状态下的最大徐变

依据标准状态下最大徐变值（相对变形），任何处于其他状态下的最大徐变应用各种不同的系数加以修正，计算公式如下：

$$\varepsilon_n(t) = \varepsilon_n(\infty) \cdot (1 - e^{-bt}) \qquad (C.0.2-1)$$

$$\varepsilon_n(\infty) = \varepsilon_n^0(\infty) \cdot K_1 \cdot K_2 \cdots K_i \cdots K_n \qquad (C.0.2-2)$$

式中：$\varepsilon_n(\infty)$——为某状态混凝土的最终（最大）徐变应变；

$\quad\varepsilon_n^0(\infty)$——为标准状态混凝土的最终（最大）徐变应变；

$\quad b$——经验系数，一般取 0.01，养护较差时取 0.03；

$\quad K_i$——为各种修正系数。

2　标准状态下，单位应力引起的最终徐变变形称为徐变度，以 C_0 表示，见表 C.0.2-1：

标准极限徐变度 C_0　　　　　　　　　　　　　　　　　　表 C.0.2-1

混凝土强度等级（MPa）	C10	C15	C20	C30	C40	C50	C60～C100
C_0（$\times 10^{-6}$）	8.84	8.28	8.04	7.40	7.40	6.44	6.03

当结构使用的应力为 σ 时，最终徐变变形为：

$$\varepsilon_n^0(\infty) = C^0 \cdot \sigma \qquad (C.0.2-3)$$

如果无法预知使用应力，则一般可假定使用应力为混凝土抗拉或抗压强度设计值的一半，即：

$$\varepsilon_n^0(\infty) = 0.5 f C^0 \qquad (C.0.2-4)$$

式中：f——混凝土的抗拉（混凝土受拉时 f_t）或抗压（混凝土受压时 f_c）强度设计值。

在结构设计中假定结构抗拉和抗压的徐变规律是相同的，只是在定量方面抗拉徐变度要大于抗压徐变度。

3　由表 C.0.2-2 可以看出：混凝土龄期 τ_1 越早（越小），经历时间 t 越长，应力松弛越显著，混凝土结构浇筑 20d 后已经足够老化，产生约束变形，这时的龄期影响很小，可以忽略不计，松弛系数 C 只与发生约束变形后的经历时间 t 有关。考虑徐变的计算可简化为按常规计算弹性应力再乘以松弛系数，这种计算方法对于低配筋率（0.15%～1%）结构是可行的。

忽略混凝土龄期影响的松弛系数（可用于简化计算）　　　　表 C.0.2-2

$t-\tau_1$（d）	0	1	3	10	20	40	60	90	120	∞
C	1	0.611	0.570	0.462	0.347	0.306	0.305	0.304	0.303	0.283

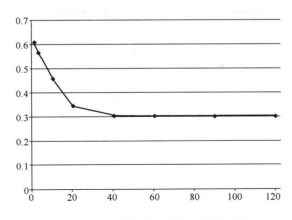

图 C. 0. 2-1　混凝土徐变应力松弛系数

实际工程中，混凝土徐变应力松弛系数一般可取 0. 3。

附录 D　混凝土连梁的超筋处理

D.0.1　对超筋连梁应采用恰当方法进行处理，本附录列出对混凝土连梁超筋处理的主要方法。

D.0.2　对连梁调幅处理

1　剪力墙中连梁的弯矩和剪力可进行塑性调幅（注意：对框架梁只能对竖向荷载下的梁端弯矩进行调幅，而对连梁则没有这一限制，也就是说，对连梁弯矩的调幅是对连梁端弯矩组合值的调幅），以降低其剪力设计值。但在结构计算中已对连梁进行了刚度折减时，其调幅范围应限制或不再调幅。当部分连梁降低弯矩设计值后，其余部位的连梁和墙肢的弯矩应相应加大。

2　一般情况下，经全部调幅（包括计算中连梁刚度折减和对计算结果的后期调幅）后的弯矩设计值不宜小于调幅前（完全弹性）的 0.7 倍（6、7 度）和 0.5 倍（8、9 度）。

3　采用本调整方法应注意以下几点：

1）对连梁的调幅可采用两种方法：一是在内力计算前，直接将连梁的刚度进行折减；二是在内力计算后，将连梁的弯矩和剪力组合值乘以折减系数。

2）采用对连梁弯矩调幅的办法，考虑连梁的塑性内力重分布，降低连梁的计算内力，同时应加大剪力墙的地震效应设计值。

3）本调整方法考虑连梁端部的塑性内力重分布，对跨高比较大的连梁效果比较好，而对跨高比较小的连梁效果较差。

4）经本次调整，仍可确保连梁对承受竖向荷载无明显影响。

D.0.3　减小连梁的截面

通过降低连梁的截面高度，达到减小连梁计算内力的目的，同时加大剪力墙的地震效应设计值。

D.0.4　对连梁的铰接处理

1　当连梁的破坏对承受竖向荷载无明显影响时，可假定该连梁在大震下的破坏，对剪力墙按独立墙肢进行第二次多遇地震作用下的结构内力分析，墙肢应按两次计算所得的较大内力进行配筋设计，以保证墙肢的安全。

2　采用本调整方法应注意以下几点：

1）对剪力墙按独立墙肢进行第二次多遇地震作用下的结构内力分析计算，其前提是连梁的破坏对承受竖向荷载无明显影响，即连梁不作为楼面次梁或主梁的支承梁，且认为连梁对剪力墙约束作用完全失效（是连梁"破坏"，不是塑性铰，也不是结构力学铰，而是去除连梁，将剪力墙和超筋连梁的计算简图调整为独立墙肢的剪力墙）。

2）"第二次"分析计算是对结构内力的分析计算，即是对剪力墙的承载力要求，其本质就是对剪力墙的包络设计，一般情况下，按独立墙肢计算的剪力墙的配筋将会有大幅增加。

3）为减小结构计算工作量，充分利用原有结构的计算简图，上述调整方法中可将超筋连梁替换为铰接连梁的计算模型，就是当采取合理的构造措施（如强剪弱弯）后，在大震时仍能确保连梁对剪力墙的水平约束作用。

4）对连梁两端点铰后，剪力墙与超筋连梁组成排架结构，连梁被简化为两端铰接的轴力杆件，其本身截面的大小对抗震墙的内力计算及结构的整体刚度计算影响不大。

5）连梁的铰接处理方法只能在"墙＋梁"的计算模型中，即连梁为杆元模型。而对于较强连梁计算采用的"墙开洞"模型，对连梁的铰接处理常受连梁计算模型的限制而难以采用。

D.0.5　本附录中 D.0.2 和 D.0.3 方法相近，应优先考虑。当采用上述两种方法后仍然不能解决连梁的超筋超限问题时，则可采用 D.0.4 的处理方法。

D.0.6　对连梁超筋处理的实用设计方法

1　当对连梁进行铰接处理后，剪力墙的配筋会大增，结构设计的经济性差，事实上，实际工程中可通过采取恰当的构造措施可确保连梁对剪力墙水平约束的不完全丧失，可避免出现"独立墙肢"。为改善结构的抗震性能，提高结构设计的经济性，提出对连梁超筋处理的实用设计方法。

2　实用设计方法的基本出发点是，合理利用连梁梁端塑性铰（可以承担相应弯矩，不同于结构力学铰）的工程特性，适当考虑连梁刚度并减小剪力墙配筋，减小结构设计的工作量。应按"强剪弱弯"原则使超筋连梁的梁端出现以连梁抗剪承载力控制的弯曲屈服塑性铰，以最大限度地利用连梁的实际承载力，使超筋连梁具有恰当的承载力和较大的延性，优化结构设计。

3　计算过程

1）通过改变连梁计算截面高度，寻求实际截面连梁的最大抗剪承载力所对应的截面弯矩设计值及与之相应的剪力墙内力和配筋。注意：其中对连梁截面高度的减小，是一种计算手段，只是为寻找与连梁最大抗剪承载力相对应的抗弯承载力数值的过程，连梁的实际截面高度并没有减小（即计算时减小了连梁高度，实际施工图中的连梁还是原来的截面）。

2）减小剪力墙的连梁计算截面高度后，此时，连梁的计算结果可能仍然显示超筋，但其计算剪力 V_2 已不大于实际连梁截面的最大受剪承载力 $[V_1]$，即 $V_2 \leqslant [V_1]$，则计算结束。

4　剪力墙的配筋设计

对剪力墙应进行包络设计，配筋取第一次（即用连梁的实际截面进行的计算，称为第一次多遇地震作用下的结构内力分析)、第二次(即用减小了高度的连梁计算截面进行的计算,称为第二次多遇地震作用下的结构内力分析)计算结果的较大值(一般情况下,根据结构设计概念很容易判断出剪力墙的控制内力及配筋,无需对两份计算逐一核对取值)。

　　5　连梁的截面及配筋设计

　　1)计算方法及算例,对连梁取实际截面即第一次计算的截面,按 V_2 及相应弯矩 M_2 计算连梁配筋,举例如下:

【例 D. 0. 6-1】:某连梁截面为 $250mm \times 600mm$,该连梁所能承担的最大剪力(按规范公式计算,也可从电算结果的超筋信息中直接读取)$[V_1] = 303kN$,第一次计算的剪力为 $V_1 = 400kN > [V_1]$,需调整。减小连梁的计算截面至 $250mm \times 450mm$ 进行第二次计算,此时连梁的计算剪力 $V_2 = 280kN < [V_1]$,调整计算结束(相应计算弯矩为 $M_2 = 200kN \cdot m$,计算纵筋为 $1682mm^2$)。施工图设计时,连梁截面仍取为 $250mm \times 600mm$,取用内力 V_2、M_2 计算配筋。过程见表 D. 0. 6-1。

超筋连梁调整计算过程及配筋要点　　　　　　　　表 D. 0. 6-1

步骤	计算截面 $b \times h$	计算剪力 V (kN)	截面允许剪力 $[V]$ (kN)	计算判别	计算弯矩 M (kN·m)	计算纵筋 (mm^2)	实际截面 $b \times h$	实配箍筋 (mm^2)	实配纵筋 (mm^2)
1	250×600	$400 > 303$	303	需调整	350	2122	250×600	217 (查表 D. 0. 6-3)	max[$1682 \times (450-35)/(600-35)$, $0.4\% \times 250 \times 600$]$=1235$
2	250×450	$280 < 303$		计算结束	200	1682			

　　2)实际配筋时还可进行适当的简化处理,如:

　　(1)纵向钢筋配置,根据实际连梁与计算连梁有效高度的比值,对计算的连梁纵向钢筋面积进行调整,并按其配筋(注意:当连梁计算截面减小的幅度过大,即从计算结果中表现为 V_2 小于 $[V]$ 过多时,常出现纵向钢筋的折算值不满足最小配筋率要求,此时应适当加大至满足规范要求)。当箍筋按下述(2)的方法配置时,连梁仍能满足强剪弱弯的要求;

　　(2)箍筋配置,按连梁的截面要求换算为剪力设计值,求出相应连梁的箍筋面积,计算公式如下:

　　①永久、短暂设计状况时,按《高层建筑混凝土结构技术规程》JGJ 3 截面控制要求:

$$0.25 f_c b h_0 = 0.7 f_t b h_0 + f_{yv} \frac{A_{sv}}{s} h_0 \qquad (D. 0. 6-1)$$

　　得:

$$A_{sv} = \frac{(0.25 f_c - 0.7 f_t) s}{f_{yv}} b \qquad (D. 0. 6-2)$$

当连梁箍筋间距 $s=100mm$ 时，永久、短暂设计状况的连梁最大箍筋面积（mm^2）见表 D.0.6-2。

永久、短暂设计状况的连梁最大箍筋面积（mm^2）　　　　　表 D.0.6-2

梁宽	永久、短暂设计状况						
mm	C20	C25	C30	C35	C40	C45	C50
200	122	155	191	229	266	299	331
250	151	194	240	285	332	373	413
300	182	232	287	343	399	448	496
350	212	271	335	400	466	522	579
400	243	310	383	457	532	597	661
450	273	349	431	514	598	672	744
500	303	388	478	572	665	746	827
550	333	427	526	629	731	821	909
600	363	465	574	686	798	895	992

注：表中数值按 HPB300 钢筋计算，当采用 HRB400 钢筋时，表中数值乘以 0.75。

② 抗震设计时：

跨高比大于 2.5 时：

$$0.20 f_c b h_0 = 0.42 f_t b h_0 + f_{yv} \frac{A_{sv}}{s} h_0 \tag{D.0.6-3}$$

得：

$$A_{sv} = \frac{(0.20 f_c - 0.42 f_t)s}{f_{yv}} b \tag{D.0.6-4}$$

跨高比不大于 2.5 时：

$$0.15 f_c b h_0 = 0.38 f_t b h_0 + 0.9 f_{yv} \frac{A_{sv}}{s} h_0 \tag{D.0.6-5}$$

得：

$$A_{sv} = \frac{(0.17 f_c - 0.42 f_t)s}{f_{yv}} b \tag{D.0.6-6}$$

当连梁箍筋间距 $s=100mm$ 时，抗震设计的连梁最大箍筋面积（mm^2）见表 D.0.6-3。

连梁的最大箍筋面积（mm^2）　　　　　表 D.0.6-3

梁宽	跨高比大于 2.5 时							跨高比不大于 2.5 时						
mm	C20	C25	C30	C35	C40	C45	C50	C20	C25	C30	C35	C40	C45	C50
200	109	137	168	200	231	258	285	87	110	136	162	187	210	232
250	136	172	210	249	289	322	356	109	138	169	202	235	263	291
300	163	206	252	299	346	386	427	130	165	204	243	282	315	349

续表

梁宽	跨高比大于 2.5 时							跨高比不大于 2.5 时						
mm	C20	C25	C30	C35	C40	C45	C50	C20	C25	C30	C35	C40	C45	C50
350	190	240	294	349	403	451	498	152	193	238	283	328	367	407
400	217	275	336	399	461	515	569	173	221	271	324	375	420	465
450	244	309	378	449	519	580	640	195	249	306	364	422	473	523
500	271	343	420	498	577	644	711	217	276	339	404	470	526	582
550	298	378	462	548	634	708	782	239	304	374	445	516	578	640
600	325	412	504	598	691	772	853	261	332	407	485	563	630	698

注：表中数值按 HPB300 钢筋计算，当采用 HRB400 钢筋时，表中数值乘以 0.75。

6 采用本调整方法应注意以下几点：

1）本次调整中的连梁为其梁破坏对承受竖向荷载无明显影响的连梁，即连梁不作为次梁或主梁的支承梁。

2）本调整方法适用于提高结构设计的经济性，以及确无其他手段加大结构的侧向刚度（以满足结构的层间弹性位移角要求）时的特殊情况。

3）本调整方法的基本思路是：连梁与剪力墙的连接既不是完全刚接也不是完全铰接，而是期望通过采取合理的抗震措施，实现连梁与剪力墙的半刚接。

4）本调整方法对剪力墙实行包络设计，对连梁满足强剪弱弯的设计要求，连梁箍筋根据实际连梁截面的最大抗剪承载力确定。

5）本次调整计算可理解为包络设计的重要步骤之一。

6）当程序具有"剪力控制铰"（对应于由截面抗弯承载力控制的一般塑性铰，此处将由截面抗剪承载力反算所得的，由截面抗弯承载力控制的塑性铰称之为"剪力控制铰"）计算单元时，上述计算将变得十分简单。

D.0.7 连梁设置钢板或窄翼缘型钢

1 当连梁抗剪不足时，还可根据需要采取在连梁内设置抗剪用钢板或窄翼缘型钢的办法。

2 设置抗剪用钢板或窄翼缘型钢的钢筋混凝土连梁，可不考虑混凝土的抗剪作用，仅考虑周围混凝土对抗剪用钢板或窄翼缘型钢稳定的有利影响，钢板或窄翼缘型钢（按铰接连梁计算）应具有足够的抗剪承载力，多遇地震作用下可按公式（D.0.7-1）验算，抗剪钢板或窄翼缘型钢满足承受地震作用及支承楼面梁要求，中震、大震时抗剪钢板或窄翼缘型钢的屈服承载力不明显降低。

$$V_E \leqslant h t_w f_v / \gamma_{RE} \qquad \text{(D.0.7-1)}$$

式中：V_E ——连梁考虑地震作用组合的剪力设计值；

　　　h ——抗剪用钢板或窄翼缘型钢的截面高度；

　　t_w——抗剪用钢板的厚度或窄翼缘型钢的腹板厚度；

　　f_v——抗剪用钢板或窄翼缘型钢腹板的钢材抗剪强度设计值；

　　γ_{RE}——承载力抗震调整系数，取 0.75。

　　3　设置抗剪用钢板或窄翼缘型钢的钢筋混凝土连梁，仍应满足混凝土连梁的抗震构造要求。

附录 E　结构专业技术条件编制要点

前　言

结构专业技术条件是开展建筑结构设计工作的纲领性文件，应由结构专业负责人编写，经校审后下发至设计组。

编制技术条件的主要目的为：

1. 工程负责人在工程伊始即对工程有一个完整的思考，体现出对工程的理解、设计工作的要点、重点、难点、创新点、需要收集的资料、要补充的知识、要了解的做法、要学习的规范；

2. 记录、梳理整体设计过程，记录重大决策及其原因；

3. 向专业内所有设计人员传递结构专业的设计要求、重点，统一、规范设计成果格式，保证设计质量；

4. 向其他设计专业传递结构专业设计的主要信息；

5. 必要时，可用于与施工图审查单位进行技术沟通，传达设计意图。

结构专业技术条件主要内容应包括：

1. 工程概况；

2. 设计输入条件；

3. 结构设计内容描述，如计算简图和设计方法；

4. 设计输出内容摘录及结果判别；

5. 本工程结构设计重点及对策。

为规范我院结构专业技术条件写作的内容及深度，形成统一的文字与图纸表达方式，减少重复性劳动，提高工作效率，特此编制《结构专业技术条件编制要点》（以下简称《编制要点》）。

本《编制要点》依据中华人民共和国住房和城乡建设部文件《建筑工程设计文件编制深度规定》，参考我院以往相关工程的结构专业技术条件实例编制，并协调了与我院同期编写的《结构专业初步设计说明编写要点》、《结构专业设计说明》的统一性，为方便设计人员使用，《编制要点》中第 1～8 节内容与《结构专业初步设计说明编写要点》基本一致。目前仅列出了钢筋混凝土结构（包括框架结构、框架-抗震墙结构、框架-核心筒结构、抗震墙结构），对于其他结构体系，应按同样的原则要求编写说明。

文中以【注】开头的楷体文字表示本要点及对此处的解释和说明。

　　文中灰底文字表示此处数值需由技术条件编制人针对本工程具体情况修改或填写相应数值。

　　工程的结构专业技术条件应在建筑方案确认后、初步设计工作启动时开始编写，完成结构专业设计评审后基本定稿，并随设计进程的不断深入进一步完善、补充。

　　专业负责人在进行技术条件编写及应用时应特别注意以下问题：

　　1. 必须结合工程所在国家、地区的法律、法规和工程具体情况，仅体现与本工程相关的内容；

　　2. 技术条件的编写重点应放在本工程特有的结构设计难点、重点上，突出针对难点、重点所采取的设计措施。专业负责人在工程中应用本要点时，可根据工程复杂程度对技术条件的内容予以增减或调整；

　　3. 本《编制要点》的主要目的是明确设计技术条件中应包含的主要内容，涉及的技术问题应根据每个工程的具体情况而有所区别，不能简单地照搬照抄；

　　4. 技术条件应发至本项目结构专业设计人员，并上传至协同平台，便于本专业设计人员随时查阅；

　　5. 技术条件应随工程设计进程深入而不断补充，随时添加、修改完善最新的设计信息，并通知设计人执行。

　　为了方便设计人员对《编制要点》理解和使用，附录中提供了按《编制要点》要求编写的两个样例，供设计人员在撰写时参考：

　　样例一：某办公楼结构专业技术条件，多层钢筋混凝土框架结构；

　　样例二：某办公楼结构专业技术条件，高层钢筋混凝土框架—抗震墙结构。

结构专业技术条件编制要点

1. 工程概况

1.1　工程建设地点、工程分区、主要功能、建筑面积。

1.2　各单体（或分区）建筑的长、宽、高，地上与地下层数，各层层高，主要结构跨度。

1.3　各单体（或分区）结构体系，楼盖结构及基础类型等，特殊结构及构造。当有人防要求时应说明人防工程的楼层范围、类别及抗力等级。

1.4　当工程划分区段时，应以小比例平面示意图和指北针表示各区段的位置关系和方向。

【注】单项工程存在多个结构单体时，可按下表说明以上情况。单独结构单体的例子见样例一，多个结构单体的例子见样例二，"房屋高度"的定义见《高规》2.1.2 或《抗规》表 6.1.1 注 1。

工程概况表　　　　　　　　　　　　　　　　　　　　　　　　　表 E.1.4-1

分区	楼号	建筑层数（地上/地下）	房屋高度（m）	主要使用功能	结构形式	抗震等级	楼盖结构	基础形式	人防范围

2. 建筑结构的安全等级及设计使用年限

建筑结构的安全等级：＿＿＿＿＿＿＿＿＿＿级

地基基础设计等级：＿＿＿＿＿＿＿＿＿＿级

设计使用年限：＿＿＿＿＿＿＿＿＿＿年

耐久性设计年限：＿＿＿＿＿＿＿＿年　　【注】：与设计使用年限一致时可省略。

建筑抗震设防类别：＿＿＿＿＿＿＿＿＿＿类

建筑物耐火等级：＿＿＿＿＿＿＿＿＿＿级　　【注】：需要时注明。

地下室防水等级：＿＿＿＿＿＿＿＿＿＿级

【注】如工程中取值与规范不一致，应说明取值依据，如具体文件或批文。

当工程有特殊要求时，比如设计使用年限 100 年或耐久性设计年限 100 年等，应特别注明，并应注意设计使用年限和耐久性设计年限的区别。

若设计年限为 100 年，要分情况说明不同的处理方法：

1. 仅混凝土耐久性为 100 年，其余均为基准期 50 年取值，重要性系数取 1.0。

2. 混凝土耐久性、活荷载、风荷载取 100 年，其余取 50 年基准期，重要性系数取 1.1。

3. 混凝土耐久性、活荷载、风荷载、地震作用均取 100 年，重要性系数取 1.1。

安全等级及设计使用年限表　　　　　　　　　　表 E. 2.0-1

建筑结构的安全等级	二级	设计使用年限	50 年
建筑抗震设防类别	标准设防类（丙类）	地基基础设计等级	甲级
建筑耐火等级	一级	地下室防水等级	一级

3. 自然条件

3.1　一般条件

3.1.1　风荷载

基本风压：×××kN/m²

【注】对风荷载比较敏感的建筑，应分不同情况说明风荷载取值方法，特别针对高、柔等对风荷载较敏感的结构，如：

"承载力设计"：高度大于 60m 的结构，取 1.1 倍基本风压，JGJ3-2010-4.2.2。

"层间位移角验算"：50 年基准期的基本风压。

"舒适度验算"：仅 150m 高度以上的高层结构，10 年一遇风荷载，JGJ 3—2010-3.7.6。

地面粗糙度类别：×××类。

3.1.2　雪荷载

基本雪压：×××kN/m²

【注】一般采用 50 年重现期的雪压；对雪荷载敏感的结构，应采用 100 年重现期的雪压，如大跨、轻质屋盖结构。屋面积雪分布系数应根据不同类别的屋面形式按规范采用，局部会引起雪压集中分布处，应特别说明以提醒设计人员。

3.1.3　当地气温情况

【注】必要时提供。应说明取值依据及温度标准，如基本温度，必要时提供极端温度、室内采用空调温度、温度分析时的混凝土当量温度、后浇带封闭温度、混凝土徐变系数等。

3.2　抗震设防有关参数

拟建场地地震基本烈度：×××度

【注】如有安评报告且其提出的参数与规范不完全一致，此处应注明

抗震设防烈度：　　　×××度，设计基本地震加速度值：×××g

设计地震分组：　　　第×××组

建筑场地类别：　　　×××类，场地特征周期×××s

抗震措施按：　　　　×××度

抗震构造措施按：　　×××度

地震作用按：　　　　×××度【注】本行仅需要时提及

阻尼比：　　　　　　×××

【注】一般工程仅需注明小震阻尼比，工程有特殊要求时应补充中震、大震对应的阻尼比。

抗震设防参数表　　　　　　　　　　　表 E. 3. 2-1

拟建场地地震基本烈度	8度	建筑场地类别	Ⅱ类
抗震设防烈度	8度	场地特征周期	0.45s
设计基本地震加速度	0.20g	结构阻尼比	0.05
设计地震分组	第一组		

3.3　进行耐久性设计时的混凝土结构环境类别

基础底板底面、外墙迎土面、地下室顶板（室外部分）、水池底板、池壁、顶板（迎水面）等为二 b 类；

【注】根据工程所处环境确定：气候、是否抗渗、水土有无腐蚀性、是否露天或潮湿等。必要时需根据抗腐蚀要求补充相关说明。

地上部分外悬挑檐口、女儿墙等外露结构为二 b 类；

室内潮湿环境（卫生间等）为二 a 类；

其余均为一类。

【注】一般工程以混凝土结构设计规范 3.5.2 为准。如有特殊要求时，需执行相应规范，如《工业建筑防腐蚀设计规范》GB 50045—2008 或《混凝土结构耐久性设计规范》GB 50476—2008。

3.4　场地的工程地质条件

3.4.1　本工程地基基础设计主要依据

由建设方提供的由××××单位于××年××月出具的《×××勘察报告》。本节以下内容均摘自该报告。

【注】提供勘察报告的地质勘察单位名称、勘察报告名称（编号）、编制日期。应注明勘察报告的类别、版本及是否通过审查。或其他可靠的地质参考资料。

3.4.2　地形地貌描述

场地地貌属性，钻孔地面标高，场地地势情况等。

3.4.3　地层岩性

自上而下描述各不同层岩土的标高和岩土性质。

土层属性表　　　　　　　　　　　表 E. 3. 4. 3-1

土层编号	土层名称	地基承载力特征值 f_{ak}（kPa）	土层弹性模量 E_{s1-2}（MPa）	土层弹性模量 E_{s2-3}（MPa）	桩设计参数		备注
					极限侧阻力标准值 Q_{sk}（kPa）	极限端阻力标准值 Q_{pk}（kPa）	
1	杂填土						
2（1）	黏质粉土－粉质黏土						
	……						

3.4.4　场地地下水水文情况

【注】地下水的类型、埋深和标高、设防水位标高、抗浮设计水位标高等。

3.4.5　地下水和土的腐蚀性

3.4.6　场地标准冻深：X. Xm

3.4.7　场地液化情况判别

3.4.8　特殊地质情况的处理

【注】必要时提供。

3.4.9　主要结论及基础方案建议

3.5　场地的地震安全评价报告

【注】必要时摘录需要的内容，如有安评报告，后文应说明设计选用的参数是按规范还是安评报告。

3.6　场地稳定性评价报告

【注】必要时提供。

3.7　风洞试验报告

【注】必要时提供。

4. 本工程±0.000 相当于绝对标高××.×××m。

【注】特殊高程体系时加以说明。

5. 本专业主要设计依据

设计所遵循的主要标准、规范、规程及规定　　　　　　　表 E. 5. 0-1

序号	名　　称	编　　号
01	建筑结构可靠度设计统一标准	GB 50068—2001
02	建筑工程抗震设防分类标准	GB 50223—2008
03	建筑结构荷载规范	GB 50009—2012
04	混凝土结构设计规范	GB 50010—2010（2015 年版）
05	建筑抗震设计规范	GB 50011—2010（2016 年版）

续表

序号	名　　称	编　　号
06	建筑地基基础设计规范	GB 50007—2011
07	高层建筑混凝土结构技术规程	JGJ 3—2010
08	建筑桩基技术规范	JGJ 94—2008
09	高层建筑筏形与箱形基础技术规范	JGJ 6—2011
10	北京地区建筑地基基础勘察设计规范	DBJ 11—501—2009
11	人民防空地下室设计规范	GB 50038—2005

【注】包括标准、规范、规程及规定的名称、编号、年号和版本号。顺序为：国家规范、国家规程、地方规范、地方规定，如：滨海新区设计导则、山西省超限工程设计标准等。除地方标准和特殊情况外，所引用的标准、规范、规程应符合院公司颁布的《设计规范、规程、标准有效版本目录》。需要时，应列出有关的施工质量验收规范名称。参考执行的规范应特殊注明。

结构设计引用和参考的标准图集　　　　　　　　表 E. 5. 0-2

序号	名　　称	编　　号	使用范围
01	混凝土结构施工图平面整体表示方法制图规则和构造详图	16G101-1～3	
02	防空地下室结构设计	07FG01～04	
03	砌体填充墙结构构造	12G614-1	

【注】工程设计中应尽量多地引用标准图，以减少设计工作量，减少设计疏漏。如有必要，可将"使用范围"一栏注写清楚，方便设计人员操作。

其他结构设计依据　　　　　　　　表 E. 5. 0-3

序号	名称	编号	备注
01	×××	×××	
02	×××	×××	
03	×××	×××	

【注】应包括建设单位提出的与结构有关的且符合相关标准、法规的书面要求，如设计任务书、批准的上一阶段的设计文件、建设方提供的其他对结构设计有影响的资料等。

可作为本工程设计参考的其他资料　　　　　　　　表 E. 5. 0-4

序号	名称	编号	备注
01	×××	×××	
02	×××	×××	
03	×××	×××	

【注】可包括技术书籍、技术文章、可参考的工程设计资料等。

6. 本工程设计计算所采用的计算程序

6.1 整体计算：采用×××程序（版本号、时间）；

6.2 基础计算：采用×××程序（版本号、时间）；

6.3 构件计算：采用×××程序（版本号、时间）。

【注】采用的计算程序和版本号应符合院公司颁布的《计算机应用软件有效版本目录》。软件名称应与后文对应。

常用软件标准命名：

1）中国建筑科学研究院 PKPMCAD 工程部编制的结构分析程序《多层及高层建筑结构空间有限元分析与设计软件 SATWE》；

2）北京盈建科软件有限责任公司编制的《盈建科结构设计软件》；

3）北京迈达斯技术有限公司编制的《结构大师三维建筑结构分析系统 midas Building》；

4）MIDAS Information Technology Co.，Ltd. 编制的《midas Gen》；

5）Computers and Structures 公司编制的《三维通用结构分析设计程序 SAP2000》；

6）Computers and Structures 公司编制的《集成建筑结构设计软件 ETABS》；

7）理正结构设计系列软件；

……）。

7. 设计采用的主要荷载（作用）取值

7.1 楼面和屋面活荷载标准值

楼面和屋面活荷载标准值表 表 E.7.1-1

	部　位	活荷载标准值（kN/m²）
屋面	不上人屋面	0.5
	上人屋面	2.0
	…	…
楼面	消防疏散楼梯	3.5
	办公	2.0
	…	…

7.2 特殊设备荷载标准值

【注】设备荷载如内容较多，可集中编入附件。如业主对某些房间荷载有特殊需求，应在表中注明，并写明出处或依据。

7.3 人防荷载取值见本附录第 14 节

7.4 温度作用的计算参数取值见本附录第 13.3 节

【注】必要时提供，也可参见超长结构部分内容。

8. 主要结构材料

8.1 钢筋

普通钢筋：×××

预应力钢筋：×××

8.2 混凝土

各部分结构构件的混凝土强度等级及抗渗等级：

混凝土强度等级及抗渗等级表　　　　　　　　表 E. 8. 2-1

构件部位	混凝土强度等级	备　注
基础垫层	C15	
基础底板	…	抗渗等级 P6
…	…	

【注】预应力构件混凝土强度等级不低于 C40，请注意。

8.3 型钢、钢板、钢管

热轧 H 型钢：Q235-B，……

【注】如采用国外标准生产的材料，应注明其性能指标和采用依据。

8.4 焊条

HPB300、Q235-B 焊接：E43

HRB400：　　　　　　　E50

8.5 二次结构材料

填充砌体墙　　　　　（块体容重不大于 8kN/m²，计算中按 10kN/m² 考虑）

石材幕墙　　　　　　（含龙骨总重量不大于 2kN/m²）

玻璃幕墙　　　　　　（含龙骨总重量不大于 1.5kN/m²）

与土接触的墙体　　　（块体容重不大于 18kN/m²，计算中按 19kN/m² 考虑）

【注】应根据工程情况写明具体选用何种砌体材料。

9. 地基基础

9.1 基础选型说明

【注】根据地勘报告建议；比选了××× 和××× 基础形式，最终根据现场施工方便、工期短、较经济、施工质量保障率高的原则选用××× 形式

9.2 基础描述

【注】

采用天然地基时，应说明基础类型、埋置深度和持力层情况（土层情况、地基承载力等）；

采用桩基时，应说明桩的类型、桩端持力层及进入持力层的深度、单桩承载力特征值；

采用地基处理时，应说明地基处理的要求（处理方法、处理后复合地基的承载力及沉降要求）；

计算采用的计算方法，包括整体计算、冲切验算、剪切验算等。

9.3 基础的沉降验算说明

【注】是否需进行沉降验算；计算方法；经验系数取值；验算控制指标；采取的措施。

9.4 基础抗浮设计说明

【注】

是否需采取抗浮措施，是否分区域采取抗浮措施；

采用措施比较：配重、抗拔桩、抗拔锚杆、盲沟排水等；

最终采取的措施细节说明，如：配重所在层、容重＼重量要求、计算方法、参数选取。

9.5 对相邻既有建筑物等的影响及保护措施

【注】必要时提供。

9.6 对基础施工方案、施工顺序的要求

【注】必要时提供。

9.7 其他特殊技术的说明

【注】必要时提供。

10. 主体结构设计

10.1 上部及地下室结构选型及结构布置说明，一般应包括结构体系、基本柱网、楼盖及屋盖体系、结构设缝情况、结构抗震等级、结构构件尺寸等。

【注】当工程划分区段时，应对各区段分别叙述。如能提供构件截面备选库或选取原则，可对设计人员的操作给予指导和限制，设置得越详细，可控性就越强，这在多人团队合作中尤其重要。

10.2 结构方案比选

【注】如有必要，则增加此部分。说明已经比较过的其他结构体系，为什么选择了现有的结构体系，理由如：建筑功能要求、抗震性能好、受力性能好、施工方便、经济性好等。必要时可用估算的材料用量来进行补充说明。

10.3 楼板体系比选

【注】如有必要，则增加此部分。说明选用的是哪种楼板楼盖体系，如各区域或各楼层不同，应分别说明。如有必要，要说明选用的理由，如经济性好、方便施工、施工速度快等。

11. 结构分析

11.1　嵌固端的选择

【注】嵌固端是否满足要求，是否需按不同嵌固位置进行补充验算。

11.2　计算模型

【注】以哪个计算软件为主，不同计算软件的作用；有哪些计算模型，以哪个为主，各模型的用途、控制指标。

11.3　计算参数取值

【注】取值原则：规范、地勘报告、安评报告、风洞试验报告等。

11.4　性能化设计要求

【注】必要时提供。地震动水准、性能目标、性能水准、计算模型及简化假定等，应与后文中不规则性判别及处理措施一致。如性能目标在后文提及，也可以引用后文章节号。

11.5　主要控制指标

【注】整体计算指标、单构件设计、应力控制、配筋率控制等计算分析阶段主要指标的控制目标。

12. 地上结构规则性判别及相应处理措施

【注】如有多个结构单体，且各单体情况存在较大差异时，应分别书写以下内容。

【注】以下内容分别按多层和高层建筑区分。

12.1　规则性判别

【注】用于高层建筑。

根据 2015 年 5 月 21 日住房和城乡建设部印发的《超限高层建筑工程抗震设防专项审查技术要点》（建质〔2015〕67 号），复核如下：

房屋高度复核表　　　　　　　　　　　　　　　　表 E. 12. 1-1

结构类型	抗震设防烈度	房屋高度（m）	规范限值	结论
框架	8 度（0.20g）	32.6m	40m	不超限
抗震墙	8 度（0.20g）	99.6m	100m	不超限
框架-抗震墙	8 度（0.20g）	99.6m	100m	不超限
框架-核心筒	8 度（0.20g）	99.6m	100m	不超限

注：当平面和竖向均不规则时，房屋高度限值应比表内数值降低 10%。

结论一：本工程存在 \ 不存在房屋高度超限。

【注】上表应仅保留与具体工程相关的行。

同时具有下列三项及三项以上不规则的高层建筑工程判别表　　表 E. 12. 1-2

序号	不规则类型	控制指标	本工程具体情况描述 【注】：必要时在下文附图说明	单项不规则性判别
1a	扭转不规则	考虑偶然偏心的扭转位移比大于 1.2（GB 50011—3.4.3）		存在 \ 不存在 \ 局部存在
1b	偏心布置	偏心率大于 0.15 或相邻层质心相差大于相应边 15%（JGJ 99—3.2.2）		存在 \ 不存在 \ 局部存在
2a	凹凸不规则	平面凹凸尺寸大于相应边长 30% 等（GB 50011—3.4.3 及附录图）(JGJ 3—3.4.3—2、3)		存在 \ 不存在 \ 局部存在
2b	组合平面	细腰形或角部重叠形（JGJ 3—3.4.3—4，及条文说明图）		存在 \ 不存在 \ 局部存在
3	楼板不连续	有效宽度小于 50%，开洞面积大于 30%，错层大于梁高（GB 50011—3.4.3）		存在 \ 不存在 \ 局部存在
4a	刚度突变	相邻层刚度变化大于 70%（按高规考虑层高修正时，数值相应调整）或连续三层变化大于 80%（GB 50011—3.4.3）　（JGJ 3—3.5.2—1）		存在 \ 不存在 \ 局部存在
4b	尺寸突变	竖向构件收进位置高于结构高度 20% 且收进大于 25%，或外挑大于 10% 和 4m，多塔（JGJ 3—3.5.5）		存在 \ 不存在 \ 局部存在
5	构件间断	上下墙、柱、支撑不连续，含加强层、连体类（GB 50011—3.4.3）(JGJ 3—3.5.4)		存在 \ 不存在 \ 局部存在
6	承载力突变	相邻层受剪承载力变化大于 80%（GB 50011—3.4.3）(JGJ 3—3.5.3)		存在 \ 不存在 \ 局部存在
7	局部不规则	如局部的穿层柱、斜柱、夹层、个别构件错层或转换，或个别楼层扭转位移比略大于 1.2 等（已计入 1～6 项者除外）		存在 \ 不存在 \ 局部存在

注：1. 深凹进平面在凹口设置连梁，当连梁刚度较小不足以协调两侧的变形时，仍视为凹凸不规则，不按楼板不连续的开洞对待；

　　2. 序号 a、b 不重复计算不规则项；

　　3. 局部的不规则，视其位置、数量等对整个结构影响的大小判断是否计入不规则的一项。

结论二：本工程为存在×项一般不规则的高层结构，不属（属）超限结构。

具有下列两项或同时具有表 E. 12. 1-2 和表 E. 12. 1-3 中某项不规则的高层建筑工程判别表

表 E. 12. 1-3

序号	不规则类型	控制指标	本工程具体情况描述【注】必要时在下文附图说明	单项不规则性判别
1	扭转偏大	裙房以上的较多楼层考虑偶然偏心的扭转位移比大于 1.4		存在 \ 不存在
2	抗扭刚度弱	扭转周期比大于 0.9，超过 A 级高度的结构扭转周期比大于 0.85		存在 \ 不存在
3	层刚度偏小	本层侧向刚度小于相邻上层的 50%		存在 \ 不存在
4	塔楼偏置	单塔或多塔与大底盘的质心偏心距大于底盘相应边长 20%		存在 \ 不存在

结论三：本工程为存在×项一般不规则的高层结构，不属（属）超限结构。

具有下列某一项不规则的高层建筑工程判别表　　　表 E. 12. 1-4

序号	不规则类型	控制指标	本工程具体情况描述【注】必要时在下文附图说明	单项不规则性判别
1	高位转换	框支墙体的转换构件位置：7 度超过 5 层，8 度超过 3 层		存在 \ 不存在
2	厚板转换	7～9 度设防的厚板转换结构		存在 \ 不存在
3	复杂连接	各部分层数、刚度、布置不同的错层；连体两端塔楼高度、体型或者沿大底盘某个主轴方向的振动周期显著不同的结构		存在 \ 不存在
4	多重复杂	结构同时具有转换层、加强层、错层、连体和多塔等复杂类型的 3 种		存在 \ 不存在

注：仅前后错层或左右错层属于表 E. 12. 1-2 中的一项不规则，多数楼层同时前后、左右错层属于本表的复杂连接。

结论四：本工程为存在×项特别不规则的高层结构，属超限结构。

【注】或"本工程不存在特别不规则项。"

其他高层建筑工程超限判别表　　　表 E. 12. 1-5

序号	简称	复核	本工程具体情况描述【注】必要时在下文附图说明	单项不规则性判别
1	特殊类型高层建筑	抗震规范、高层混凝土结构规程和高层钢结构规程暂未列入的其他高层建筑结构，特殊形式的大型公共建筑及超长悬挑结构，特大跨度的连体结构等		存在 \ 不存在
2	大跨屋盖结构	空间网格结构或索结构的跨度大于 120m 或悬挑长度大于 40m，钢筋混凝土薄壳跨度大于 60m，整体张拉式膜结构跨度大于 60m，屋盖结构单元的长度大于 300m，屋盖结构形式为常用空间结构形式的多重组合、杂交组合以及屋盖形体特别复杂的大型公共建筑		存在 \ 不存在

注：表中大型公共建筑的范围，参见《建筑工程抗震设防分类标准》GB 50233。

结论五：本工程是（不是）大跨屋盖建筑（特殊类型高层建筑），属（不属）超限结构。

【注】或"本工程属（不属）于特殊类型高层建筑或超限大跨空间结构。"

12.2 规则性判别

【注】用于多层建筑。多层建筑具有三项及三项以上一般不规则或一项特别不规则时，应报请院公司科技委结构分委会进行抗震设防专项审查。

根据《建筑抗震设计规范》3.4.3条，复核如下：

平面不规则主要类型 表 E. 12.2-1

序号	不规则类型	控制指标	本工程具体情况描述 【注】必要时在 下文附图说明	单项不规则性判别
1	扭转不规则	在具有偶然偏心的规定水平力作用下，楼层两端抗侧力构件弹性水平位移（或层间位移）的最大值与平均值的比值大于1.2		存在 \ 不存在 \ 局部存在
2	凹凸不规则	平面凹进的尺寸，大于相应投影方向总尺寸的30%		存在 \ 不存在 \ 局部存在
3	楼板局部不连续	楼板的尺寸和平面刚度急剧变化，例如，有效楼板宽度小于该层楼板典型宽度的50%，或开洞面积大于该层楼面面积的30%，或较大的楼层错层		存在 \ 不存在 \ 局部存在

竖向不规则主要类型 表 E. 12.2-2

序号	不规则类型	控制指标	本工程具体情况描述 【注】必要时在 下文附图说明	单项不规则性判别
1	侧向刚度不规则	该层的侧向刚度小于相邻上一层的70%，或小于其上相邻三个楼层侧向刚度平均值的80%；除顶层或出屋面小建筑外，局部收进的水平向尺寸大于相邻下一层的25%		存在 \ 不存在 \ 局部存在
2	竖向抗侧力构件不连续	竖向抗侧力构件（柱、抗震墙、抗震支撑）的内力由水平转换构件（梁、桁架等）向下传递		存在 \ 不存在 \ 局部存在
3	楼层承载力突变	抗侧力结构的层间受剪承载力小于相邻上一楼层的80%		存在 \ 不存在 \ 局部存在

结论：本工程存在×项平面不规则，×项竖向不规则。

12.3 针对各种不规则项采取的处理措施

12.3.1　针对表 E. 12.1-2 中存在的第 1a 项不规则，采取如下措施：

【注】根据不规则项采取相应处理措施。

12.3.2　针对表 E. 12.1-2 中存在的第 3 项不规则，采取如下措施：

【注】下表为针对各种不规则的常见处理措施，供设计人员参考。设计人亦应针对本工程的特殊性补充采取相应的其他措施。

高层建筑一般不规则项处理措施表　　　　　　　表 E. 12. 3. 2-1

高层建筑不规则类型	一般不规则项的处理措施	规范依据
1a	计入扭转影响，控制考虑偶然偏心下的弹性位移比不大于 1.5 或 1.4、1.6；控制扭转周期与第一平动周期的比不大于 0.9 或 0.85	《高规》3.4.5 《抗规》3.4.4-1-1
	构件设计考虑双向地震作用	
1b	控制扭转效应：位移比、周期比	《高规》3.4.5 说明
1a、1b	采用抗扭性能好的结构体系，并尽量将抗扭构件布置在平面中抗扭效率较高的位置	
2a	薄弱部位楼板按弹性板输入；控制有效楼板宽度宜不小于该层楼面宽度的 50%；开洞总面积不宜超过楼面面积 30%；扣除凹入或开洞后，楼板在任一方向的最小净宽度不宜小于 5m，且开洞后每一边的楼板净宽度不应小于 2m	《高规》3.4.6 及说明及附图
	薄弱部位采取加强措施：板加厚，板配筋加强，梁配筋加强	《高规》3.4.7 及说明
	考虑薄弱部位失效的补充计算：分体模型或单榀模型	《高规》3.4.6
2b	补充最不利方向地震作用计算	
	凹角位置、易引起应力集中的位置，采取加强措施。如加大楼板厚度、增加板内配筋、设置集中配筋的边梁、配置 45 度斜筋。必要时补充中震或大震作用下的楼板应力分析	《高规》3.4.3 说明
3	加厚洞口附近楼板，提高楼板配筋率，采用双层双向配筋；洞口边缘设置边梁、暗梁；楼板洞口角部集中配置斜向钢筋	《高规》3.4.8
	考虑薄弱部位失效的补充计算：分体模型或单榀模型	
	楼板不连续处上下层对应位置（外延一跨）完整楼板的加强：厚度、配筋率、双层双向钢筋，必要时补充楼板应力分析	
4a	不满足要求的相应楼层，其地震作用标准值的剪力乘以 1.25 的放大系数	《高规》3.5.8
4b	外挑尺寸过大：应考虑竖向地震作用的影响	《高规》3.5.5 说明
	顶部缩进：补充弹性或弹塑性时程分析，并采取有效的构造措施，如提高抗震等级、相关竖向构件加强	《高规》3.5.9 及说明
	缩进层楼板加强；缩进层上下相关构件加强，如柱抗震构造措施等级提高，全高箍筋加密	
5	不满足要求的相应楼层，其地震作用标准值的剪力乘以 1.25 的放大系数	《高规》3.5.8

续表

高层建筑 不规则类型	一般不规则项的处理措施	规范依据
6	不满足要求的相应楼层，其地震作用标准值的剪力乘以 1.25 的放大系数	《高规》3.5.8
	薄弱层上下相关竖向构件加强，如柱抗震构造措施等级提高，全高箍筋加密	
7	穿层柱：控制轴压比；控制长细比；穿层柱配筋不小于同层典型非穿层柱配筋；对重要穿层柱补充必要的性能化设计；必要时按同层典型柱剪力比例放大穿层柱底小震弯矩	
	斜柱：保证斜柱上下端水平分力的有效传递途径，并充分考虑其对主体结构及相关构件的不利影响	
	错层：较大的错层参考楼板不连续 3 的处理措施；错层处竖向构件的加强处理，错层柱按中震设计	《抗规》3.4.3 说明

多层建筑一般不规则项处理措施表 表 E. 12. 3. 2-2

多层建筑 不规则类型		一般不规则项的处理措施	规范依据
平面不规则	1	计入扭转影响，控制考虑偶然偏心下的弹性位移比不大于 1.5	《抗规》3.4.4-1
		构件设计考虑双向地震作用	
		采用抗扭性能好的结构体系，并将抗扭构件在平面中均匀布置	
	2	薄弱部位楼板按弹性板输入	《抗规》3.4.4-1
		薄弱部位采取加强措施：板加厚，板配筋加强，梁配筋加强	
		考虑薄弱部位失效的补充计算：分体模型或单楼模型	
		凹角位置、易引起应力集中的位置，采取加强措施。如加大楼板厚度、增加板内配筋、设置集中配筋的边梁、配置 45 度斜筋	
	3	加厚洞口附近楼板，提高楼板配筋率，采用双层双向配筋；洞口边缘设置边梁、暗梁；楼板洞口角部集中配置斜向钢筋	
		考虑薄弱部位失效的补充计算：分体模型或单楼模型	
		楼板不连续处上下层对应位置（外延一跨）完整楼板的加强：厚度、配筋率、双层双向钢筋	
	1、2、3	根据实际情况分块计算扭转位移比，对扭转较大的部位应采用局部的内力增大系数	《抗规》3.4.4-1
竖向不规则	1	相邻层的侧向刚度比应依据其结构类型符合抗规相关章节的规定	《抗规》3.4.4-2
	2	不连续的构件传递给水平转换构件的地震内力根据烈度高低和水平转换构件的类型、受力情况、几何尺寸等，乘以 1.25～2.0 的增大系数	《抗规》3.4.4-2
	3	薄弱层抗侧力结构的受剪承载力不应小于相邻上一楼层的 65%	《抗规》3.4.4-2
		薄弱层上下相关竖向构件加强，如柱抗震构造措施等级提高，全高箍筋加密	

13. 其他结构设计重点

【注】包括但不仅限于以下几点，设计人员应根据工程具体情况取舍补充。

13.1　大跨度混凝土结构设计

【注】大跨结构描述：所在楼层及位置、跨度、荷载情况、构件布置、构件截面。必要时配图。

【注】采取的措施：考虑竖向地震作用，包含竖向地震作用的计算方法；单构件验算；设置预应力：预应力设置的原则和计算方法；挠度计算方法和控制原则；裂缝计算方法和控制原则；舒适度验算等。

13.2　长悬臂混凝土结构设计

【注】长悬臂结构描述：所在位置、悬臂长度、荷载情况、构件布置、构件截面。必要时配图。

【注】采取的措施：考虑竖向地震作用，包含竖向地震作用的计算方法；单构件验算；设置预应力：预应力设置的原则和计算方法；挠度计算方法和控制原则；裂缝计算方法和控制原则等。

13.3　超长结构设计

【注】类型：地下室结构超长/上部结构超长；

超长状态描述：平面尺寸（简图）；

温度应力分析：计算温差取值方法、计算模型关键参数；

设计处理措施：建筑措施、结构布置、结构设计措施、施工措施等、使用要求。

13.4　正常使用要求

【注】挠度控制、裂缝控制、舒适度要求。

13.5　楼板设计要求

【注】计算软件、计算方法（弹性或塑性）、弹性设计时内力重分布的参数、塑性设计参数。

13.6　次梁设计方法

【注】次梁在程序中是否按"次梁"输入，次梁端部是否点铰，点铰或不点铰时的设计注意事项。

13.7　梁穿洞做法

【注】针对本工程的穿洞尺寸、位置的限制，穿洞的处理措施：补充计算、构造措施。

13.8　框架结构楼梯设计

【注】框架结构中考虑楼梯对主体结构刚度的影响，或采取脱开、滑动、设梯柱且楼梯间四角增设框架柱等措施。

13.9　重要节点设计

【注】节点位置、截面，受力情况，分析方法，注意事项。

14. 人防地下室结构设计

14.1　人防地下室概况

【注】面积、位置、单元划分、类别、抗力等级、战时平时使用功能等。

14.2　结构形式及构件尺寸

【注】基本构件尺寸，如墙厚、板厚等。

14.3　结构材料

【注】对于人防地下室材料提出的特别要求。

14.4　规范依据和选用图集

【注】国家规范或地方规范、全国通用图集或地方图集及版本，还应注明建筑专业选用的图集版本。

14.5　结构计算软件

【注】整体计算软件、单构件计算软件。

14.6　人防等效静荷载

【注】根据人防等级按构件列出。

15. 结构制图要求

15.1　结构制图应遵循院公司于 2018 年 1 月颁布的《钢筋混凝土结构施工图统一绘制方法》(2018)。

15.2　DWG 文件编制规则及图层设置应符合《二维协同 CAD 制图标准》(CADIQB-2012-1)，相关图纸应在院公司二维协同平台上绘制。

【注】必要时注明图纸参照关系及命名、存放位置要求。

15.3　结构设计中应用的节点详图应参照院公司《结构绘图标准化节点图库-1、-2》绘制。

本工程平面图比例 1：100，混凝土节点详图比例 1：30，钢结构节点详图比例1：10。

16. 本技术条件将随设计进程的深入不断补充完善，以封面的日期作为版本标示

【注】为方便设计人员使用，对于技术条件的局部修正和补充可以补充附件的形式及时下发，待修改积累一定数量后再整体升版。

17. 尚未解决的问题列表

【注】提醒编制人及设计人还有哪些问题没有确定，需要和谁确定，已确定问题应加入到前文正文中。

尚未解决问题表   表 E. 17. 0-1

编号	名称	内容	待确认方	待确定日期或截止期
1	××	××	××	××
2				

说明：因篇幅所限，此处略去结构技术条件范例及应用的相关内容，可登录中国建筑设计院有限公司官网查询更多内容。

附录 F 建筑工程项目勘察技术要求

1. 工程概况

1.1 工程综合概况介绍。一般包括工程名称、地理位置、建筑主要功能及特点、建筑规模、建筑高度等内容。

1.2 工程结构概况。一般包括建筑层数（地上、地下）、结构高度、地下室埋深；主体结构体系、楼（屋）盖结构形式；主要柱距及最大柱距尺寸、估算最大柱底力或基底压力；以及其他需勘察单位知晓的建筑结构技术数据。

多子项时可按表 F.1.2-1 介绍。

结构基本情况表　　　　　　　　　　　　　　　　　表 F.1.2-1

项目名称	主体结构形式	楼（屋）盖结构形式	房屋高度	地上层数	地下室层数	柱距/最大柱距	最大柱底力或基底压力
子项1	钢筋混凝土框架结构	现浇混凝土梁板结构					
子项2	钢筋混凝土框架结构	膜结构					
子项3	钢筋混凝土框架-抗震墙结构	钢网架结构					

1.3 （已定或暂定）本工程±0.000 标高相对的绝对标高为××.×××m。

1.4 （一般均应给出）本工程的勘察重要性等级为××级。

2. 本工程勘察遵循的标准、规范、规程

《岩土工程勘察规范》GB 50021—××××；

《高层建筑岩土工程勘察规程》JGJ 72—××××；

《建筑地基基础设计规范》GB 50007—××××；

《建筑桩基技术规范》JGJ 94—××××；

《建筑抗震设计规范》GB 50011—××××；

地方标准（如 DBJ ××××）及现行其他有关规范、规程。

3. 岩土工程勘察主要技术要求

3.1 查明不良地质作用的类型、成因、分布范围、发展趋势和危害程度，提供不良地质作用防治工程所需的岩土技术参数和提出整治方案的建议；

3.2 查明建筑范围内岩土层的类型、深度、分布范围、工程特性，分析和评价地基的稳定性、均匀性和承载力；

3.3 提供地基变形计算参数，预测建筑物的变形特征，为沉降计算提供依据；

3.4 查明埋藏的河道、沟浜、墓穴、防空洞、孤石等对工程不利的埋藏物；

3.5 查明地下水的埋藏条件，提供地下水位及其变化幅度，并提供抗浮设计水位；

3.6 判断地下水和土对建筑材料的腐蚀性；

3.7 划分场地类别，划分对抗震有利、不利或危险的地段；

3.8 进行场地和地基地震效应的岩土工程勘察，查明场地邻近是否存在断层，提出勘察场地的抗震设防烈度，设计基本地震加速度和设计特征周期分区；

3.9 判别可能产生液化的土层，确定液化指数和液化等级；

3.10 查明场地内是否存在软土分布层，判别震陷的可能性并估算震陷量；

3.11 根据地层分布条件及室内试验、原位测试结果，分析地基土的工程特性，提出安全、合理的地基及基础方案；如需采用桩基时，则需要评价场地采用桩基时的成桩可能性，并提供桩基计算参数及推荐选用桩型；若有产生负摩阻力的可能性，提供计算参数及解决措施的建议；

3.12 提供基坑设计所需参数，评价边坡稳定性、坑底及侧壁的渗透稳定性，评估降水对周边建筑的影响；

3.13 提供场地土的标准季节性冻胀深度；

3.14 其他勘查单位认为需要查明而以上未包括的内容。

其余勘察技术要求需遵循《岩土工程勘察规范》（GB 50021—××××）、《高层建筑岩土工程勘察规程》（JGJ 72—××××）和《建筑地基基础设计规范》（GB 50007—××××）相关条款执行。

4. 勘察钻孔设计说明（一般有附图）

勘探点布置平面图是根据现有的建筑方案进行的点位初步布置。技术要求应严格按照《岩土工程勘察规范》GB 50021—××××及《高层建筑岩土工程勘察规程》JGJ 72—××××执行。本勘探点布置平面图为建议方案，勘察单位可根据场地的实际情况及上述规范的要求进行适当的调整。

勘探点平面（附图）布置原则：

当建筑占地面积较小，建筑单体较少时，可根据总图建筑物平面位置初步布孔。一般孔距20～30m之间。

当建筑占地面积较大，建筑单体较多时，可直接要求按网格布孔。一般孔距双向间距25～40m之间。勘察单位可根据现场地质复杂程度进行调整。

说明：因篇幅所限，此处略去岩土工程勘察任务书范例，可登录中国建筑设计院有限公司官网查询更多内容。勘察任务书一般不由设计方提供，而应由甲方或项目管理方提出。

附录 G　风洞试验技术条件

1　风洞试验技术条件

1.1　术语

1.1.1　风洞试验　wind tunnel test

在风洞中进行，研究空气流经物体所产生的流动现象和气动效应的试验。

1.1.2　刚性模型　rigid model

在试验风速下，变形和位移及其对流场的影响可以忽略不计的建筑物模型。

1.1.3　测压试验　wind pressure test

利用压力传感器测量风力作用下建筑物表面风压的风洞试验，可获得建筑物的体型系数。

1.1.4　测力试验　wind force test

利用力传感器测量风力作用下建筑物整体受力的风洞试验。

1.1.5　气动弹性模型试验　aeroelastic model test

测量气动弹性模型在风力作用下的风致振动的风洞试验。

1.1.6　计算流体动力学数值模拟　CFD numerical simulation

根据计算流体动力学的基本原理，通过数值方法求解流动参数，在此基础上研究流动现象和气动效应的方法。

【注】《建筑工程风洞试验方法标准》第 2.1 节。

1.2　风洞试验建筑特点

1.2.1　当多栋或群集的高层建筑相互间距较近时，宜考虑风力相互干扰的群体效应。一般可将单栋建筑的体型系数乘以相互干扰增大系数，该系数可参考类似条件的试验资料确定；必要时宜通过风洞试验确定。

【注】《高层建筑混凝土结构技术规程》JGJ 3—2010 第 4.2.4 条和《建筑结构荷载规范》GB 50009—2012 第 8.3.2 条。

1.2.2　房屋高度大于 200m 或有下列情况之一时，宜进行风洞试验，判断、确定建筑物的风荷载：

① 平面形状或立面形状复杂；

② 立面开洞或连体建筑；

③ 周围地形和环境较复杂。

【注】《高层建筑混凝土结构技术规程》JGJ 3—2010 第 4.2.7 条和《高层民用建筑钢

结构技术规程》JGJ 99—2015 第 5.2.7 条。

1.2.3 高度大于 400m 的超高层建筑或高度大于 200m 的连体建筑，宜在不同风洞试验室进行独立对比试验。当对比试验的结果差别较大时，应经专门论证确定合理的试验取值。

【注】《建筑工程风洞试验方法标准》第 3.2.2 条。

1.2.4 对于风敏感的或跨度大于 36m 的柔性屋盖结构，应考虑风压脉动对结构产生风振的影响。屋盖结构的风振响应，宜依据风洞试验结果按随机振动理论计算确定。

【注】《建筑结构荷载规范》GB 50009—2012 第 8.4.2 条。

1.2.5 对于多个连接的球面网壳和圆柱面网壳，以及各种复杂形体的空间网格结构，当跨度较大时，应通过风洞试验或专门研究确定风载体型系数。对于基本周期大于 0.25s 的空间网格结构，宜进行风振计算。

【注】《空间网格结构技术规程》JGJ 7—2010 第 4.1.3 条。

1.3　风洞试验方法

1.3.1 体型复杂、对风荷载敏感或者周边干扰效应明显的重要建筑物和构筑物，应通过风洞试验确定其风荷载。

1.3.2 主要受力结构的风荷载及风致响应，应通过测压试验并结合风振计算或高频测力天平试验确定。

1.3.3 围护结构及其他局部构件的风荷载，应通过刚性模型测压试验确定。

1.3.4 有明显气动弹性效应的建筑工程，宜进行气动弹性模型试验。

1.3.5 风环境舒适度、风致介质运输、风致积雪漂移等，可采用风洞试验或数值模拟方法进行评价。

【注】《建筑工程风洞试验方法标准》第 3.1 节。

1.4　风洞试验要求

1.4.1 建筑工程风荷载风洞试验，应选择不少于 2 个风向角进行重复测量。重复测量得到的各点平均压力系数或平均风力系数，应满足允许绝对偏差为 ±0.02 或允许相对偏差为 ±5%。

1.4.2 试验模型应满足与试验原型的几何相似，并应包括测试模型和周边环境模型。测试模型应模拟可能对试验结果产生明显影响的建筑结构细部；周边环境模型应包括可能对试验结果产生显著影响的周边建筑和环境。模型的加工精度应满足试验要求。

1.4.3 试验模型的尺寸应足够大，且应符合下列规定：

① 阻塞比宜小于 5%，且不应超过 8%；

② 测试模型与风洞边壁的最短距离不应小于试验段宽度的 15%；

③ 测试模型与风洞顶壁的最短距离不应小于试验段高度的 15%；

④ 模型几何缩尺比宜与湍流积分尺度缩尺比接近。

1.4.4　试验风速应根据试验类别、测量仪器精度和频率相似比等因素确定。气动弹性模型试验的自由来流风速不宜小于 5m/s，测压试验和测力试验的自由来流风速不宜小于 8m/s。

1.4.5　试验时，应保持试验风速稳定。模型姿态改变后，应待流场稳定后再进行测试。

1.4.6　当模型区静压与洞体外静压差别较大时，应采取防止洞壁内外出现空气流动的密闭措施。

1.4.7　应根据建筑外形及周边干扰情况选择多个风向角进行试验。风荷载试验的风向角间隔不应大于 15°，风环境试验的风向角间隔不应大于 22.5°。特殊试验可根据实际情况确定风向角。

1.4.8　进行对雷诺数敏感的建筑物或构筑物的风洞试验时，应采取增加模型表面粗糙度等试验技术措施，减小雷诺数效应对试验结果的影响。

【注】《建筑工程风洞试验方法标准》第 3.2 节。

1.5　风洞试验资料

为方便试验单位制作风洞试验模型及进行风振分析，设计院需提供以下资料：

风洞试验技术要求；

建筑专业和结构专业初步设计图纸；

结构计算模型；

建筑效果图。

2　高层、超高层项目风洞试验技术要求

2.1　工程概况

2.1.1　介绍拟建工程的工程概况，应包括项目组成、拟建地点、占地面积、建筑面积、建筑立面特点、建筑高度和层数、主要功能、周边环境特点、场地情况等。

2.1.2　宜配建筑效果图，更加直观。

2.2　主体结构体系

2.3　风洞试验技术要求

2.3.1　风洞试验应满足《建筑工程风洞试验方法标准》JGJ/T 338—2014 的要求。

2.3.2　试验目的

由于塔楼的建筑高度较高，且塔楼周边建筑密集，塔楼彼此间距较近，由于涡旋气流的相互干扰，某些部位的局部风压可能会显著增大，需要通过风洞试验确定准确的与现行规范相适应的拟建建筑物风荷载效应与风压分布，包括风荷载体型系数、风振系数、等效静力荷载等，以确定主体结构与幕墙结构的风荷载，用来指导结构设计中的风荷载取值。通过风环境试验判断建筑物使用者和周围道路使用者的舒适度。

【注】《高层建筑混凝土结构技术规程》JGJ 3—2010 第 4.2.7 条和《高层民用建筑钢结构技术规程》JGJ 99—2015 第 5.2.7 条规定房屋高度大于 200m 的高层民用建筑，宜进行风洞试验或通过数值技术判断确定其风荷载。

2.3.3　模型要求

本试验为刚性模型测压试验，模型应与原型外形相似，准确模拟建筑的体型与局部构造，并应考虑半径 600m（以本建筑为圆心）范围内已建和拟建建筑的影响。模型尺寸建议比例 1∶200 左右，不得低于 1∶300，具体比例应根据试验条件确定，符合下列规定：

① 阻塞比不应超过 5%；

② 测试模型与风洞边壁的最短距离不应小于试验段宽度的 15%；

③ 测试模型与风洞顶壁的最短距离不应小于试验段高度的 15%；

④ 模型几何缩尺比宜和湍流积分尺度缩尺比接近。

模型应具有足够的刚度，以使其在试验风速的作用下有足够的稳定性且不发生振动，保证试验结果的准确性。采用增加模型结构表面粗糙度的方法使其表面附近的绕流提前进入紊流状态，从而达到对实际结构高雷诺数效应的近似模拟。

在试验模型表面上应布置充足测点，充分考虑到风压沿塔身高度方向与环向的变化情况，且能充分反映相邻塔身之间的相互影响，测点布置标注后，应由甲方确认后再安装测点。用电子扫描阀测量结构上的风压系数和风力。

将建筑模型正北方向的中轴线定义为 0°角，在 0°～360°范围内每转动 10°测试一次，即模拟 36 个风向。试验风速按重现期为 100 年的基本风压确定，并按照模型比例、测试时间（折算为全尺 10min、10m 高度标准风速）确定风洞试验风速与采样频率，折合全尺采样频率不低于 5Hz。

最终模型和测点布置应以本项目相关设计方验收为标准。

2.3.4　设计风速和风场模拟

根据我国《建筑结构荷载规范》GB 50009—2012，＿＿＿市重现期为 10 年的基本风压为＿＿＿kN/m²，重现期为 50 年的基本风压为＿＿＿kN/m²，重现期为 100 年的基本风压为＿＿＿kN/m²。拟建场地地面粗糙度为＿＿＿类。

测试前首先应对风洞试验段的梯度风速剖面与湍流度进行校准，确定风速参考点的高度，为了保证风的流动特征尽量与实际相近，考虑场地模型以外的大气边界层上风向地貌影响，应通过在风洞工作段前方设置适当的湍流尖塔与地面粗糙元，对每个风向逐一模拟平均风速剖面、紊流度和脉动风速功率谱等必要的风场参数。

2.3.5　结构动力响应分析及等效风荷载计算

在以上试验的基础上，根据结构表面脉动风压力测试结果，计算结构顶点加速度响应（10 年重现期、不同阻尼比（1%、1.5% 和 2%）、顺风向和横风向、各风向角），计算结构各层位移响应（50 年重现期、不同阻尼比（2%、2.5% 和 3%）），计算结构的风振系数与相应的各层总等效静力风荷载及基底反力（50年和100年重现期、原始周期及原始周期±0.5s、不同阻尼比（2%、2.5%和3%）、各风向角）。

2.3.6 对当地风气候的考虑

为了计及不同风向的出现率差别以及在不同风向下风速的强弱差别，所得结构响应需要结合当地的风气候统计资料，以求出作为回归期函数的峰值响应。风气候模型应根据建筑场地附近的地面风历史资料建立，由于拟建场地受台风影响，还需要进行台风的蒙特卡洛模拟，以弥补实际台风记录数量不足造成统计方面的缺陷。

2.4 **试验单位应完成的工作**

2.4.1 根据本要求制定详细的试验方案，编制试验大纲，经设计单位确认后，方可进行试验工作。

2.4.2 完成模型制作、风场调试、风洞试验。

2.4.3 提供风洞试验结果（包括但不限于平均风荷载、负压分布区域及大小、用于立面、屋面设计的局部风荷载），在提交正式试验报告前一周向设计单位提供试验报告初稿，并根据设计单位需要对报告进行修改、补充。

2.4.4 提供主体结构动力响应（加速度和位移），风振系数与相应的各层总等效静力风荷载（整体坐标系下及各风向角相对坐标系下）及基底反力、舒适度分析。

2.4.5 提供围护结构阵风风荷载、极值风荷载，以及用于围护结构设计的风荷载推荐值。

2.4.6 提供屋顶塔冠内、外表面风荷载，塔楼标准层外伸装饰肋的风荷载。

2.4.7 收集工程建设地点周边风洞试验需要的资料，如地形地貌、邻近建筑等。

2.4.8 对建筑物不同位置和周围道路的风环境进行测试评估。

2.4.9 对屋面体系对风掀力的抵抗程度进行评估。

2.5 **试验单位应提交的成果**

2.5.1 36个风向角下，建筑表面测点的平均风压系数、瞬时最大风压系数、瞬时最小风压系数及均方差，并给出根据测点分块的风压系数。

2.5.2 36个风向角下，建筑表面的测点风压时程记录。

2.5.3 36个风向角下，对应于50年和100年重现期的作用在结构上的10min平均风压，建筑表面的分块体型系数等。

2.5.4 给出36个风向角下风压分布的特点描述，分别给出根据规范方法与极值统计方法计算得到的用于围护结构的设计风压，并给出用于围护结构设计的风压推荐值。

2.5.5 给出结构36个风向角下的分块风振系数与对应于50年和100年重现期的各层总等效静力风荷载（整体坐标系下及各风向角相对坐标系下），并考虑不同阻尼比对风振系数的影响，结果可直接用于结构设计。

2.5.6 给出结构在风荷载下的最不利风向角分析，提出设计建议。

2.5.7　塔楼的舒适度分析。

2.5.8　比较考虑周边建筑存在与单独测试模型时风压系数的变化情况。

2.5.9　应对模型测试结果的影响因素（如试验风速、湍流度及雷诺数）进行分析。

2.5.10　模型无法表现的建筑部分以及特殊区域，需按照甲方要求提供取值建议。

2.5.11　建筑物不同位置和周围道路的风环境测试评估结果。

2.5.12　屋面体系对风掀力的抵抗程度评估结果。

2.5.13　提供研究报告 8 份及上述全部试验数据、全部相关的电子文件。

2.6　进度要求

对风洞试验单位提交报告的时间提出要求。

3　大跨度项目风洞试验技术要求

3.1　工程概况

3.1.1　拟建工程的工程概况，应包括项目组成、拟建地点、占地面积、建筑面积、建筑体型特点、屋盖跨度、主要功能、周边环境特点、场地情况等。

3.1.2　宜配建筑效果图，更加直观。

3.2　主体结构体系

3.3　风洞试验技术要求

3.3.1　风洞试验应满足《建筑工程风洞试验方法标准》JGJ/T 338—2014 的要求。

3.3.2　试验目的

由于＿＿＿项目体型复杂，屋盖的风致动力效应显著，风荷载的静力和动力作用都比较敏感，结构抗风设计十分重要，而准确估算屋盖的风荷载又十分困难，需要通过风洞试验确定准确的与现行规范相适应的拟建建筑物风荷载效应与风压分布，包括风荷载体型系数、风振系数、等效静力荷载等，以确定主体结构与幕墙结构的风荷载，用来指导结构设计中的风荷载取值。通过风环境试验判断建筑物使用者和周围道路使用者的舒适度。

3.3.3　模型要求

本试验为刚性模型测压试验，模型应与原型外形相似，准确模拟建筑的体型与局部构造，并应考虑半径 600m（以本建筑为圆心）范围内已建和拟建建筑的影响。模型尺寸建议比例 1：200 左右，具体比例应根据试验条件确定，符合下列规定：

① 阻塞比不应超过 5%；

② 测试模型与风洞边壁的最短距离不应小于试验段宽度的 15%；

③ 测试模型与风洞顶壁的最短距离不应小于试验段高度的 15%；

④ 模型几何缩尺比宜和湍流积分尺度缩尺比接近。

模型应具有足够的刚度，以使其在试验风速的作用下有足够的稳定性且不发生振动，保证试验结果的准确性。采用增加模型结构表面粗糙度的方法使其表面附近的绕流提前进入紊流状态，从而达到对实际结构高雷诺数效应的近似模拟。

在试验模型表面上应布置充足测点，充分考虑到风压沿高度方向与环向的变化情况，测点布置标注后，应由甲方确认后再安装测点。用电子扫描阀测量结构上的风压系数和风力。

将建筑模型正北方向的中轴线定义为 0°角，在 0°～360°范围内每转动 10°测试一次，即模拟 36 个风向。试验风速按重现期为 100 年的基本风压确定，并按照模型比例、测试时间（折算为全尺 10min、10m 高度标准风速）确定风洞试验风速与采样频率，折合全尺采样频率不低于 5Hz。

最终模型和测点布置应以本项目相关设计方验收为标准。

3.3.4 设计风速和风场模拟

根据我国《建筑结构荷载规范》GB 50009—2012，____市重现期为 10 年的基本风压为____kN/m²，重现期为 50 年的基本风压为____kN/m²，重现期为 100 年的基本风压为____kN/m²。拟建场地地面粗糙度为____类。

测试前首先应对风洞试验段的梯度风速剖面与湍流度进行校准，确定风速参考点的高度，为了保证风的流动特征尽量与实际相近，考虑场地模型以外的大气边界层上风向地貌影响，应通过在风洞工作段前方设置适当的湍流尖塔与地面粗糙元，对每个风向逐一模拟平均风速剖面、紊流度和脉动风速功率谱等必要的风场参数。

3.3.5 结构动力响应分析及等效风荷载计算

在以上试验的基础上，根据结构表面脉动风压力测试结果，计算结构风振动力响应（位移），计算结构的模态、风振系数、体型系数与相应的总等效静力风荷载。

3.3.6 对当地风气候的考虑

为了计及不同风向的出现率差别以及在不同风向下风速的强弱差别，所得结构响应需要结合当地的风气候统计资料，以求出作为回归期函数的峰值响应。风气候模型应根据建筑场地附近的地面风历史资料建立，由于拟建场地受台风影响，还需要进行台风的蒙特卡洛模拟，以弥补实际台风记录数量不足造成统计方面的缺陷。

3.4 试验单位应完成的工作

3.4.1 根据本要求制定详细的试验方案，编制试验大纲，经设计单位确认后，方可进行试验工作。

3.4.2 完成模型制作、风场调试、风洞试验。

3.4.3 提供风洞试验结果（包括但不限于主体结构外形、大跨度屋盖的平均风荷载、负压分布区域及大小、用于立面、屋面设计的局部风荷载），在提交正式试验报告前一周向设计单位提供试验报告初稿，并根据设计单位需要对报告进行修改、补充。

3.4.4 提供主体结构动力响应（位移）以及风振系数、体型系数与相应的等效静力风荷载。

3.4.5 提供围护结构阵风风荷载、极值风荷载，以及围护结构设计的风荷载推荐值。

3.4.6 收集工程建设地点周边风洞试验需要的资料，如地形地貌、邻近建筑等。

3.4.7 对建筑物不同位置和周围道路的风环境进行测试评估。

3.4.8 对屋面体系对风掀力的抵抗程度进行评估。

3.5　试验单位应提交的成果

3.5.1 36 个风向角下，建筑表面测点的平均风压系数、瞬时最大风压系数、瞬时最小风压系数及均方差，并给出根据测点分块的风压系数。

3.5.2 36 个风向角下，建筑表面的测点风压时程记录。

3.5.3 36 个风向角下，对应于 50 年和 100 年重现期的作用在结构上的 10min 平均风压，建筑表面的分块体型系数等。

3.5.4 给出 36 个风向角下风压分布的特点描述，分别给出根据规范方法与极值统计方法计算得到的用于围护结构的设计风压，并给出用于围护结构设计的风压推荐值。

3.5.5 给出结构 36 个风向角下的分块风振系数与对应于 50 年和 100 年重现期的总等效静力风荷载分布，结果应可直接用于结构设计。

3.5.6 给出结构在风荷载下的最不利风向角分析，提出设计建议。

3.5.7 比较考虑周边建筑存在与单独测试模型时风压系数的变化情况。

3.5.8 应对模型测试结果的影响因素（如试验风速、湍流度及雷诺数）进行分析。

3.5.9 模型无法表现的建筑部分以及特殊区域，需按照甲方要求提供取值建议。

3.5.10 建筑物不同位置和周围道路的风环境测试评估结果。

3.5.11 屋面体系对风掀力的抵抗程度评估结果。

3.5.12 提供研究报告 8 份及上述全部试验数据、全部相关的电子文件。

3.6　进度要求

对风洞试验单位提供报告的时间进行要求。

说明：因篇幅所限，此处略去风洞试验报告范例及应用的相关内容，可登录中国建筑设计院有限公司官网查询更多内容。

附录 H　结构专业方案设计说明编制要点

前　　言

为了规范结构专业方案设计说明的基本内容及深度，形成统一的文字与图纸表达方式，特此编制《结构专业方案设计说明编制要点》（以下简称《编制要点》）。

本《编制要点》是依据中华人民共和国住房和城乡建筑部文件《建筑工程设计文件编制深度规定》，参考我院以往相关工程的结构专业方案设计说明实例编制的。目前仅列出了钢筋混凝土结构（包括框架结构、框架-剪力墙结构、框架-核心筒结构、剪力墙结构），对于其他结构体系，应按同样的原则要求编写说明。

工程的结构专业方案设计说明经校审后，应交设计主持人（设总）统一排版、编辑、打印，交付业主。

在编写时应特别注意以下问题：

1. 必须结合工程所在国家、地区的法律、法规和工程具体情况，突出重点和难点，对说明的内容予以增减；

2. 当采用新技术、新材料、新工艺时，应予以补充说明；

3. 对引用的设计规范中已经有明确规定的内容，如本设计没有更高的要求，则不需要再在说明中重复；

4. 说明应针对工程的具体情况，内容简单明了，不应写入与本工程无关的内容；

5. 本《编制要点》的主要目的是明确方案设计说明中应包含的主要内容，涉及的技术问题应根据每个工程的具体情况而有所区别，不能简单地照搬照抄。

为了方便设计人员对《编制要点》理解和使用，在示例 1 中提供了按《编制要点》要求编写的钢筋混凝土框架-剪力墙结构方案说明实例；对于简单、规模较小的工程，在示例 2 中提供了简版的方案说明实例；供设计人员在撰写时参考。

结构专业方案设计说明编制要点

1. 工程概况

1.1　工程建设地点、工程分区、主要功能、建筑面积。

1.2　各单体（或分区）建筑的平面尺寸和高度，地上与地下层数。

1.3　各单体（或分区）建筑的结构体系，楼盖结构及基础类型等，特殊结构及构造。当有人防要求时应说明人防工程的楼层范围、类别及抗力等级。

1.4　当工程划分区段时，应以小比例平面示意图和指北针表示各区段的位置关系和方向。

第 1.1～1.3 条也可列表说明以上情况。

工程概况表

表 H. 1. 4-1

分区	楼号	建筑层数 （地上/地下）	房屋高度 （m）	结构体系	楼盖结构	基础形式	人防 范围	人防 防护类别	人防 抗力等级

2. 建筑结构的安全等级及设计使用年限

应说明下列建筑分类等级及所依据的规范或批文：

建筑结构的安全等级：＿＿＿＿＿＿＿＿级

设计使用年限：＿＿＿＿＿＿＿＿年

耐久性设计年限：＿＿＿＿＿＿＿＿年（【注】当与设计使用年限不一致时应列出）

设计基准期：＿＿＿＿＿＿＿＿年

建筑抗震设防类别：＿＿＿＿＿＿＿＿类

地基基础设计等级：＿＿＿＿＿＿＿＿级

建筑物的耐火等级：＿＿＿＿＿＿＿＿级

地下室防水等级：＿＿＿＿＿＿＿＿级

【注】若设计使用年限 100 年仅为耐久性要求时，应指明耐久性年限 100 年，设计基准期为 50 年。

上述参数也可列表说明。

设计使用年限及安全等级表　　　　表 H. 2. 0-1

设计使用年限		建筑结构的安全等级	
设计基准期		建筑物的耐火等级	
地基基础设计等级		地下室防水等级	
建筑抗震设防类别			

3. 自然条件

3.1　风荷载

基本风压：_____kN/m²

地面粗糙度类别：_____类

【注】1　基本风压取 50 年一遇的风压，但不得小于 0.3kN/m²。层间位移角验算取 50 年一遇的基本风压。

2　风荷载有特殊要求时，应加以说明。对风荷载比较敏感的高层建筑，承载力设计时应按基本风压的 1.1 倍采用。高、柔结构体系的舒适度验算取 10 年一遇的风压。

3.2　雪荷载

基本雪压：_____kN/m²

【注】一般采用 50 年重现期的雪压；对雪荷载敏感的结构如大跨、轻质屋盖结构，应采用 100 年重现期的雪压。

屋面积雪分布系数应根据不同类别的屋面形式按规范采用。

3.3　抗震设防有关参数

拟建场地地震基本烈度：_____度；

抗震设防烈度：_____度，设计基本地震加速度值：_____g；

设计地震分组：第_____组；

建筑场地类别：_____类，场地特征周期：_____s；

抗震措施按：_____度，地震作用按：_____度；

阻尼比：_____。

上述参数也可列表说明。

结构设计参数表　　　　表 H. 3. 3-1

基本风压（kN/m²）		基本雪压（kN/m²）	
地面粗糙度类别		设计地震分组	
场地地震基本烈度		建筑场地类别	
抗震设防烈度		抗震措施	
场地特征周期		地震作用	
设计基本地震加速度值		阻尼比	

4. 结构设计所遵循的主要标准、规范、规程及规定

包括标准、规范、规程及规定的名称、编号、年号和版本号。

除地方标准和特殊情况外，所引用的标准、规范、规程应符合院公司颁布的《设计规范、规程、标准有效版本目录》。需要时，应列出有关的施工质量验收规范名称。

5. 本工程设计计算所采用的计算程序

5.1 整体计算：采用×××程序（版本号、时间）；

5.2 基础计算：采用×××程序（版本号、时间）；

5.3 其他计算：采用×××程序（版本号、时间）。

【注】采用的计算程序和版本号应符合院公司颁布的《计算机应用软件有效版本目录》。

6. 设计采用的主要荷载（作用）取值

6.1 楼面和屋面活荷载标准值

楼面和屋面活荷载标准值表　　　　　　　　表 H.6.1-1

部　　位	标准值（kN/m²）
不上人屋面	0.5
上人屋面	2.0
…	…
消防疏散楼梯	3.5
…	…

6.2 特殊设备荷载标准值

7. 主要结构材料

7.1 钢筋

普通钢筋：…

预应力钢筋：…

7.2 混凝土

各部位结构构件的混凝土强度等级：

混凝土强度等级　　　　　　　　　表 H. 7. 2-1

构件部位	混凝土强度等级	备　注
基础垫层	C15	
基础底板	…	抗渗等级 P_x
…	…	

7.3　型钢、钢板、钢管

热轧 H 形钢：Q235-B，……

8. 结构选型

8.1　上部及地下室结构选型及结构布置说明，一般应包括结构体系、基本柱网、楼盖及屋盖体系、结构设缝情况、结构抗震等级、结构构件的尺寸等。

【注】当工程划分区段时，应对各区段分别叙述。如有必要附简图或不同结构方案的比选说明。

8.2　嵌固端的选择说明

【注】是否有不同嵌固端的包络设计。

8.3　关键技术问题的处理方法、特殊技术的说明，结构重要节点、支座的说明，特殊部位（如结构超长、大跨、局部楼板不连续、钢骨混凝土结构等）的处理等。

8.4　对不规则等特殊部位的应对措施。

9. 基础设计

9.1　基础选型说明。

9.2　有条件时说明基础类型和持力层情况（土层情况、地基承载力等）。

9.3　基础抗浮设计说明，如采用措施比较，配重、抗拔桩、抗拔锚杆等。

【注】必要时提供。

9.4　对相邻既有建筑物等的影响及保护措施。

【注】必要时提供。

9.5　其他特殊技术的说明。

【注】必要时提供。

说明：因篇幅所限，此处略去方案设计说明范例及应用的相关内容，可登录中国建筑设计院有限公司官网查询更多内容。

附录 J　结构专业初步设计说明编制要点

前　言

为了规范结构专业初步设计说明的基本内容及深度，形成统一的文字与图纸表达方式，特此编制《结构专业初步设计说明编制要点》（以下简称《编制要点》）。

本《编制要点》是依据中华人民共和国住房和城乡建筑部文件《建筑工程设计文件编制深度规定》，参考我院以往相关工程的结构专业初步设计说明实例编制的。目前仅列出了钢筋混凝土结构（包括框架结构、框架-剪力墙结构、框架-核心筒结构、剪力墙结构），对于其他结构体系，应按同样的原则要求编写说明。

工程的结构专业初步设计说明经校审后，应交设计主持人（设总）统一排版、编辑、打印，交付业主。

在编写时应特别注意以下问题：

1. 必须结合工程所在国家、地区的法律、法规和工程具体情况，突出重点和难点，对说明的内容予以增减；

2. 当采用新技术、新材料、新工艺时，应予以补充说明；

3. 对引用的设计规范中已经有明确规定的内容，如本设计没有更高的要求，则不需要再在说明中重复；

4. 说明应针对工程的具体情况，内容简单明了，不应写入与本工程无关的内容；

5. 本《编制要点》的主要目的是明确初步设计说明中应包含的主要内容，涉及的技术问题应根据每个工程的具体情况而有所区别，不能简单地照搬照抄。

为了方便设计人员对《编制要点》理解和使用，在附录中提供了按《编制要点》要求编写的钢筋混凝土框架-剪力墙结构实例，供设计人员在撰写时参考。

结构专业初步设计说明编制要点

1. 工程概况

1.1　工程建设地点、工程分区、主要功能、建筑面积。

1.2　各单体（或分区）建筑的长、宽、高，地上与地下层数，各层层高，主要结构跨度。

1.3　各单体（或分区）的结构体系，楼盖结构及基础类型等，特殊结构及构造。当有人防要求时应说明人防工程的楼层范围、类别及抗力等级。

1.4　当工程划分区段时，应以小比例平面示意图和指北针表示各区段的位置关系和方向。

可列表说明以上情况。

工程概况表　　　　　　　　　　　　　　　　表 J. 1. 4-1

分区	楼号	建筑层数（地上/地下）	房屋高度（m）	结构形式	楼盖结构	基础形式	人防范围	人防防护类别	人防抗力等级

2. 建筑结构的安全等级及设计使用年限

应说明下列建筑分类等级及所依据的规范或批文：

建筑结构的安全等级：　　　＿＿＿＿＿＿＿级

地基基础设计等级：　　　　＿＿＿＿＿＿＿级

设计使用年限：　　　　　　＿＿＿＿＿＿＿年

耐久性设计年限：　　　　　＿＿＿＿＿＿＿年 【注】当与设计使用年限不一致时应列出。

建筑抗震设防类别：　　　　＿＿＿＿＿＿＿类

建筑物的耐火等级：　　　　＿＿＿＿＿＿＿级

地下室防水等级：　　　　　＿＿＿＿＿＿＿级

【注】若设计使用年限 100 年仅为耐久性要求时，应指明耐久性年限 100 年，设计基

准期为 50 年。若设计使用年限 100 年为设计基准期时，相关设计参数、指标（如活载、风载等）如何表述应进一步研究。

可列表说明以上情况。

设计使用年限及安全等级表　　　　　　表 J. 2. 0-1

设计使用年限		建筑结构的安全等级	
设计基准期		地下室防水等级	
地基基础设计等级		建筑抗震设防类别	
建筑物的耐火等级			

3. 自然条件

3.1　一般条件

3.1.1　风荷载

基本风压：＿＿＿kN/m²

【注】1　基本风压取 50 年一遇的风压，但不得小于 0.3kN/m²。层间位移角验算取 50 年一遇的基本风压。

2　风荷载有特殊要求时，应加以说明。对风荷载比较敏感的高层建筑，承载力设计时应按基本风压的 1.1 倍采用。高、柔结构体系的舒适度验算取 10 年一遇的风压。

3.1.2　雪荷载

基本雪压：＿＿＿＿＿kN/m²

【注】一般采用 50 年重现期的雪压；对雪荷载敏感的结构如大跨、轻质屋盖结构，应采用 100 年重现期的雪压。

屋面积雪分布系数应根据不同类别的屋面形式按规范采用。

3.1.3　抗震设防有关参数

拟建场地地震基本烈度：＿＿＿度；

抗震设防烈度：＿＿＿度，设计基本地震加速度值：＿＿＿g；

设计地震分组：第＿＿＿组；

建筑场地类别：＿＿＿类，场地特征周期＿＿＿s；

抗震措施按：＿＿＿度，地震作用按：＿＿＿度；

阻尼比：＿＿＿。

上述参数也可列表说明。

结构设计参数表　　　　　　　　　　　　表 J. 3. 1. 3-1

基本风压（kN/m²）		基本雪压（kN/m²）	
地面粗糙度类别		设计地震分组	
场地地震基本烈度		建筑场地类别	
抗震设防烈度		抗震措施	
场地特征周期		地震作用	
设计基本地震加速度值		阻尼比	

3.1.4　混凝土结构的环境类别

基础底板底面、外墙迎土面、地下室顶板（室外部分）、水池底板、池壁、顶板（迎水面）等为二 b 类；地上部分外悬挑檐口、女儿墙等外露结构为二 b 类，室内潮湿环境（卫生间等）为二 a 类；其余均为一类。

3.1.5　当地气温情况。

【注】必要时提供。

3.2　场地的工程地质条件

3.2.1　本工程地基基础设计主要依据

提供勘察报告的地质勘察单位名称、勘察报告名称（编号）、编制日期。

【注】应注意勘察报告是否通过审查。

3.2.2　地形地貌描述

场地地貌属性、钻孔地面标高、场地地势情况等。

3.2.3　地层岩性

自上而下描述各不同层岩土的标高和岩土性质，可列表说明。

土层属性表　　　　　　　　　　　　表 J. 3. 2. 3-1

土层编号	土层名称	地基承载力特征值 f_{ak} （kPa）	土层弹性模量 E_{s1-2} （MPa）	土层弹性模量 E_{s2-3} （MPa）	桩设计参数		备注
					极限侧阻力标准值 Q_{sk} （kPa）	极限端阻力标准值 Q_{pk} （kPa）	
1	杂填土						
2（1）	黏质粉土—粉质黏土						
	……						

3.2.4　场地地下水水文情况

地下水的类型、埋深和标高、设防水位标高、抗浮设计水位标高；

地下水的腐蚀性，包括地下水和土质的腐蚀性。

3.2.5　场地标准冻深：＿＿＿＿＿m。

3.2.6　主要结论及基础方案建议。

【注】若设计采用的基础形式与勘察报告建议不一致，必要时应要求补充勘察报告。

3.3 场地的地震安全评价报告

【注】必要时提供，如有安评报告，应说明设计选用的参数是按规范还是安评报告。

3.4 风洞试验报告

【注】必要时提供。

3.5 建设单位提出的与结构有关的符合有关标准、法规的书面要求（设计任务书）。

3.6 已批准的上一阶段的设计文件。

4. 本工程±0.000 相当于绝对标高_____m。

【注】特殊高程体系时加以说明。

5. 本专业设计所遵循的主要标准、规范、规程及规定

包括标准、规范、规程及规定的名称、编号、年号和版本号。

除地方标准和特殊情况外，所引用的标准、规范、规程应符合院公司颁布的《设计规范、规程、标准有效版本目录》。需要时，应列出有关的施工质量验收规范名称。

6. 本工程设计计算所采用的计算程序

6.1 整体计算：采用×××程序（版本号、时间）；

6.2 基础计算：采用×××程序（版本号、时间）；

6.3 其他计算：采用×××程序（版本号、时间）。

注：采用的计算程序和版本号应符合院公司颁布的《计算机应用软件有效版本目录》。

7. 设计采用的主要荷载（作用）取值

7.1 楼面和屋面活荷载标准值

楼面和屋面活荷载标准值表

表 J.7.1-1

部　位	标准值（kN/m^2）
不上人屋面	0.5
上人屋面	2.0
…	…
消防疏散楼梯	3.5
…	…

7.2 特殊设备荷载标准值

【注】需说明依据出处。

7.3 人防荷载取值

【注】有人防功能时提供。

7.4　温度作用的计算参数取值

【注】必要时提供。

8. 主要结构材料

8.1　钢筋

普通钢筋：…

预应力钢筋：…

8.2　混凝土

各部位结构构件的混凝土强度等级：

混凝土强度等级　　　　　　　　　　表 J.8.2-1

构件部位	混凝土强度等级	备　注
基础垫层	C15	…
基础底板	…	抗渗等级 P_x
…	…	…

8.3　型钢、钢板、钢管

热轧 H 型钢：Q235-B，……

8.4　焊条

HPB300、Q235-B 焊接：E43

HRB400：　　　　　　E50

8.5　填充墙

室内、室外填充砌体墙，含容重要求、强度要求；

石材幕墙、玻璃幕墙，含容重要求；

与土接触的墙体，含容重要求、强度要求。

9. 结构选型

9.1　上部及地下室结构选型及结构布置说明，一般应包括结构体系、基本柱网、楼盖及屋盖体系、结构设缝情况、结构抗震等级、结构构件的尺寸等。

【注】当工程划分区段时，应对各区段分别叙述。如有必要应有不同方案的比选说明。

9.2　嵌固端的选择说明。

【注】是否有不同嵌固端的包络设计。

9.3　关键技术问题的处理方法、特殊技术的说明，结构重要节点、支座等的分析，温度分析，特殊部位（如结构超长、大跨、局部楼板不连续、钢骨混凝土结构、穿层柱等）的处理等。

9.4　对不规则等特殊部位，采取的技术措施。

9.5　抗震性能化设计，如地震动水准、性能目标、性能水准、计算模型及简化假定等。

【注】必要时提供。

9.6　计算参数及控制指标的选取。

9.7　专家论证会议纪要、主要结论和建议。

【注】必要时提供。

10.　基础设计

10.1　基础选型说明。

10.2　采用天然地基时，应说明基础类型、埋置深度和持力层情况（土层情况、地基承载力等）。

采用桩基时，应说明桩的类型、桩端持力层及进入持力层的深度、单桩承载力特征值。

采用地基处理时，应说明地基处理的要求（处理方法、处理后复合地基的承载力及沉降要求）。

10.3　基础的沉降验算说明。

10.4　基础抗浮设计说明所采用措施的比较，如配重、抗拔桩、抗拔锚杆、盲沟排水等。

【注】必要时提供。

10.5　对相邻既有建筑物等的影响及保护措施。

【注】必要时提供。

10.6　对基础施工方案、施工顺序的要求。

【注】必要时提供。

10.7　基坑支护、降水的要求。

【注】必要时提供。

10.8　建筑沉降观测的技术要求。

【注】必要时提供。

10.9　其他特殊技术的说明。

【注】必要时提供。

11.　主要结构分析结果

11.1　结构分析所采用的计算模型、整体计算嵌固部位，结构分析输入的主要参数，必要时附计算模型简图。

11.2　列出主要控制性指标、限值以及计算结果（可以采用表格、曲线图表示），对计算结果进行必要的分析和说明。

11.3　对结构是否超高、超限进行复核、判别

根据 2015 年 5 月 21 日住房和城乡建设部印发的《超限高层建筑工程抗震设防专项审查技术要点》（建质〔2015〕67 号），复核、判别如下：

房屋高度复核表　　　　　　　　　　　　表 J. 11. 3-1

结构类型	抗震设防烈度	房屋高度 (m)	规范最大高度限值 (m)	结论
框架结构	(6～9)度 (0.05g～0.40g)	××.××	(60～24)	超限/不超限
抗震墙结构	(6～9)度 (0.05g～0.40g)	××.××	(140～60)	超限/不超限
框架-抗震墙结构	(6～9)度 (0.05g～0.40g)	××.××	(130～50)	超限/不超限
框架-核心筒结构	(6～9)度 (0.05g～0.40g)	××.××	(150～70)	超限/不超限

注：平面和竖向均不规则，其高度应比表内数值降低至少 10%。

结论一：本工程的房屋高度超限/不超限。

同时具有下列三项及三项以上不规则的高层建筑工程判别表　　　表 J. 11. 3-2

序号	不规则类型	复核	结论
1a	扭转不规则	考虑偶然偏心的扭转位移比大于 1.2（参见 GB 50011—3.4.3）	是/否
1b	偏心布置	偏心率大于 0.15 或相邻层质心相差大于相应边长 15%（参见 JGJ 99—3.2.2）	是/否
2a	凹凸不规则	平面凹凸尺寸大于相应边长 30% 等（参见 GB 50011—3.4.3）	是/否
2b	组合平面	细腰形或角部重叠形（参见 JGJ 3—3.4.3）	是/否
3	楼板不连续	有效宽度小于 50%，开洞面积大于 30%，错层大于梁高（参见 GB 50011—3.4.3）	是/否
4a	刚度突变	相邻层刚度变化大于 70%（按高规考虑层高修正时，数值相应调整）或连续三层变化大于 80%（参见 GB 50011—3.4.3，JGJ 3—3.5.2）	是/否
4b	尺寸突变	竖向构件收进位置高于结构高度 20% 且收进大于 25%，或外挑大于 10% 和 4m，多塔（参见 JGJ 3—3.5.5）	是/否
5	构件间断	上下墙、柱、支撑不连续，含加强层、连体类（参见 GB 50011—3.4.3）	是/否
6	承载力突变	相邻层受剪承载力变化大于 80%（参见 GB 50011—3.4.3）	是/否
7	其他不规则	如局部的穿层柱、斜柱、夹层、个别构件错层或转换，或个别楼层扭转位移比略大于 1.2 等（已计入 1～6 项者除外）	是/否

注：1. 深凹进平面在凹口设置连梁，当连梁刚度较小不足以协调两侧的变形时，仍视为凹凸不规则，不按楼板不连续的开洞对待；

　　2. 序号 a、b 不重复计算不规则项；

　　3. 局部的不规则，视其位置、数量等对整个结构影响的大小判断是否计入不规则的一项。

结论二：本工程存在上表中的×个不规则项，属于/不属于超限高层建筑结构。

具有下列两项或同时具有表 J.11.3-3 和表 J.11.3-2 中某项不   表 J.11.3-3
规则的高层建筑工程判别表

序号	不规则类型	复核	结论
1	扭转偏大	裙房以上的较多楼层考虑偶然偏心的扭转位移比大于 1.4（表 J.11.3-2 之 1 项不重复计算）	是/否
2	抗扭刚度弱	扭转周期比大于 0.9，超过 A 级高度的结构扭转周期比大于 0.85	是/否
3	层刚度偏小	本层侧向刚度小于相邻上层的 50%（表 J.11.3-2 之 4a 项不重复计算）	是/否
4	塔楼偏置	单塔或多塔与大底盘的质心偏心距大于底盘相应边长 20%（表 J.11.3-2 之 4b 项不重复计算）	是/否

结论三：本工程存在上表中的×个不规则项（及表 J.11.3-2 中的×个不规则项），属于/不属于超限高层建筑结构。

具有下列某一项不规则的高层建筑工程判别表   表 J.11.3-4

序号	不规则类型	复核	结论
1	高位转换	框支墙体的转换构件位置：7 度超过 5 层，8 度超过 3 层	是/否
2	厚板转换	7～9 度设防的厚板转换结构	是/否
3	复杂连接	各部分层数、刚度、布置不同的错层、连体两端塔楼高度、体型或沿大底盘某个主轴方向的振动周期显著不同的结构	是/否
4	多重复杂	结构同时具有转换层、加强层、错层、连体和多塔等复杂类型的 3 种	是/否

注：仅前后错层或左右错层属于表 J.11.3-2 中的一项不规则，多数楼层同时前后、左右错层属于本表的复杂连接。

结论四：本工程存在上表中的×个不规则项/不存在上表中的不规则项，属于/不属于超限高层建筑结构。

其他高层建筑工程超限判别表   表 J.11.3-5

序号	简称	复核	结论
1	特殊类型高层建筑	抗震规范、高层混凝土结构规程和高层钢结构规程暂未列入的其他高层建筑结构，特殊形式的大型公共建筑及超长悬挑结构，特大跨度的连体结构等	是/否
2	大跨屋盖建筑	空间网格结构或索结构的跨度大于 120m 或悬挑长度大于 40m，钢筋混凝土薄壳跨度大于 60m，整体张拉式膜结构跨度大于 60m，屋盖结构单元的长度大于 300m，屋盖结构形式为常用空间结构形式的多重组合、杂交组合以及屋盖形体特别复杂的大型公共建筑	是/否

注：表中大型公共建筑的范围，参见《建筑工程抗震设防分类标准》GB 50223。

结论五：本工程是/不是上表中的特殊类型高层建筑（或大跨屋盖建筑），属于/不属于超限结构。

12. 其他需要说明的问题

12.1 必要时应提出的试验要求，如风洞试验、振动台试验、节点试验等。

12.2 进一步的地质勘察要求、试桩要求、超前钻要求等。

12.3 尚需要建设单位进一步明确的要求。

12.4 对需要进行抗震设防专项审查和其他专项论证的项目应明确说明。

12.5 CFG 桩复合地基及边坡支护设计超出我院资质范围，采用时应提请甲方尽早确定有相应资质的设计单位。

12.6 在设计审批时需要提请解决或确定的主要问题。

13. 图纸目录

图纸目录表

表 J.13.0-1

序号	图 号	图 纸 名 称	规格	备注
1	结初-01	图纸目录	A1	

说明：因篇幅所限，此处略去结构初步设计说明范例及应用的相关内容，可登录中国建筑设计院有限公司官网查询更多内容。

附录 K　混凝土结构设计总说明

1　工程概况

×××项目位于×××新区，×××南岸。建筑功能为办公及商业，总建筑面积约 19.5 万 m²。工程分两期建设，本次设计为一期工程，地上包括一幢 35 层 153.7m 高的办公塔楼和 5 层商业裙房，建筑面积 7.5 万 m²；地下共 3 层，为车库和设备用房，建筑面积 2.4 万 m²。主、裙楼不分缝。各单体平面关系如下图：

图 K.1

各单体平面关系图

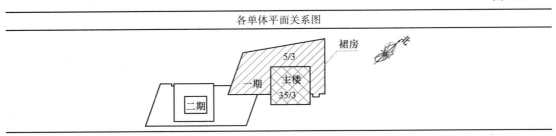

工程概况			表 K.1
房屋高度（m）	153.7	人防范围	地下二、三层
主楼建筑层数（地上/地下）	35/3	人防防护类别	甲类
裙房建筑层数（地上/地下）	5/3	人防抗力级别	核 6 级/常 6 级
主楼结构形式	框架-核心筒结构	裙房结构形式	框架-剪力墙结构
基础形式（主楼）	变厚度平板式筏形基础	基础形式（裙房）	独立基础加防水板
结构超限情况	超限，已通过超限审查		

2　建筑结构的安全等级及设计使用年限

表 K.2

设计使用年限	50 年	建筑结构的安全等级	二级
设计基准期	50 年	地基基础设计等级	甲级
地下室防水等级	一级	建筑抗震设防类别	重点设防类（五层及以下）
建筑物的耐火等级	一级		标准设防类（五层以上）

3　自然条件

3.1　一般条件

表 K.3.1

基本风压（kN/m²）	0.50（n=50）	地面粗糙度类别	B 类
基本雪压（kN/m²）	0.35（n=50）	场地标准冻深	1.5m
基本气温（最低）	−21℃	基本气温（最高）	31℃

3.2 地震参数

表 K.3.2

抗震设防烈度	7 度	设计地震分组	第三组
设计基本地震加速度值	0.10g	建筑场地类别	Ⅱ 类
场地特征周期	0.45s	抗震构造措施	满足 8 度的要求（五层及以下）
地震作用	按 7 度（0.10g）计算		满足 7 度的要求（五层以上）

3.3 混凝土结构的环境类别

表 K.3.3

一类	除二 a、二 b 类之外
二 a 类	室内潮湿环境（卫生间、餐饮、厨房、洗衣房、游泳池等）
二 b 类	与土直接接触的基础底板底面、外墙迎土面、地下室顶板顶面（室外部分）及地上外露构件等

3.4 场地的工程地质条件

3.4.1 本工程根据甲方提供的（×××勘察单位）于＿＿＿年＿＿＿月编制且经审查通过的《＿＿＿工程岩土工程勘察报告》（工程编号：＿＿＿）进行设计。

3.4.2 拟建场地区域属构造剥蚀丘陵地形，属简单地貌。场地地质构造简单，地质灾害不发育，环境地质条件较好，场地稳定性较好。

3.4.3 场地属建筑抗震有利地段，地基岩土层无液化问题。

3.4.4 场区自上而下土层分布及主要地质参数

表 K.3.4.4

土层名称及编号	层厚（m）	f_{ak}（kPa）	E_s（MPa）	备注
① 细砂	1.5～3.6	80	1.5	
② 细砂岩（全风化）	2.1～2.8	300	50	
③ 细砂岩（强风化）	12.1～12.9	1000	180	持力层
④ 细砂岩（中等风化）	32.0～33.8	1500	250	
④a 细砂岩（微风化）	—	2000	450	

3.4.5 场地地下水水文条件

场区历史最高地下水水位标高＿＿＿m～＿＿＿m，地勘报告提供的抗浮设计水位标高为＿＿＿m，防水设计水位标高为＿＿＿m。

3.4.6 地下水和场地土的腐蚀性

地下水和场地土对混凝土和钢筋混凝土结构中的钢筋均具有微腐蚀性。

3.4.7 场地标准冻深：＿＿m

3.4.8 主要结论及基础方案建议

拟建场地地基岩土种类较少，结构简单，工程特性较好，属较均匀地基。拟选持力层埋藏较浅，可采用天然地基上的深基础方案。

4　本工程的相对标高±0.000 相当于绝对标高＿＿m（＿＿高程）

5　设计所遵循的主要标准、规范和规程

5.1	建筑结构可靠度设计统一标准	GB 50068—2001
5.2	工程结构可靠性设计统一标准	GB 50153—2008
5.3	建筑工程抗震设防分类标准	GB 50223—2008
5.4	建筑结构荷载规范	GB 50009—2012
5.5	混凝土结构设计规范	GB 50010—2010（2015 年版）
5.6	建筑抗震设计规范	GB 50011—2010（2016 年版）
5.7	高层建筑混凝土结构技术规程	JGJ 3—2010
5.8	建筑地基基础设计规范	GB 50007—2011
5.9	高层建筑筏形与箱形基础技术规程	JGJ 6—2011
5.10	钢结构设计规范	GB 50017—2003
5.11	人民防空地下室设计规范	GB 50038—2005
5.12	建筑工程设计文件编制深度规定	（2016 年版）

5(备)　设计所遵循的主要标准、规范、规程

5.1(备)	高层建筑钢-混凝土组合结构设计规程	CECS 230:2008
5.2(备)	钢骨混凝土结构技术规程	YB 9082—2006
5.3(备)	型钢混凝土组合结构技术规程	JGJ 138—2001
5.4(备)	地下工程防水技术规范	GB 50108—2008（参考执行）
5.5(备)	平战结合人民防空工程设计规范	DB11/994—2013
5.6(备)	北京地区建筑地基基础勘察设计规范	DBJ 11—501—2009（2016 年版）
5.7(备)	无粘结预应力混凝土结构技术规程	JGJ 92—2004

6　本工程设计计算所采用的计算程序

6.1 整体计算：多层及高层建筑结构空间有限元分析与设计软件 SATWE（2010 新规范版本 ×××版）

6.2 补充计算：ETABS（×××版）

6.3 基础计算：独基、条基、钢筋混凝土地基梁、桩基础和筏板基础设计软件 JC-CAD（2010 新规范版本×××版）

6.4 构件计算：北京理正系列结构设计软件（×××网络版）

7 设计采用的荷载

7.1 楼、屋面均布活荷载标准值

表 K. 7. 1

	部位	活荷载标准值（kN/m²）
屋面	上人屋面	2.0
	不上人屋面	0.5
楼面	办公室、公寓、书房	2.0
	大堂、休息厅、避难区、楼梯	3.5
	会议室	2.0
	商业、展厅	3.5
	多功能厅、会客厅	3.5
	档案室、图书室	5.0
	健身房	4.0
	空调机房、电视机房、报警阀室、电梯机房、消防控制室、冷冻机房	7.0
	消防水泵房、生活水泵房、中水泵房、变电站、新风/排热交换机房、空调热水热交换机房、变配电室	10.0
	走廊、门厅（会议室）	3.5
	卫生间	2.5
	车库	4.0
	首层地面堆载	5.0
	库房、卸货区	5.0

注：1 楼梯、阳台和上人屋面栏杆顶部水平荷载为 1.0kN/m；

2 钢筋混凝土雨篷、挑檐施工或检修集中荷载取 1.0kN；

3 组合值系数、频遇值系数、准永久值系数按荷载规范取值；

4 使用及施工堆载不得超过以上值。

7.2 人防地下室等效静荷载值

表 K. 7. 2

受荷部位	防核武器/常规武器抗力级别	荷载标准值（kN/m²）
人防顶板	核 6 级	50
人防外墙（非饱和土）	核 6 级	40
人防底板（地下水位以上）	核 6 级	40

受荷部位			防核武器/常规武器抗力级别	荷载标准值（kN/m²）
门框墙	室内出入口		核6级	200
	室外直通、单向出入口	ζ＜30°	核6级	240
		ζ≥30°	核6级	200
	相邻防护单元间		核6级-核6级	50
			核6级-普通	普通一侧：170
临空墙	室内出入口		核6级	110
	室外直通、单向出入口	ζ＜30°	核6级	160
		ζ≥30°	核6级	130
	相邻防护单元间隔墙		核6级-核6级	50
			核6级-普通	普通一侧：90
扩散室隔墙	允许余压0.03MPa		核6级	40
	允许余压0.05MPa		核6级	65
楼梯踏步休息平台	正面荷载		核6级	60
	反面荷载		核6级	30
防倒塌棚架	水平		核6级	15
	垂直		核6级	50

8　主要结构材料

8.1　钢筋

表 K. 8.1

钢筋牌号	符号	抗拉强度设计值 f_y（N/mm²）	抗压强度设计值 f_y（N/mm²）	抗剪、扭、冲切设计值 f_{yv}（N/mm²）
HPB300	Φ	270		
HRB400	Φ	360		
HRB500	Φ	435	410	360

8.1.1　各类构件的受力钢筋采用 HRB400 级钢筋（Φ）。

8.1.2　以下部位的钢筋采用 HPB300 级（Φ）（d≤8mm）：

1　分布钢筋；

2　填充墙的拉结筋、构造柱和圈梁的箍筋；

3　钢筋混凝土墙的拉筋。

8.1.3　吊环应采用 HPB300 级热轧光圆钢筋制作；吊钩、吊环、受力预埋件的锚筋不得采用冷加工钢筋。

8.1.4　钢筋的强度标准值应具有不小于 95％ 的保证率。

8.1.5　抗震等级为一、二、三级的框架和斜撑构件（含梯段）采用带 E 编号的抗震钢筋，纵向受力钢筋应满足下列要求：

1 钢筋的抗拉强度实测值与屈服强度实测值的比值不应小于 1.25；

2 钢筋的屈服强度实测值与屈服强度标准值的比值不应大于 1.3；

3 钢筋在最大拉力下的总伸长率实测值不应小于 9%。

8.1.6 在施工中，当需要以强度等级较高的钢筋替代原设计中的纵向受力钢筋时，应按照钢筋受拉承载力设计值相等的原则换算，并应满足最小配筋率要求，且经设计认可后，方可代换。

8.2 混凝土

8.2.1 结构混凝土耐久性的基本要求

表 K.8.2.1

环境类别		最大水胶比	最大氯离子含量（%）	最大碱含量（kg/m^3）
一		0.60	0.3	不限制
二	a	0.55	0.2	3.0
	b	0.50	0.15	3.0

8.2.2 混凝土强度等级和抗渗等级

表 K.8.2.2

区域	部位	强度等级	f_c（N/mm^2）	f_t（N/mm^2）	抗渗等级及其他
基础	基础垫层	C15			
	筏板（粉煤灰混凝土及 60d 龄期）	C××			P×
	独立基础、防水板	C××			P×
墙、柱连梁	地下三层外墙	C××			P×
	地下一、二层外墙	C××			P×
	筒体、框架柱（地下三层～八层）	C××			
	筒体、框架柱（九层～二十一层）	C××			
	筒体、框架柱（二十二层～三十层）	C××			
	筒体、框架柱（三十层以上）	C××			
梁、板	地下二、三层	C××			
	其余各层	C××			
	地下室顶板无上部结构的部位	C××			P×
	屋面	C××			
其他部位	楼梯、坡道	C××			
	圈梁、构造柱、过梁	C25			
	消防水池	C××			P×
人防构件	顶板	C××			P×

注：现场现浇混凝土构件应采用预拌混凝土。

8.2.3(备) 对混凝土的附加要求

1 为防止大体积、超长混凝土结构在施工期间产生有害裂缝，基础底板（梁）、地下室外墙、地下室各层梁板等混凝土应采用低水化热的水泥并适量掺入粉煤灰等掺和料，可采用 60 天龄期强度作为其混凝土强度等级。

2 为防止超长混凝土结构产生有害裂缝，提高外墙混凝土刚性防水作用，作为综合措施，在地下室外墙混凝土中掺入一定的混凝土专用纤维，以提高混凝土的抗裂性能。纤维掺入量应根据产品种类、性能参数等结合本工程条件确定，并需经设计认可。纤维混凝土的产品质量标准和施工要求应符合《纤维混凝土应用技术规程》的相关要求，并满足以下条件：

1）采用聚丙烯单丝混凝土专用纤维，聚丙烯纤维含量应为 100％；纤维直径：18～20 微米；纤维长度：12～19mm；纤维抗拉强度＞500MPa；弹性模量＞6000MPa；断裂延伸率：8～30％；抗碱能力：≥99％；

2）生产厂家应具有国家权威检测部门出具的工程用纤维 CTS 产品认证书；

3）产品的安全性应有国家权威检测部门出具的无毒检测报告；

4）应提供纤维混凝土的物理性能对比检验报告（3d、7d、28d）；

5）提供限裂等级检验报告，要求为一级；

6）为保证质量，供货单位在提供产品的同时还应根据产品的特点、以往施工的经验提供保证施工质量的技术服务（指导书）。

8.3 型钢、钢板

表 K.8.3

型钢	预埋件钢板	栓钉
Q345-B	Q235-B	Q235-B

8.3.1 钢材的屈服强度实测值与抗拉强度实测值的比值不应大于 0.85。

8.3.2 钢材应有明显的屈服台阶，且伸长率不应小于 20％。

8.3.3 钢材应有良好的可焊性和合格的冲击韧性。

8.3.4 保证项目

选用的钢材应具有抗拉强度、屈服强度、伸长率、常温冲击韧性和碳、硫、磷含量的合格保证。对大跨度钢梁和钢桁架还应具有冷弯试验的合格保证。处于室外环境的钢构件应具有在－20℃冲击韧性的合格保证。

8.4 焊条

表 K.8.4

型号	使用部位
E43 型	用于 HPB300 钢筋焊接以及各种牌号钢筋与 Q235 钢焊接
E50 型	用于 HRB400 钢筋焊接以及 Q345 钢焊接
E55 型	用于 HRB500 钢筋焊接

注：不同等级钢筋焊接时，应按较高牌号钢筋选用焊条。

8.5 填充墙

填充墙的具体位置详见建筑图，结构图上不表示。对砌体隔墙砌块、砂浆的要求见下表所示。

表 K.8.5

部位	砌体	砂浆	砌块容重（kN/m³）
外填充墙	轻集料混凝土空心砌块 强度等级≥MU5	混合砂浆 强度等级≥Mb5	≤8
内填充墙	轻集料混凝土空心砌块 强度等级≥MU3.5	混合砂浆 强度等级≥Mb5	≤8
与土接触的墙体	混凝土普通砖 强度等级≥MU20 或 混凝土砌块 强度等级≥MU10	水泥砂浆 强度等级≥M7.5	≤18

注：填充墙应采用预拌砂浆砌筑。

8.6(备) 预应力钢筋采用消除应力钢丝、钢绞线。

表 K.8.6(备)

种类	符号	极限强度标准值 f_{pk} （N/mm²）	抗拉强度设计值 f_{py} （N/mm²）	抗压强度设计值 f'_{py} （N/mm²）
消除应力钢丝	Φ^P	1860	1320	410
钢绞线	Φ^S	1860	1320	390

注：当预应力钢筋的强度标准值不符合上表时，其强度设计值应进行相应的比例换算。

9 地基基础

9.1 基础方案

表 K.9.1

部位	基础形式	地基持力层	地基承载力特征值 f_{ak}（kPa）
主楼	变厚度平板式筏形基础	③ 细砂岩（强风化）	1000
裙房	独立基础加防水板	③细砂岩（强风化）	1000

基础采用粉煤灰混凝土，其强度等级龄期采用 60 天。大体积混凝土施工应采取切实有效的施工措施，防止收缩裂缝。

9.2 基坑开挖及回填做法

9.2.1 基坑开挖应采取有效的护坡措施，保证基坑开挖安全及与本工程相邻的已有建筑物的安全，施工期间应采取有效的排水、降水措施。

9.2.2 基坑开挖时，如遇坟坑、枯井、人防工事、软弱地基等异常情况，应通知勘察与设计单位处理。

9.2.3 采用机械挖土时严禁扰动基底持力层，施工时应保留不少于 300mm 厚土层，再采用人工挖掘至设计标高；基坑开挖完毕，由建设单位会同勘察、设计、监理单位验槽。基槽检验可采用触探或其他方法。验槽合格后应及时进行下道工序。

9.2.4 地下部分施工完毕后，应及时进行基坑回填。回填前应排除污水，清除基槽内虚土及建筑垃圾。挡土墙外 500mm 以内可以采用 2∶8 灰土回填；墙外 500mm 以外范围可采用素土夯实，回填土应分层夯实，每层不超过 300mm，压实系数不小于 0.94。建筑有特殊要求时，见建筑专业图纸。

9.2.5 房心回填土采用素土回填，有机物含量不大于 5%。回填土应分层夯实，压实系数不小于 0.94。

9.2.6 本工程应进行沉降观测，建筑变形测量等级为二级。沉降观测应由具有相应资质的单位承担，沉降观测方案（观测布点、观测周期、观测时间等）应按《建筑变形测量规程》JGJ 8—2016 要求编制、实施，并与设计单位沟通。

9.2.7 高层建筑地下室外墙建筑防水的保护墙体应采用硬质材料如砖墙，不得使用诸如聚苯板之类的软材料，确保结构侧限要求。

9.2.7(备 1) 当地基持力层存在局部软弱夹层时，在经监理、勘察及设计单位确认后，将其清除并回填至设计标高。基底范围内可用 C15 素混凝土回填至设计标高；基底以外的其他部位可用 3∶7 灰土分层夯实，回填至设计标高。

9.2.7(备 2) 单桩竖向承载力特征值应通过单桩竖向静荷载试验确定，在同一条件下的试桩数量不宜少于总桩数的 1%，且不应少于 3 根。

当桩端持力层为密实砂卵石或其他承载力类似或很高的土层时，对单桩承载力很高的大直径端承型桩，可采用深层平板荷载试验确定桩端土的地基承载力特征值。

9.2.8(备 1) 基础、承台均应设置素混凝土垫层，强度等级 C15，厚度一般为 100mm，宽出基础或承台底面各边均为 100mm。

当地下室有建筑防水做法时，100mm 厚垫层随打随抹光，当不能随打随抹光时，应设 20mm 厚找平层，其上做建筑防水层，再有 50mm 厚细石混凝土保护层，然后做结构底板，故结构底板与垫层之间有 60~80mm 的建筑防水做法，详见建施图纸。垫层每边应宽出地下室底板，以满足外墙防水和保护墙基础需求。

9.2.8(备 2) 人工挖孔桩终孔时，应进行桩端持力层检验。单柱单桩的大直径嵌岩桩应视岩性检验孔底下 3 倍桩身直径或 5m 深度范围内有无土洞、溶洞、破碎带或软弱夹层等不良地质情况。

施工完成后的工程桩应进行桩身完整性检验和竖向承载力检验。承受水平力较大的桩应进行水平承载力检验。抗拔桩应进行抗拔承载力检验。此外，桩基施工、质量检查及验收，应符合《建筑桩基技术规范》的规定。

9.2.9(备) 当采用水下浇灌混凝土灌注桩时，应控制最后一次混凝土灌注量及超灌高度，凿除浮浆后必须保证暴露的桩顶混凝土强度等级达到设计要求。

9.2.10(备) 当采用复合地基时，应委托有相应设计和施工资质的单位。复合地基应满足建筑物承载力和变形的要求。承载力特征值应通过现场复合地基载荷试验确定。增强体顶部应设置褥垫层，可采用级配砂石，厚度一般为200～300mm。增强体及周边土的质量应作检验，如桩身完整性和单桩竖向承载力检验，施工工艺对桩间土承载力有影响时还应进行桩间土承载力检验。

9.2.11(备) 地下室底板除设计要求设置施工后浇带外，不应留施工缝。地下室外墙除施工后浇带外，一般不留竖向施工缝，水平施工缝一般设在距底板面及多层地下室的楼板面以上300mm处，当地下室外墙剖面未示出施工缝要求时，按下图设置钢板止水带或其他有效的防水措施。当防水等级为一级时，施工缝采用中埋式钢板止水带，尚须在外侧增设一层外贴式防水，与建筑防水层材料相同，其高度为施工缝上、下各200mm，与建筑防水同时施工。

9.2.12(备) 当采用桩基础时，桩头与地下室底板的防水构造见下图，桩头所用防水材料应具有良好的粘结性、湿固化性。桩头防水材料应与底板防水层连为一体。

图 K. 9. 2. 12(备)

地下室外墙水平施工缝设钢板止水带 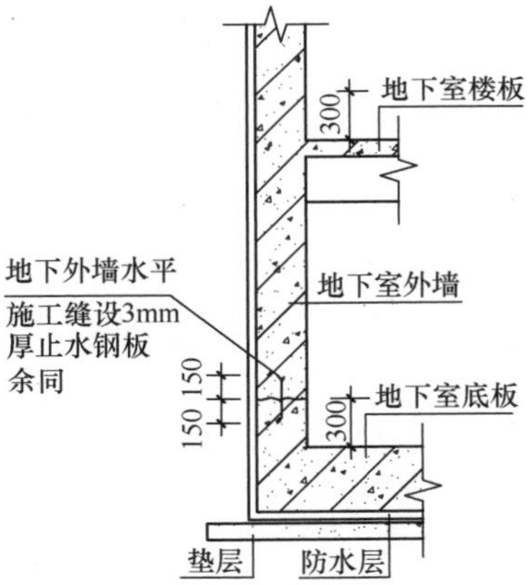	桩头防水构造 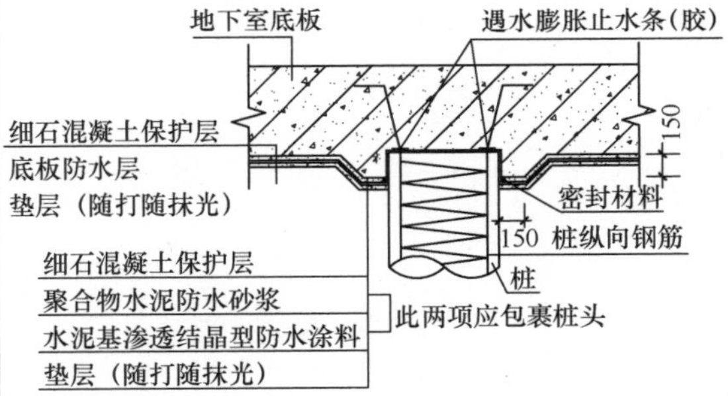

10 钢筋混凝土结构构造

本工程采用国家标准图《混凝土结构施工图平面整体表示方法制图规则和构造详图》16G101-1～3（以下简称《图集》）的表示方法。施工图中未注明的构造要求应按照标准图的有关要求执行。

10.1 本工程混凝土结构的抗震等级及剪力墙底部加强部位

10.1.1 混凝土结构的抗震等级

表 K. 10. 1. 1

部位	楼层	抗震等级	
		剪力墙（筒体）	框架
主楼	六层及以上	一级	一级
	地下一层～五层	特一级	一级
	地下二层	一级	二级
	地下三层	二级	三级
裙房	地下一层及以上	特一级	一级
	地下二层	一级	二级
	地下三层	二级	三级

10. 1. 2　与主楼相连的裙房，除按裙房本身确定抗震等级外，相连三跨及不小于 20m 范围的抗震等级同主楼。

10. 1. 3　剪力墙的构造

表 K. 10. 1. 3

部位	底部加强部位	约束边缘构件	构造边缘构件
层数	一层～六层	地下一层～七层	地下二层、地下三层、八层及以上

10. 1. 4　本工程上部结构的嵌固部位：地下室顶板。

10. 2　最外层钢筋的混凝土保护层厚度（mm）应满足下表要求，且受力钢筋的保护层厚度不应小于钢筋的公称直径。

表 K. 10. 2

楼板、墙（一类）	15	基础迎土面	40
楼板、墙（二 a 类）	20	基础顶面	15
楼板、墙（二 b 类）	25	地下车库顶板迎土面	25
梁、柱（一类）	20	地下室顶板底面	15
梁、柱（二 a 类）	25	地下室外墙迎土面	40
梁、柱（二 b 类）	35	地下室外墙非迎土面	15

注：括号中为环境类别。

10. 2（备）　最外层钢筋的混凝土保护层厚度

当钢筋的混凝土保护层厚度大于 50mm 时，为防止混凝土开裂，在保护层中设置附加钢筋网 ϕ 4@150×150，附加钢筋网保护层厚度 15mm，端部锚固长度取 250mm，并采取有效的定位措施，避免钢筋网片与梁、柱、墙的纵筋、箍筋接触。

10. 3　钢筋的接头形式及要求

10. 3. 1　纵向受力钢筋直径≥16mm 的纵筋采用等强机械连接接头，接头应 50% 错开；接头性能等级不低于 Ⅱ 级。

10. 3. 2　梁、柱内钢筋采用搭接时，搭接长度范围内应配置箍筋，箍筋配置要求见

《16G101-1》第 59 页。

10.3.3(备) 细晶粒热轧带肋钢筋以及直径大于 28mm 的带肋钢筋，其焊接应经试验确定，余热处理钢筋不宜焊接。

10.4 钢筋的锚固和连接要求见《16G101-1》第 57～61 页。纵向钢筋当采用 HPB300 级时，端部另加 180°弯钩。

10.5 本工程设置沉降后浇带和收缩后浇带

10.5.1 收缩后浇带混凝土应在其两侧混凝土（楼层后浇带应在该楼层同一伸缩区段内混凝土）浇筑完两个月后且环境温度在××度时，用比两侧构件混凝土强度等级高一级的无收缩混凝土浇筑。

10.5.2 沉降后浇带在主楼结构封顶后根据沉降观测结果确定封带时间，沉降稳定且经设计同意后，用比两侧构件混凝土强度等级高一级的无收缩混凝土浇筑。

10.5.3 地下室底板及外墙的后浇带做法见下图。底板及外墙在后浇带部位的防水做法见建施图。后浇带两侧（与后浇带相交的主梁跨度内）的梁、板底模，只有在后浇带封闭且其混凝土达到设计强度后，方可拆除。

图 K. 10. 5. 3-1

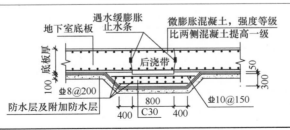

图 K. 10. 5. 3-2

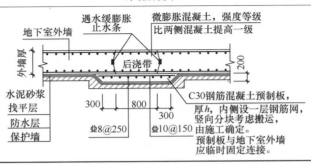

10.5.4 后浇带部位应加强防护措施，防止施工期间建筑垃圾的进入及人为的伤害。混凝土浇筑前，应清除浮浆、松动石子、松软混凝土层，并将结合面处洒水湿润，但不得积水。

10.6 钢筋混凝土现浇楼（屋）面板

除具体施工图中有特别规定者外，现浇钢筋混凝土板的施工应符合以下要求：

10.6.1 板的底部钢筋不得在跨中搭接，其伸入支座的锚固长度≥5d，且应伸过支座中心线，两侧板配筋相同者尽量拉通。当采用 HPB300 级钢筋时，端部另设 180°弯钩。

10.6.2 板的边支座负筋在梁或墙内的锚固长度应满足受拉钢筋的最小锚固长度 l_a，且应延伸到梁或墙的远端。

10.6.3 双向板的底部钢筋除注明者外，短跨钢筋置于下排，长跨钢筋置于上排。

10.6.4 当板底与梁底平时，板的下部钢筋在梁边附近按 1∶6 坡度弯折后伸入梁内，并置于梁的下部纵筋之上。

10.6.5 板上孔洞应预留，结构平面图中只表示出洞口尺寸＞300mm 的孔洞，施工时各工种必须根据各专业图纸配合土建预留全部孔洞，不得后凿。当孔洞尺寸≤300mm 时，板内钢筋由洞边绕过，不得截断，洞边不再另加钢筋。当 300mm＜洞口尺寸＜1000mm 时，应设洞边加筋。当平面图未交代时，应按下图要求加设洞边板底附加钢筋，每侧加筋面积不小于被洞口截断钢筋面积的一半。加筋的长度为单向板受力方向或双向板的两个方向沿跨度通长，并锚入支座≥5d，且应伸至支座中心线。单向板非受力方向的洞口加筋长度为洞宽及两侧各 l_a 和 500mm 之大值。当洞口尺寸为 1m 及以上时，应设洞口边梁。洞口加筋做法见下图及《图集》16G101-1 页 110、111 页。

图 K.10.6.5

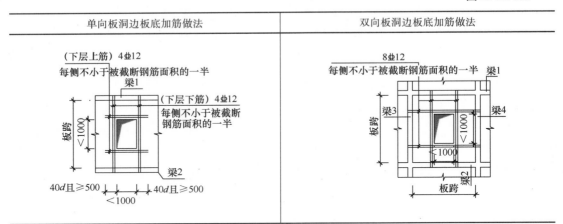

单向板洞边板底加筋做法	双向板洞边板底加筋做法

10.6.6 板内分布钢筋（包括楼梯板），除注明者外，分布钢筋直径、间距见表 K.10.6-6。

表 K.10.6-6

楼板厚度（mm）	＜100	100≤t＜130	130≤t＜150	150≤t＜170	170≤t＜200
分布钢筋	Φ6@200	Φ6@150	Φ8@250	Φ8@200	Φ10@250

屋面板、外廊、雨篷的板分布钢筋间距为 200mm，直径应满足上表要求。

屋面板跨中无上部钢筋处增设双向＿＿＿钢筋网，两端与支座筋满足受拉搭接长度。

10.6.7 平面图中以▨表示后浇板，钢筋同周边楼板一同绑扎，不得切断。待设备、管道安装完毕后，浇筑较周边楼板混凝土强度等级高一级的微膨胀无收缩混凝土，并加强养护。不得采用阻火包封堵。

10.6.8 板中支座为阳角时，应增设放射状负筋，直径、长度及外侧间距与相邻支座的负钢筋相同，钢筋锚入支座 l_a。楼板阳角附加筋做法见下图。

图 **K. 10.6.8**

楼板阳角附加筋做法

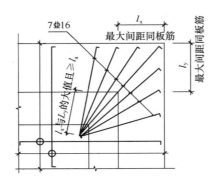

10.6.9 板跨度≥4m 时，支设模板时应按跨度的 0.2% 起拱。

10.6.10 阳台、雨篷等悬挑构件应与主体一起浇筑，挑出部分应设临时支撑；待混凝土达到 100% 设计强度时，方可拆除支撑。

10.6.11(备) 无地下室的首层地面做刚性地坪时，做法见下图。刚性地坪混凝土强度等级为 C20，要求在本工程完工前，待房心回填土完成自重固结后施工。

图 **K. 10.6.11(备)**

无地下室处首层刚性地面与结构的连接做法图

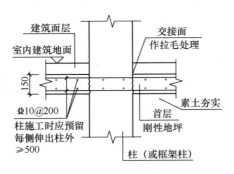

10.6.12(备) 楼板上后砌隔墙的位置应严格遵守建筑施工图，不可随意改动。对墙下无梁的后砌隔墙，应按建筑施工图所示位置在墙下及两边各一倍板厚范围内设置加强筋，加强筋沿墙通长，两端锚入支座。做法见下图：

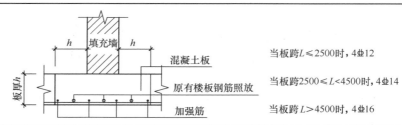

填充墙下无梁时楼板加强筋做法

当板跨 $L \leqslant 2500$ 时，4 Φ 12

当板跨 $2500 \leqslant L < 4500$ 时，4 Φ 14

当板跨 $L > 4500$ 时，4 Φ 16

10. 6. 13(备)　所有室外悬挑构件上表面均应采取防水措施。在使用过程中应加强防水层的维护保养，必要时应及时更换，以确保防水有效。

10. 6. 14(备)　板内预埋管线时，管线应放置在板底与板顶钢筋之间，管外径不得大于板厚的 1/3。当管线并列设置时，管道之间水平净距不应小于 $3d$（d 为管径）。当有管线交叉时，交叉处管线的混凝土保护层厚度不应小于 30mm。当预埋管线处板顶未设置上钢筋时，应在管线顶部设置防裂钢筋网，做法见下图：

楼板预埋管处附加钢筋做法

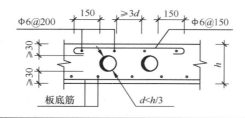

10. 7　钢筋混凝土楼（屋）面梁

10. 7. 1　梁内箍筋均应采用封闭箍，当梁腹板高度 $\geqslant$ 450mm 时，在梁的两个侧面沿高度配置纵向构造钢筋，凡施工图中未注明梁构造腰筋时，按下表放置，拉筋要求见国标图集《16G101-1》第 90 页注 4。

表 K. 10. 7. 1　单位：mm

梁截面宽 b		$h_w \geqslant 450$ 的单侧梁腰筋
框架梁 （KL）	$b \geqslant 550$	Φ 14@200
	$350 \leqslant b < 550$	Φ 12@200
	$b < 350$	Φ 10@200
次梁（L）	$b < 350$	Φ 10@200

注：h_w 为梁的腹板高度，梁腰筋沿梁的两个侧面均匀对称地布置在 h_w 高度范围内，腰筋在支座的锚固应满足抗扭纵筋的要求，当图中已原位标注有抗扭纵筋时，相应腰筋取消。

10.7.2　主、次梁相交（主梁不仅包括框架梁）时，主梁在次梁范围内仍应配置箍筋，图中未注明时，主梁在次梁两侧各附加 3 组箍筋，箍筋肢数、直径同主梁箍筋，间距50mm；图中注明吊筋时，附加箍筋和吊筋同时设置，吊筋详见各层梁配筋平面图。井字梁相交处，短向梁在梁相交范围内仍应配置箍筋，两方向梁每侧均设附加箍筋各 3 组，共 4×3＝12 组。悬挑梁端部在封边梁内侧附加 3 组主梁箍筋。附加箍筋、附加吊筋构造如下图所示：

图 K. 10. 7. 2

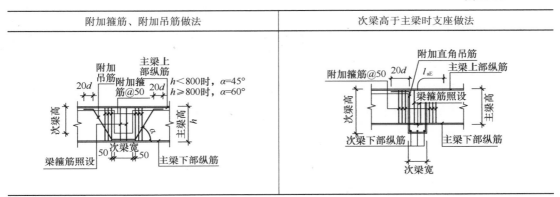

10.7.3　主梁与次梁底面高度相同时，次梁的下部纵向钢筋应置于主梁下部纵向钢筋之上，见下图。井字梁相交时短跨下部纵筋置于下层。次梁与主梁连接时，次梁纵向钢筋在边节点的锚固及钢筋长度见下图。《图集》16G101-1 第 89 页，$0.6l_{ab}$、$0.35l_{ab}$ 及 $l_{n1}/5$、$l_{n1}/3$ 由设计指定，一律改为本图要求。

图 K. 10. 7. 3

10.7.4　当支座两边梁宽不等（或错位）时负筋做法见上图。

10.7.5　梁的纵向钢筋接头，底部钢筋接头应设在靠支座 1/3 跨度范围内，上部钢筋接头应设在跨中 1/3 跨度范围内。同一接头区段内的接头面积百分率不应超过 50%。

10.7.6　梁纵筋应均匀对称地布置在梁截面中心线两侧。当梁的架立钢筋与其左（或右）支座负筋直径相同时，该筋应与左（或右）负筋通长设置。

10.7.7　梁支座两侧的纵筋尽可能拉通。梁边与柱（或墙）边平齐时，梁纵筋弯折后伸入柱（墙）内，同时增设架立筋，做法见下图。

梁边与柱（墙）边平齐时梁筋详图

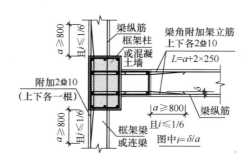

10.7.8　梁跨度大于 4m 且小于 9m 时，模板施工按梁跨度的 0.2% 起拱。当梁跨度不小于 9m 时，按梁跨度 0.3% 起拱。当为悬臂梁时，按悬臂长度的 0.4% 起拱。起拱不得减少梁的截面高度。

10.7.9　悬挑梁、连续梁的悬挑段，梁箍筋间距不得大于 100mm，箍筋直径见原位标注。挑出部分应设临时支撑；待混凝土达到 100% 设计强度时，方可拆除支撑。

10.7.10　当梁一端与柱（或墙）相交时，与柱（或墙）相交处支座梁纵筋锚固及箍筋加密应按框架梁要求；当梁的支座为梁时，此梁在该支座纵筋锚固可按非框架梁要求，且该端箍筋可不加密。

10.7.11　屋面框架梁边支座按国标图集 16G101-1 中 WKL 构造。

10.7.12　结构构件上的孔洞严禁后凿。梁上的预留套管周边加筋做法见下图。

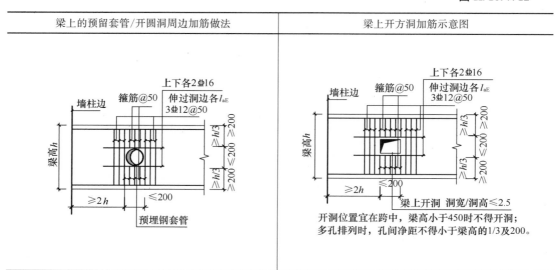

10.7.13　当详图未注明时，变截面梁做法见下图。

图 K. 10. 7. 13

变截面梁配筋做法（括号中为次梁要求）

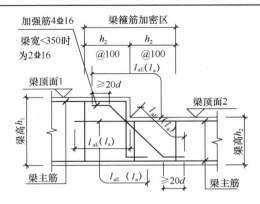

10. 7. 14   当梁的上部纵向钢筋二排或三排时，为保证二排或三排钢筋位置的准确，箍筋弯钩应下弯至二排或三排钢筋之下，做法见下图。

图 K. 10. 7. 14

梁箍筋弯钩做法

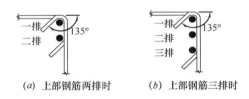

(*a*) 上部钢筋两排时   (*b*) 上部钢筋三排时

10. 7. 15(备)   当详图未注明时，折梁做法见下图。

图 K. 10. 7. 15(备)

折梁梁配筋做法（括号中为次梁要求）

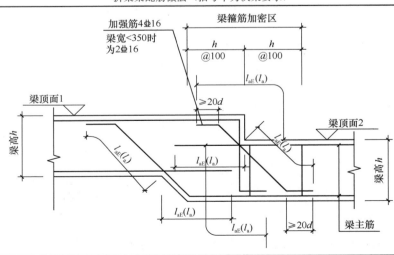

10.7.16(备)　当梁的平面或垂直面为折线时,阳角处的纵向钢筋应连续配置,阴角处的纵向钢筋应分离配置,如下图所示,此处箍筋间距加密至 100mm。

图 K. 10.7.16(备)

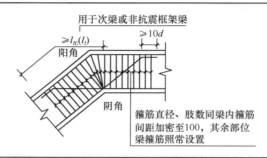

折梁配筋做法(平面图)

10.7.17(备)　悬臂梁上铁纵筋多于一排时,悬臂梁内跨除需满足原位标注及图集中关于梁(框架梁、次梁)要求外,尚需满足下图要求:

图 K. 10.7.17(备)

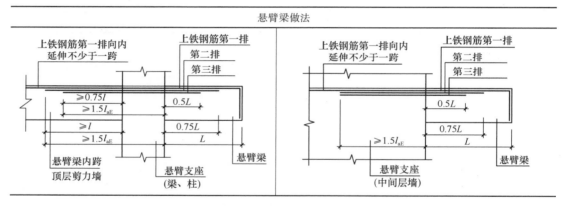

悬臂梁做法

10.7.18(备)　当次梁底标高低于主梁底标高时构造做法见下图。

图 K. 10.7.18(备)

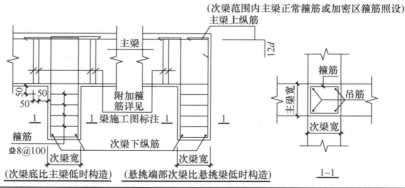

当次梁底标高低于主梁底标高时构造做法

10.7.19(备) 梁上立柱、填充墙构造柱、填充墙顶部、管道吊挂、建筑吊顶、幕墙等构件与梁连接应留出钢筋或预埋件，不得后凿，不得与主筋焊接。

10.8 钢筋混凝土柱

10.8.1 柱应按建筑图中填充墙的位置预留拉接筋，做法见下图。

图 K. 10. 8. 1

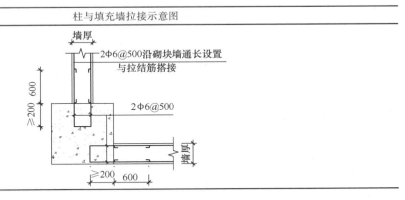

柱与填充墙拉接示意图

10.8.2 柱与现浇过梁、圈梁连接处，在柱内应预留插筋，插筋伸出柱外皮长度为 $1.2l_a$，锚入柱内长度为 l_a。

10.8.3 柱的纵筋不应与箍筋、拉筋及预埋件等焊接。

10.8.4(备) 当柱周边无楼板时，柱纵筋不设接头，否则应采用 I 级机械连接接头，50%错开。

10.8.5(备) 当梁与柱混凝土强度等级相差不超过两级（≤10MPa）且梁柱节点四周均有梁时，梁柱节点核心区可按梁混凝土施工；不满足上述条件时，节点核心区混凝土按柱、墙混凝土施工，做法如下图所示：

图 K. 10. 8. 5(备)

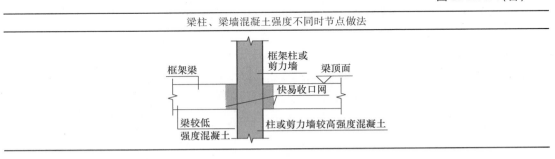

梁柱、梁墙混凝土强度不同时节点做法

10.9 钢筋混凝土墙

10.9.1 剪力墙按墙厚采用双排或多排分布钢筋，沿墙的两个侧面布置的钢筋网，一般竖向钢筋在内，横向钢筋在外。钢筋网片之间用 Φ6 拉结钢筋拉结，间距为钢筋网格的倍数，应不大于 600mm。拉结钢筋弯钩应钩住横、竖钢筋（交叉点）。当有多排分布钢筋时，拉结钢筋还需要与墙中间的钢筋网片绑扎牢固。

10.9.2 墙上孔洞必须预留，不得后凿。除按结构施工图纸预留孔洞外，尚须根据各专业施工图纸由各工种的施工人员核对无遗漏后，模板工程才能合模。图中未注明的洞边加筋，按下述要求：当洞口尺寸≤200mm时，应设置套管，墙内钢筋由洞边绕过，不得截断，洞边不设附加钢筋；当200mm<洞口尺寸≤800mm时，应加设洞边加筋，每边配置的补强钢筋不小于同向被切断钢筋面积的50%。具体做法见国标图集16G101-1第83页。当洞口尺寸>800mm时，见设计图纸。

10.9.3　设备管道穿过连梁时应预埋套管，套管上、下的有效高度均不应小于梁高的1/3，且不小于200mm，洞口处设加强筋，做法同第10.7.12款。

10.9.4　剪力墙连梁高度范围内的墙肢水平分布钢筋应在连梁内拉通作为连梁的腰筋。除图中注明附加钢筋的情况外，可仅将剪力墙水平分布钢筋拉通作为连梁腰筋。当连梁跨高比≤2.5时，连梁腰筋不得小于下表所示数值。

表 K. 10. 9. 4

连梁所在钢筋混凝土剪力墙水平分布筋间距为 150mm 时		
连梁宽度（mm）　≤200	250～300	350～400
水平分布筋　2ϕ8@150	2ϕ10@150	2ϕ12@150

连梁所在钢筋混凝土剪力墙水平分布筋间距为 200mm 时			
连梁宽度（mm）　≤200	250	300～350	400
水平分布筋　2ϕ10@200	2ϕ10@200	2ϕ12@200	2ϕ14@200

当连梁所在剪力墙墙体水平分布筋直径小于上述表格所列数值时，在连梁高度范围内，除墙体水平分布钢筋贯通外，在墙体水平分布筋之间增设附加腰筋，附加腰筋与墙体水平筋面积总和不应小于上述表格数值。

10.9.5　同一直线段上的连梁，当相邻梁的支座长度小于1500mm时，连梁钢筋应通长，剪力墙水平筋在连梁高度范围直通。

10.9.6　剪力墙与填充墙的拉结做法参见第10.8.1款。

10.9.7(备)　核心筒中跨高比不大于2.5的连梁除普通配筋外，另配置斜向交叉钢筋。

1　截面宽度不小于250mm的连梁采用交叉斜筋配筋方式，如下图所示：

图 K. 10. 9. 7(备)-1

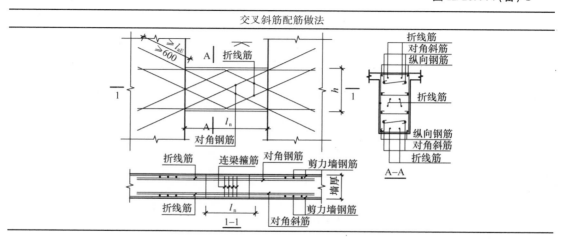

交叉斜筋配筋做法

对角钢筋、折线筋具体数值见下表：

表 K. 10. 9. 7(备)-1

墙厚（mm）	集中对角斜筋	折线筋	墙厚（mm）	集中对角斜筋	折线筋
≤400	2 Φ 16	2 Φ 14	≤600	4 Φ 20	4 Φ 16
≤800	4 Φ 25	4 Φ 20			

2 截面宽度不小于 400mm 的连梁采用集中对角斜筋配筋或对角暗撑配筋方式，如下图所示：

图 K. 10. 9. 7(备)-2

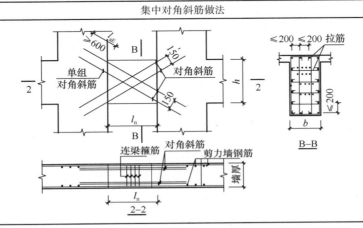

集中对角斜筋做法

单组对角斜筋具体数值见下表：

表 K. 10. 9. 7(备)-2

墙厚（mm）	对角斜筋	墙厚（mm）	对角斜筋	墙厚（mm）	对角斜筋
≤400	4 Φ 14	≤500	4 Φ 16	≤600	4 Φ 18
≤700	4 Φ 20	≤800	4 Φ 25		

对角暗撑做法见下图：

图 K. 10. 9. 7(备)-3

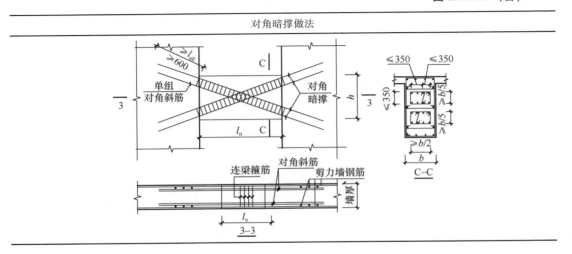

对角暗撑做法

单组对角斜筋具体数值见下表：

表 K. 10. 9. 7(备)-3

墙厚（mm）	对角斜筋	墙厚（mm）	对角斜筋	墙厚（mm）	对角斜筋
≤400	4 Φ 14	≤500	4 Φ 16	≤600	4 Φ 18
≤700	4 Φ 20	≤800	4 Φ 25		

10.9.8(备)   剪力墙约束边缘构件 l_c 长度和阴影区配筋在各层墙体配筋图中表达，非阴影区范围做法见下图：

图 K. 10. 9. 8(备)

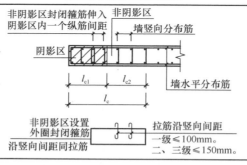

剪力墙非阴影区范围做法

10.9.9(备)   有翼墙的剪力墙约束边缘构件做法见下图：

图 K. 10. 9. 9(备)

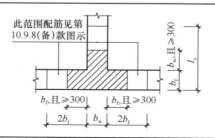

剪力墙约束边缘构件非阴影区范围做法

10.9.10(备)   连梁钢筋与墙体钢筋关系如下图（平面图）：

图 K. 10. 9. 10(备)

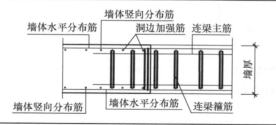

连梁钢筋与墙体钢筋关系

10.9.11(备)　框架-剪力墙结构中剪力墙在楼层标高设边框梁，截面为墙厚×500mm，配筋见下表：

表 K. 10. 9. 11(备)

墙厚 b（mm）	纵向钢筋	箍筋	备注
≤350	3 Φ 18；3 Φ 18	Φ 8@200(2)	顶层箍筋间距@150
400≤b≤600	4 Φ 20；4 Φ 20	Φ 8@200(4)	顶层箍筋间距@150
b>600	5 Φ 20；5 Φ 20	Φ 10@200(4)	顶层箍筋间距@150

当边框梁与连梁或框架梁重合时，纵筋应取连梁（或框架梁）与边框梁配筋之大值（即钢筋直径及根数均取大值），并与无连梁处边框梁钢筋通长，洞口及其两侧各500mm范围内箍筋间距应加密为100mm。边框梁高度范围内墙体钢筋照做。

10.9.12(备)　钢筋混凝土挡土墙钢筋做法凡详图未注明者见下图：

图 K. 10. 9. 12(备)

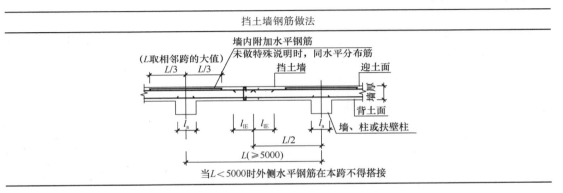

11　填充墙

11.1　填充墙的材料、厚度、平面位置、门窗洞口尺寸及定位均见建筑图。未经设计人员同意，不得随意增加或移位。填充墙四周应与主体结构可靠拉结，当墙厚为200mm时，墙高≤5m；墙厚为300mm时，墙高≤7m。墙高超过5m的一字形墙应优先采用轻钢龙骨墙。

11.2　后砌填充墙与混凝土柱（或剪力墙）间的拉结钢筋，应按建施图中填充墙的位置预留，拉结筋沿墙全长布置。后砌填充墙拉结筋与框架柱（或剪力墙）的拉结可采用预留拉筋或预留预埋件方式，其做法详见国标图集 12G614 相关规定。

11.3　后砌填充墙中构造柱的构造要求

11.3.1　构造柱的平面布置详见建筑图，如建筑图中未表示，可参照国标图集12G614-1 第 18～20 页，在以下部位设置：

1　填充墙转角处及纵横墙交接处；

2　当墙长度超过 5m，应在填充墙中部设置构造柱，且构造柱间距不应大于 4m；

3　当填充墙顶部为自由端时，构造柱应加密，其间距不应大于 2m；

4 当填充墙端部无主体结构或垂直墙体与之拉结时，应在端部设置；

5 当门窗洞口宽度不小于 2.1m 时，应在洞口两侧设置；

6 当电梯井道采用砌体时，应在电梯井道四角设置。

11.3.2 构造柱做法见下图。构造柱纵筋在梁、板或基础中的锚固做法详见国标图集 12G614-1 第 10、15 页。构造柱与填充墙的拉结做法详见国标图集 12G614-1 第 16、26 页。

图 K.11.3.2

填充墙构造柱配筋图			
4Φ12 Φ6@100/250	4Φ12 Φ6@100/250	Φ6@100/250	2Φ12 Φ6@100/250

11.4 后砌填充墙中水平系梁的构造要求

11.4.1 当后砌填充墙高度超过 4m 时，应在墙高中部设置与框架柱、剪力墙及构造柱拉结且沿墙全长贯通的水平系梁（第一道系梁距地面 2.5m，以上各道系梁中心间距沿墙高不大于 2m）。水平系梁截面尺寸为墙厚×150mm，纵筋 2Φ12（当墙厚大于 240mm 时，纵筋 3Φ12），横向钢筋 Φ6@300。

11.4.2 当水平系梁与门、窗洞顶过梁标高相近时，应与过梁合并设置，截面尺寸及配筋取水平系梁与过梁之大值，做法参见国标图集 12G614-1 第 19、20 页。当水平系梁被门、窗洞口切断时，水平系梁纵筋应锚入洞边构造柱中或与洞边抱框拉结牢固。

11.4.3 当墙体顶部与主体结构无连接时，应在墙体顶部设置一道压顶圈梁，圈梁截面尺寸为墙厚×180mm，纵筋为 4Φ10，箍筋为 Φ6@200。

11.4.4 框架柱（或剪力墙）预留水平系梁钢筋做法详见国标图集 12G614-1 第 10 页。框架柱（或剪力墙）预留的压顶圈梁钢筋与压顶圈梁纵筋直径、数量相同，做法参照国标图集 12G614-1 第 10 页。

11.5 门、窗过梁构造

11.5.1 在各层门、窗洞顶标高处，凡无梁（KL 及 L）时，均应设圈梁一道，圈梁兼作过梁时，其截面及配筋均取圈梁及过梁之大值。过梁配筋见下表：

表 K.11.5.1 单位：mm

配筋示意	门、窗洞宽 B	B≤1200		1200<B≤2400		2400<B≤4000	
	梁高 h	h=200		h=200		h=400	
	梁宽 b=墙厚	b≤200	b>200	b≤200	b>200	b≤200	b>200
	①号筋	2Φ8	3Φ8	2Φ10	3Φ10	2Φ12	3Φ12
	②号筋	2Φ12	3Φ12	2Φ14	3Φ14	2Φ16	3Φ16
	③号筋	2Φ6@100		2Φ6@100		2Φ8@150	

注：现浇过梁的长度＝门、窗的洞口宽度 B+2×240mm。

11.5.2　凡柱、墙与现浇过梁、系梁连接时，均应在柱、墙（暗柱）内预留锚固长度为 l_{aE} 的插筋，插筋伸出柱、墙外的最小长度为 l_{aE} 并与过梁主筋焊接。过梁的支承长度每边不得小于 240mm。

11.5.3　混凝土墙在门洞处开洞高于门洞洞口高度时，应在门洞顶标高处加过梁，按上表施工。

11.6　门、窗框构造要求

11.6.1　当门、窗洞口宽度小于 1.8m 时，洞边应设抱框；当门、窗洞口宽度不小于 1.8m 时，洞边应设构造柱，做法详见国标图集 12G614-1 第 17 页。当填充墙采用混凝土小型空心砌块砌筑时，洞口两侧也可设置芯柱代替抱框，做法详见国标图集 12G614-1 第 28 页。

11.6.2　墙窗洞下部做法应按建筑图施工，当建筑图未表示时，可在窗洞下墙顶设水平现浇带，截面尺寸为墙厚×60mm，纵筋为 2Φ10，横向钢筋Φ6@300，纵筋应锚入两侧构造柱中或与抱框可靠拉结。

11.7　电梯井道墙为砌体墙时，除按砌体隔墙要求设置构造柱、圈梁外，还应设置用于预埋井道埋件的附加圈梁（或将圈梁位置进行调整），附加圈梁的位置和间距由电梯厂家提供的井道埋件位置确定。埋件应按电梯厂家图纸加工并预埋于附加圈梁上。需预留埋件的圈梁截面尺寸不小于墙厚×250mm，配筋 4Φ12（梁高＞250mm 时，加 2Φ12 腰筋），Φ6@150（箍）。

图 K.11.7

电梯井道砌块墙体设构造柱、圈梁

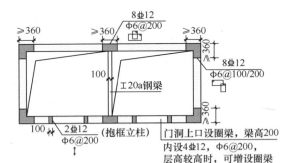

11.8　当后砌填充墙墙肢长度小于 240mm 无法砌筑时，可采用 C20 混凝土浇筑，做法详见国标图集 12G614-1 第 9 页节点 11。当填充墙采用混凝土小型空心砌块砌筑时，长度不大于 400mm 的墙肢做法详见国标图集 12G614-1 第 26 页节点 1~3。

11.9　楼梯间和人流通道的填充墙，应采用钢丝网砂浆面层加强。钢丝网规格为____，砂浆面层厚度为____。

11.10 后砌墙体不得预留和剔凿水平沟槽。

11.11 后砌填充墙施工要求详见国标图集 12G614-1 第 2～5 页，还应满足以下要求：

11.11.1 砌体施工质量控制等级为 B 级。

11.11.2 后砌填充墙应在主体结构施工完毕后自上而下逐层砌筑，特别是悬挑构件上的填充墙必须自上而下砌筑。也可根据施工具体情况，在相应楼层混凝土达到设计强度时砌筑，每层砌至楼盖底应留出一皮砌块高度，待主体结构施工完毕后，由上层至下层将留出的一皮砌块逐块敲紧、挤实、填满砂浆。

11.12 填充墙下为回填土时，回填过程中应分层夯实，压实系数不小于 0.94，墙下地基承载力特征值不小于 100kPa，做法见下图。

图 K.11.12

内隔墙基础做法	外围护墙基础做法
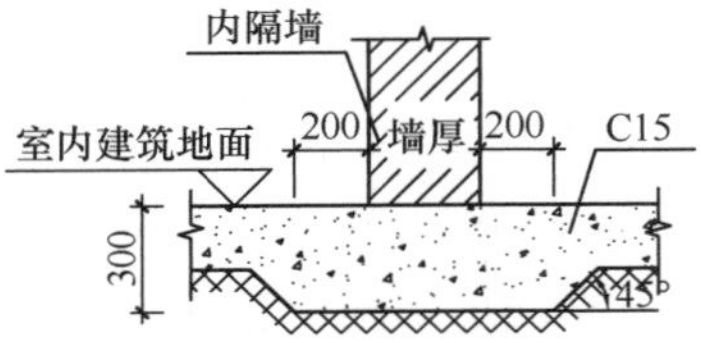 内隔墙 室内建筑地面 200 墙厚 200 C15 300	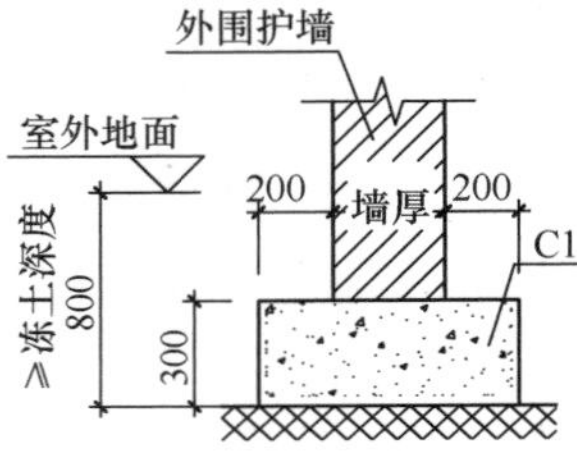 外围护墙 室外地面 ≥冻土深度 800 200 墙厚 200 C15 300

11.13 当填充墙顶部与梁错位相接时，应采取可靠做法处理，见下图。

图 K.11.13

填充墙顶部与梁错位相接时做法

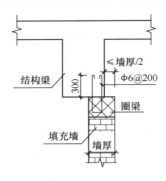

11.14 女儿墙

砌体女儿墙，墙厚 240mm，高度不宜超过 0.5m，且应与主体结构可靠拉结，每隔 2～2.5m 设构造柱，截面 240mm×240mm，配筋 4ϕ12，ϕ6@100，纵筋应由屋面梁或板留出。女儿墙中部设 2ϕ6 通长拉结钢筋，置于灰缝。女儿墙顶部设压顶，断面 240mm×60mm，纵筋 2ϕ10，横筋 ϕ6@200。

11.15 外露的现浇钢筋混凝土女儿墙、挂板、栏板、檐口等构件，当其水平直线长度超过 12m 时，应设置伸缩缝，伸缩缝间距不大于 12m，缝宽 20mm，伸缩缝处水平钢筋应断开，如下图：

图 K.11.15

外露的现浇钢筋混凝土女儿墙长度超过 12m 时做法

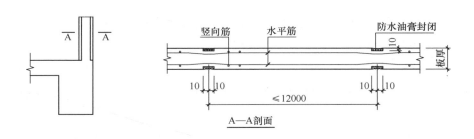

11.16(备) 砌体隔墙与混凝土构件（剪力墙、梁、柱等）结合缝处，为防止抹灰开裂，应采取有效的防裂措施。一般情况下，可采用钢丝网片，钢丝网片宽 300mm，沿缝居中通长放置。钢丝网片规格宜采用细而密的钢丝网，可与外保温做法构造中采用的钢丝网片相同。

11(备) 填充墙（当填充墙与框架采用脱开的方法时）

11.1(备) 填充墙两端与框架柱，填充墙顶面与框架梁之间留出不小于 20mm 的间隙。

11.2(备 1) 若施工中采用后植筋方式，尚应满足《混凝土结构后锚固技术规程》JGJ 145—2013 的有关规定，并应按《砌体结构工程施工质量验收规范》GB 50203—2011 的要求进行实体检测。

11.2(备 2) 后砌填充墙中构造柱的构造要求

11.2.1(备) 构造柱的平面布置详见建筑图，如建筑图中未表示，在以下部位设置：

1 填充墙端部及转角处，柱间距宜不大于 20 倍墙厚且不大于 4m；

2 当墙长度超过 5m 或层高的 2 倍时，应在填充墙中部设置；

3 当填充墙顶部为自由端时，构造柱间距不应大于____m；

4 当填充墙端部无主体结构或垂直墙体与之拉结时，端部应设置；

5 当门窗洞口宽度不小于 2.1m 时，洞口两侧应设置；

6 外墙上所有带雨篷的门洞两侧均应设置通高构造柱，且应与雨篷梁可靠拉结，构造柱截面尺寸为____，纵筋为____，箍筋为____；

7 当电梯井道采用砌体时，电梯井道四角应设置。

图 K. 11. 2. 1（备）

填充墙构造柱配筋图

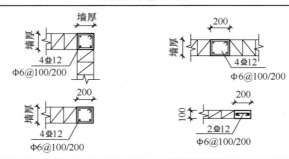

11.3（备） 构造柱柱顶与框架梁（板）应预留不小于 15mm 的缝隙，用硅酮胶或其他弹性密封材料封缝。

11.4（备） 填充墙两端宜卡入设在梁、板底及柱侧的卡口铁件内，墙侧卡口板的竖向间距不宜大于 500mm；墙顶卡口板的水平间距不宜大于 1500mm。

11.5（备） 墙高超过 4m 时宜在墙高中部设置与柱连通的水平系梁。水平系梁截面尺寸为墙厚×100mm，纵筋 2 Φ 10（当墙厚大于 240mm 时，纵筋 3 Φ 10），横向钢筋 ϕ 6 @300。

11.6（备） 填充墙与框架柱、梁的缝隙可采用聚苯乙烯泡沫塑料板条或聚氨酯发泡材料充填，并用硅酮胶或其他弹性密封材料封缝。

11.7（备） 所有连接用钢筋、金属配件、铁件、预埋件等均应作防腐、防锈处理。嵌缝材料应能满足变形和防护要求。

12　本工程各结构构件代号

表 K. 12

ZH	桩	CT	承台	DJ	独立基础	TJ	条基	ZD	柱墩
JL	基础梁	JAL	基础暗梁	JLL	基础拉梁	K	基坑	KZ	框架柱
ZHZ	转换柱	KL	框架梁	WKL	屋框梁	L	次梁	LL	连梁
LZ	梁上起柱	TZ	楼梯柱	TL	楼梯梁	TB	楼梯板	GZZ	构造柱
QL	圈梁	YB	预制板	SJ	设备基础	M	预埋件	GZ	钢柱
GL	钢梁								
YBZ　约束边缘构件					GBZ　构造边缘构件				

13　施工注意事项

13.1 施工时应与总图、建筑、给水排水、暖通、电气、电讯等各工种密切配合，按各工种的要求（如建筑、幕墙、吊顶、门窗、栏杆、管道吊架 、装修用连接件、各设备专业连接及吊挂件等）设置预埋件，应随结构施工同时留设，以防错漏。施工前，应仔细检查各预埋套管及洞口，以确保其位置准确无误。

13.2 本工程玻璃幕墙、轻屋面等应委托有资质的厂家进行设计，并满足相关规范、规程的要求。玻璃幕墙骨架的预埋件应由厂家提供，经设计单位对幕墙等荷载确认符合要求后，方可加工、制作和安装，并在相关部位的混凝土浇筑前埋设完毕。

13.3 未经结构专业允许，不得在结构构件上留置或后凿洞口。

13.4 非建筑或设备所留的剪力墙洞口为结构需要，应采用填充墙将其封堵。

13.5 本工程施工时应严格执行现行《混凝土结构工程施工规范》（GB 50666）、《混凝土结构工程施工质量验收规范》（GB 50204）、《钢结构工程施工规范》（GB 50755）、《钢结构工程施工质量验收规范》（GB 50205）等施工、验收规范和规程。

13.6 图中标高以米（m）为单位，其他尺寸以毫米（mm）为单位。

13.7 防雷接地做法详见电施图。

13.8 设备订货与土建关系

13.8.1 电梯订货必须符合本图所提供的电梯井道尺寸、门洞尺寸以及建筑图纸的电梯机房设计要求。门洞边的预留孔洞、电梯机房楼板预留孔洞、检修吊钩等，需待电梯确定且经核实无误后，方可施工。

13.8.2 未确定的设备基础待设备确定后，再行设计、施工。

14　施工安全

施工单位应仔细阅读设计文件，按照《建设工程安全生产管理条例》的要求，在工程施工中对所有涉及施工安全的部位和环节进行全面、可靠的防护，尤其应加强深基坑、高支模、重吊装、高大脚手架等的防护措施，并严格按照安全施工的强制性标准、规章制度和操作规程施工，以杜绝事故隐患，确保现场人员安全。

15 本项目应按建筑图中注明的功能及结构图中限定的荷载使用，在设计使用年限内未经技术鉴定或设计许可，不得改变结构的用途和使用环境。

16　工程维护

16.1 建立定期检测、维修制度。

16.2 构件表面的防护层应按规定维护或更换。

16.3 结构出现可见的耐久性缺陷时应及时处理。

17　需要特别说明的问题

舞台工艺部分的钢结构（马道、飞行器轨道梁等）应由专业的设计单位或厂家负责，并向主体设计单位提供荷载及吊点位置、吊点预埋件等，经结构设计确认后，方可进行施工。

18 本套图纸需经施工图审查通过后，方可用于施工。

19(备) 其他有关说明

19.1(备) 沉降观测

19.1.1(备) 本工程应进行沉降观测，建筑变形测量等级为二级，沉降观测方案（观测布点、观测周期、观测时间等）应按《建筑变形测量规程》JGJ 8—2007 要求编制、实施，并与设计单位沟通。

19.1.2(备) 本工程要求进行沉降观测，在基础底板浇筑前检测地基开挖产生的回弹值，基础底板完成后开始观测，沉降观测技术要求如下：

1 水准基点的设置：以保证其稳定可靠为原则，宜靠近观测对象，但必须在建筑物所产生的压力影响范围以外；在一个观测区内水准基点不应少于三个。

2 观测点的具体位置须根据现场情况确定；建筑物的四角、大转角处及沿外墙每隔10～15m处应设置观测点；观测点的布置应能全面反映建筑物的变形并结合地质情况确定，其数量不应少于六个点。

3 水准测量时视线长度应为20～30m，视线高度不宜低于0.3m，水准测量应采用闭合法；基础底板混凝土初凝后进行第一次观测；第一次观测完成后，每施工完三层应观测一次，记录一次；建筑物竣工后的观测，第一年不少于4次，第二年不少于3次，以后每年一次，直到下沉稳定为止，观测期限不少于5年。在观测过程中，如有基础附近地面荷载突然增减、基础四周大量积水、长时间连续降雨等情况，均应及时增加观测次数。当建筑物突然发生大量沉降、不均匀沉降或严重裂缝时，应立即进行逐日或几天一次的连续观测。施工过程中如暂时停工，在停工时及重新开工时应各观测一次。停工期间可每隔2～3个月观测一次。

4 沉降观测应由甲方委托有资质的测量单位进行，由沉降观测单位配合施工单位进行沉降观测点预埋。

图 K.19.1.2(备)

明装式沉降观测点

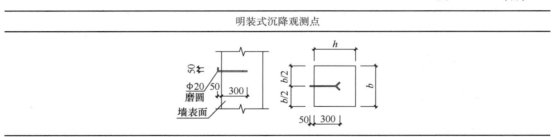

19.2(备) 超长结构设计、施工参考措施

19.2.1(备) 超长地下室结构参考措施

1 设置沉降后浇带和收缩后浇带

1）根据地下室长度、施工周期，确定合理的后浇带类型、位置及宽度。

2）后浇带的施工要求见第 10.5 条。

2 材料选用

1）设计中不宜采用高强度等级的混凝土，应适当提高防水混凝土抗渗等级，混凝土强度等级及抗渗等级的要求见具体设计。

2）基础底板

（1）混凝土中应掺一定量的粉煤灰（也可同时掺粉煤灰和矿粉）和高效减水剂。粉煤灰的等级应不低于____级（矿粉的等级为____）。所用外加剂应具有标明产品主要成分的产品说明书、出厂检验报告和合格证、掺外加剂混凝土的性能检验报告。

（2）利用混凝土后期强度（60d）代替 28d 强度进行配合比设计，减少水泥用量。

（3）应严格控制水泥用量。

3）地下室外墙、顶板：混凝土掺一定量的粉煤灰（也可同时掺粉煤灰和矿粉）、高效减水剂以及聚丙烯纤维。所用外加剂应具有标明产品主要成分的产品说明书、出厂检验报告和合格证、掺外加剂混凝土的性能检验报告。其中粉煤灰的等级应不低于____级（矿粉的等级为____）。聚丙烯纤维要求采用符合国家规定的优质聚丙烯抗裂纤维，性能要求如下：产品应具备国家权威机构的无毒检测报告，聚丙烯纤维含量为 100%，直径不大于____μm，抗裂性能等级为____级，抗拉强度不低于____MPa，同时，制造厂家应提供混凝土力学性能对比测试检验报告，掺量应综合技术与经济情况选用并达到较好的抗裂性能。

3 基础底板、地下室外墙、地下室顶板的设计措施

1）对地下室底板、顶板、外墙等受温度影响较大的部位，适当提高配筋率，采用较小直径和间距配筋。

2）地下一层顶板可采用预应力施工专项技术。预应力施工方应提供详细的温度应力计算、施工方案和施工要求，并应经设计单位的技术审核后，方可施工。

4 施工要求

1）施工单位对地下室应提出具体详细的施工方案，报甲方、监理、设计单位进行专项论证后，方可施工。

2）应从混凝土的自身、施工工艺两方面综合考虑，科学合理地设计混凝土的配合比。采用商品混凝土时，应与商品混凝土搅拌站合作，制定合理的混凝土施工方案。

3）底板大体积大面积混凝土、外墙和楼板大面积混凝土应分别制定相应的施工措施。

4）施工中应特别加强后浇带的施工管理。

5）应保证混凝土充分养护。

5 其他

1）要求加强设备穿墙套管预埋处的防水处理。

2）加强建筑防水要求，具体见建筑专业设计总说明。

19.2.2(备)　超长地上结构参考措施

1 混凝土配合比应满足《普通混凝土配合比设计规程》JGJ 55—2011 的规定，混凝土配合比应经过计算及试配确定。当楼（屋）面梁、板混凝土中掺入膨胀剂时，其配合比尚应满足《混凝土外加剂应用技术规范》GB 50119—2013 的规定。

2 严格控制粗、细骨料的含泥量和级配，采用碎石骨料配置混凝土。

3 宜在相对低温情况下浇筑混凝土，降低混凝土入模温度。

4 制定合理的混凝土浇筑顺序和间隔时间，振捣时不应漏振、欠振和过振。

5 加强施工养护，楼（屋）面板掺入膨胀剂的混凝土浇筑后，应确保不少于 14d 的保水养护。

6 楼板的通长钢筋、主次梁的通长钢筋在支座或在符合本规定及本说明要求的钢筋截断处，不论上、下筋均应按受拉钢筋的要求，满足钢筋的搭接长度。

19.3(备)　大体积混凝土底板施工参考措施

19.3.1(备)　材料要求

1 混凝土配合比应满足《普通混凝土配合比设计规程》JGJ 55—2011 的规定，混凝土配合比应经过计算及试配确定。

2 粗骨料采用连续级配，细骨料采用中砂，应控制粗、细骨料的含泥量。

3 应选用水化热低和凝结时间长的水泥（低热矿渣硅酸盐水泥、中热硅酸盐水泥等），并掺入一定量的粉煤灰（也可同时掺粉煤灰和矿粉）、缓凝剂及高效减水剂。粉煤灰的等级应不低于＿＿＿级（矿粉的等级为＿＿＿）。所用外加剂应具有标明产品主要成分的产品说明书、出厂检验报告和合格证、掺外加剂混凝土的性能检验报告。上述混凝土的早期强度偏低，在组织施工设计时须引起注意。

4 大体积混凝土底板当采用粉煤灰混凝土时，可利用＿＿＿d 强度进行配合比设计和施工。

19.3.2(备)　施工要求

1 大体积混凝土施工前，施工单位应编制具体详细的施工方案，报甲方、监理、设计单位进行专项论证，通过后方可施工。

2 大体积混凝土施工应符合现行国家标准《大体积混凝土施工规范》GB 50496—2009 的规定。

3 大体积混凝土浇筑、振捣应满足下列规定

1）应在相对低温情况下浇筑混凝土，当必须暑期高温施工时，应采取措施降低混凝土入模温度。

2）根据面积、厚度等因素，宜采取整体分层连续浇筑或推移式连续浇筑法；混凝土供应速度应大于混凝土初凝速度，下层混凝土初凝前应进行第二层混凝土浇筑。

3）分层设置水平施工缝时，除应符合设计要求外，尚应根据混凝土浇筑过程中温度裂缝控制的要求、混凝土的供应能力、钢筋工程的施工、预埋管件安装等因素确定其位置及间隔时间。

4）宜采用二次振捣工艺，浇筑面应及时进行二次抹压处理。

4 大体积混凝土养护、测温应符合下列规定

1）混凝土内部预埋管道，进行水冷散热。

2）大体积混凝土浇筑后，应在 12h 内采取保湿、控温措施。混凝土里表温差不应大于 25℃，混凝土浇筑体表面与大气温差不应大于 20℃。养护时间不少于 14d。

3）宜采用自动测温系统测量温度，并设专人负责。测温点布置应具有代表性，测温频次应符合相关标准的规定。

5 超长大体积混凝土施工可采用留置变形缝、后浇带施工或跳仓法施工。

19.4(备) 人防地下室结构设计说明

19.4.1(备) 本工程人防临战封堵设计除注明者外均按《人防工程标准图集》、《人防工程防护功能平战转换设计图集》的做法施工。

19.4.2(备) 人防范围内的钢筋不得采用冷加工钢筋。

19.4.3(备) 防倒塌棚架的填充墙、砌体女儿墙不得设置拉结筋、构造柱、圈梁、压顶等与主体结构连接。

19.4.4(备) 凡进入防空地下室的管道及其穿过的人防围护结构均应采取防护密闭措施。凡穿越门框墙的管线应预埋带翼环的钢套管。

19.4.5(备) 地下室临时转换措施中的预埋件应在施工中预埋，预制混凝土构件也应在施工中预制好，就近存放，并且平时做好维护、保养。

19.4.6(备) 人防设备门的钢门框等预埋件应由人防专业厂家制作并在主体结构浇筑前埋入。施工时应先立门框，后绑扎门框周边钢筋。浇筑混凝土前应对所有预埋件（钢门框、铰叶及锚固板等）位置进行严格检查，并按要求就位、固定牢靠。验收合格后，方可浇筑混凝土。

19.4.7(备) 人防区钢筋混凝土构件受力钢筋保护层厚度（保护层厚度尚应不小于非人防区的要求）。

表 K.19.4.7(备)　单位：mm

人防地下室外墙（与水土接触面）	40	人防地下室内墙	20
人防地下室外墙（室内侧）	20	人防区梁、柱	30

19.4.8(备) 人防构件受拉钢筋锚固长度 l_{aF}、搭接长度 l_{lF} 见图集 07FG01 第 57 页，并应同时满足非人防构件的构造要求。

19.4.9(备)　人防区地下室底板、顶板、人防楼梯、人防墙，应设置Φ8@450mm×450mm梅花状布置的拉筋，拉筋应拉住最外层纵筋。当对应的纵筋间距不成150mm的模数时，拉筋间距可在400～500mm之间调整。

19.4.10(备)　抗爆砖隔墙沿墙高@500mm配置3Φ6通长钢筋，钢筋应与钢筋混凝土墙、柱拉结。在拐角处、墙体相交处，应按下图施工。

图 K. 19. 4. 10(备)

抗爆墙拉筋角部构造

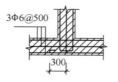

19.4.11(备)　人防钢筋混凝土墙体的门洞四角的内、外侧应配置斜向钢筋，见下图。

图 K. 19. 4. 11(备)

门洞四角加强钢筋

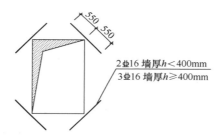

19.4.12(备)　当人防墙体端部未设置暗柱、端柱时，水平钢筋在端部应贯通或弯折至对边，见下图。

图 K. 19. 4. 12(备)

水平钢筋贯通处理

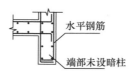

19.4.13(备)　安装钢筋混凝土人防墙体模板、防护单元分隔处的混凝土梁模板时，不得采用带套管的穿墙螺栓，应采用一次性螺栓，避免在墙体和梁上造成孔洞。

19.4.14(备) 人防构件混凝土不宜掺入早强剂。确需掺加时，应经设计复核相关构件承载力并同意之后，方可进行。

19.4.15(备) 人防设备门（FM、M、MH）前的顶板应设置安装吊钩，吊钩位置及吊钩详图见下图。

图 K.19.4.15(备)-1

单扇人防门吊钩位置	双扇人防门吊钩位置
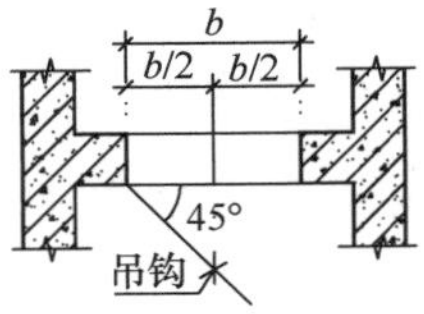	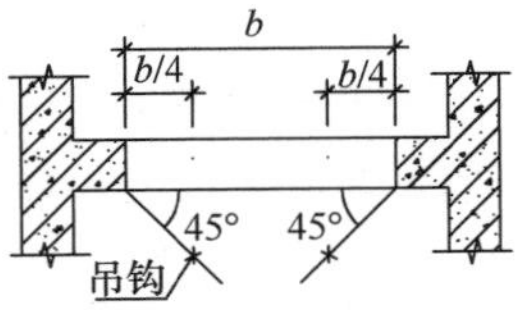

图 K.19.4.15(备)-2

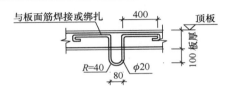

吊钩详图

附录 L　钢结构设计总说明

1　工程概况

本工程建设地点位于××，建筑功能为××××，建筑面积××㎡。地上××层，房屋高度为×××m，地下××层，基础埋深××m。本工程结构体系为××结构。

【注】本说明适用于钢结构和型钢混凝土构件内的型钢，并应与混凝土结构设计总说明配套使用。

2　建筑结构的安全等级及设计使用年限

设计使用年限：50 年

设计基准期：50 年

建筑结构的安全等级：二级

结构重要性系数：1.0

建筑抗震设防类别：标准设防类（丙类）

地基基础设计等级：甲级

钢结构房屋的抗震等级：二级

耐火等级：一级

3　自然条件

3.1　基本风压：50 年重现期 $w_0 = 0.45 \mathrm{kN/m^2}$，地面粗糙度类别：C 类。

3.2　基本雪压：50 年重现期 $s_0 = 0.40 \mathrm{kN/m^2}$，雪荷载准永久值系数分区：Ⅲ。

3.3　抗震设防参数

抗震设防烈度：8 度

设计基本地震加速度值：0.20g

设计地震分组：第一组

场地类别：Ⅲ类

3.4　温度作用

钢结构最大正温差（日均）：升温 30.0℃

钢结构最大负温差（日均）：降温 25.0℃

3.5　工程地质与水文条件

3.5.1　地理及水文、气象条件

3.5.2 土层岩性

3.5.3 持力层、地基承载力与桩基设计参数

3.5.4 地下水腐蚀性情况

3.5.5 地下水位及抗浮设计水位标高

3.5.6 场地标准冻深等

4　工程标高

本工程的相对标高±0.000相当于绝对标高235.500m。

5　设计依据

5.1　标准、规范、规程、标准图

《建筑结构可靠度设计统一标准》	GB 50068—2001
《建筑工程抗震设防分类标准》	GB 50223—2008
《建筑结构荷载规范》	GB 50009—2012
《钢结构设计规范》	GB 50017—2003
《钢结构焊接规范》	GB 50661—2011
《建筑抗震设计规范》	GB 50011—2010（2016年版）
《建筑设计防火规范》	GB 50016—2014
《建筑钢结构防火技术规范》	CECS 200:2006
《建筑钢结构防腐蚀技术规程》	JGJ/T 251—2011
《高层民用建筑钢结构技术规程》	JGJ 99—2015
《高层建筑混凝土结构技术规程》	JGJ 3—2010
《钢管混凝土结构技术规范》	GB 50936—2014
《矩形钢管混凝土结构技术规程》	CECS 159:2004
《型钢混凝土组合结构技术规程》	JGJ 138—2001
《钢结构钢材选用与检验技术规程》	CECS 300:2011
《铸钢节点应用技术规程》	CECS 235:2008
《组合楼板设计与施工规范》	CECS 273:2010
《建筑工程设计文件编制深度规定》	（2016年版）

地方标准和规范

【注】如有，在此处列出。

《多、高层民用建筑钢结构节点构造详图》01(04)SG519

《多、高层建筑钢结构节点连接（次梁与主梁的简支螺栓连接、主梁的栓焊拼接）》

《型钢混凝土组合结构构造》　　　　04SG523

《钢与混凝土组合楼（屋）盖结构构造》05SG522

5.2　其他设计依据文件

5.2.1　××市勘察设计研究院有限公司201×年×月×日提供的《××项目岩土工程勘察报告》（工程编号：201×技×××）。

5.2.2　××市勘察设计研究院有限公司201×年×月×日提供的《××项目工程场地地震安全性评价报告》（项目编号：201×震×××）。

5.2.3　××风工程研究中心201×年×月×日提供的《××项目风洞测压试验报告》、《××项目等效静风荷载分析报告》。

5.2.4　××项目初步设计审查意见或抗震设防专项审查意见(审查单位名称及日期、编号)。

5.2.5　建设单位于201×年×月×日对本项目提出的《×××……》要求。

6　计算软件

表 L.6.0-1

计算用途	软件名称	软件版本	编制单位
整体计算	SATWE	2010 V3.1 版	中国建筑科学研究院建研科技股份有限公司
整体计算	YJK	V2012-1.7.0.0 版	北京盈建科软件股份有限公司
整体计算	ETABS	V15.2.1 版	Computers and Structures，Inc.（CSI）和北京筑信达工程咨询有限公司
补充计算	SAP2000	V17.3.0 版	Computers and Structures，Inc.（CSI）和北京筑信达工程咨询有限公司
补充计算	Midas Gen	V2014	北京迈达斯技术有限公司
构件计算	理正工具箱	7.0PB1 版	北京理正软件股份有限公司

7　设计采用的楼、屋面均布活荷载标准值

表 L.7.0-1

建筑功能	活荷载标准值（kN/m²）	建筑功能	活荷载标准值（kN/m²）
首层大堂	5.0	厨房	4.0
大堂、走道	3.5	通风机房、电梯机房	7.0
办公、酒店客房	2.0	设备层避难区	3.5
健身与娱乐区	4.0	大型设备机房	12.0 或按实际取值
餐厅	3.5	上人屋面	2.0
楼梯	3.5	不上人屋面	0.5
公共卫生间	2.5	灵活隔断	1.0
宴会厅、多功能厅	3.5		

注：施工和使用过程中，实际荷载不允许超过上述活荷载标准值。

8　钢结构材料

8.1　钢材

8.1.1　本工程各构件采用的钢材牌号与等级

表 L.8.1.1-1

框架柱、柱脚底板	Q345B、Q345GJB	隅撑	Q235B
框架梁	Q345B	加劲肋、连接板	同母材
支撑	Q345B	预埋件	Q345B
次梁	Q345B		

钢板厚度≤35mm 时，采用 Q345 钢材；钢板厚度＞35mm 时，采用 Q345GJ 钢材。

8.1.2　钢材性能要求

钢材除具有抗拉强度、伸长率、屈服强度、屈服点和硫、磷含量的合格保证外，尚应具有碳含量、冷弯试验、冲击韧性的合格保证。

钢材的屈服强度实测值与抗拉强度实测值的比值不应大于 0.85 ；钢材应有明显的屈服台阶，且伸长率 δ_5 不应小于 20%。钢材应有良好的焊接性和合格的冲击韧性。

① Q235、Q345 钢材质量应分别符合现行国家标准《碳素结构钢》GB/T 700—2006 和《低合金高强度结构钢》GB/T 1591—2008 的规定，Q345GJ 应符合《建筑结构用钢板》GB/T 19879—2005 的规定。

② 热轧 H 型钢应符合《热轧 H 型钢和剖分 T 型钢》GB/T 11263—2010 的规定；工字钢、角钢、槽钢应符合《热轧型钢》GB/T 706—2008 的规定。

③ 钢材强度设计值如下表所示：

表 L.8.1.2-1

钢材牌号	厚度或直径 (mm)	抗拉、抗压和抗弯 f (N/mm²)	抗剪 f_V (N/mm²)	端面承压（刨平顶紧） f_{ce} (N/mm²)
Q235	≤16	215	125	325
	16～40	205	120	
	40～60	200	115	
	60～100	190	110	
Q345	≤16	310	180	400
	16～35	295	170	
	35～50	265	155	
	50～100	250	145	
Q345GJ	≤16	310	180	415
	16～35	310	180	
	35～50	300	175	
	50～100	290	170	

④ 可焊铸钢强度设计值如下表所示：

表 L. 8. 1. 2-2

铸钢件牌号	抗拉、抗压和抗弯 f（N/mm²）	抗剪 f_V（N/mm²）	端面承压（刨平顶紧） f_{ce}（N/mm²）
G20Mn5QT	235	135	325

⑤ 钢板 Z 向性能要求

采用焊接连接节点，当钢材板厚不小于 40mm 且沿板厚方向受力时，应满足现行国家标准《厚度方向性能钢板》GB/T 5313—2010 的规定。对于有 Z 向性能要求的钢板应逐张进行超声波检验，检验方法按 GB/T 2970 的规定，其检验级别按 Ⅱ 级。

表 L. 8. 1. 2-3

钢板厚度（mm）	$t<40$	$40 \leqslant t<60$	$60 \leqslant t<80$	$\geqslant 80$
钢板厚度方向性能级别	—	Z15	Z25	Z35

⑥ 当采用其他牌号的钢材代换时，应符合有关标准的规定，并须经设计单位认可。

8.2　连接材料

本说明中所列焊条、焊丝及焊剂牌号均为选配建议，焊条、焊丝及焊剂最终应根据焊接工艺评定确定，焊缝强度不应低于母材的强度，焊缝及热影响区冲击韧性要求同母材。

8.2.1　焊接材料

焊缝金属应与主体金属强度相适应，当不同强度钢材焊接时，焊接材料强度应按强度较低的钢材选用。由焊接材料及焊接工序完成的焊缝，其机械性能不应低于原构件的等级。

① 手工电弧焊焊条

表 L. 8. 2. 1-1

钢材牌号	焊条型号
Q235B	E43
Q345B、Q345GJB	E5015、E5016、E5018

② 自动焊接及半自动焊接的焊丝、焊剂

表 L. 8. 2. 1-2

钢种	埋弧焊		CO₂ 保护焊实心焊丝
	焊剂	焊丝	
Q235B	F4A0	H08A	ER50-6
Q345B、Q345GJB	F5024、F5021	H10Mn2	ER50-2

8.2.2　螺栓及抗滑移系数

① 本工程螺栓连接均采用 10.9 级摩擦型高强度螺栓，质量标准应符合《钢结构高强度螺栓连接技术规程》JGJ 82—2011 的规定。

② 高强度螺栓摩擦面抗滑移系数：Q235 钢材为 0.45，Q345、Q345GJ 及 Q390 钢材为 0.50。

③ 10.9 级摩擦型高强度螺栓预拉力 P（kN）：

表 L.8.2.2-1

螺栓公称直径（mm）	M16	M20	M22	M24	M27	M30
螺栓预拉力（kN）	100	155	190	225	290	355

高强度大六角头螺栓连接副、扭剪型高强度螺栓连接副出厂时应分别随箱带有扭矩系数和预拉力的检验报告。

④ 安装螺栓凡未注明者均为 C 级螺栓，螺栓应符合现行国家标准《六角头螺栓 C 级》GB/T 5780、《六角头螺栓》GB/T 5782 的规定。螺栓的表面处理应保证提供不低于结构各部分及各构件相应的涂层所达到的防腐要求。

⑤高强度螺栓孔应采用钻成孔，不得采用气割扩孔，高强度螺栓应能自由穿入螺栓孔。

8.2.3　栓钉

本工程中所用栓钉的质量标准应符合 GB/T 10433—2002 中的规定。栓钉的屈服强度为 $240N/mm^2$，最小极限抗拉强度为 $400N/mm^2$，抗拉强度设计值为 $215N/mm^2$。

栓钉施焊完成后应进行质量检查。

8.2.4　柱脚锚栓：采用 Q345B 钢材。

8.2.5　柱脚底板灌浆：应采用免振捣、无收缩的水泥砂浆或相应的专用灌浆料进行压力灌浆，7d 抗压强度不低于 50MPa，28d 抗压强度不低于 80MPa。

8.2.6　压型钢板、钢筋桁架楼承板

① 采用的钢板屈服强度应≥300MPa，应采用镀锌钢板，双面镀锌总重量不小于 $275g/m^2$。

② 钢板厚度须根据混凝土楼板厚度、跨度、楼面荷载以及板型和铺设方式等确定，不包括镀锌层的钢板厚度不应小于 0.90mm。

③ 供货商应进行施工阶段计算，编制铺板图用于现场施工，铺板图中应包含楼板边界处的节点、与主结构的连接节点等相关构造。

8.3　焊缝质量等级

8.3.1　各部位焊缝类型

① 全焊透焊缝（一）：

钢板、构件拼接（接长）焊缝；

柱壁板间在柱节点区及上、下各 600mm 范围内的组合焊缝；

上、下柱拼接时，接头上、下各 100mm 范围内箱形柱壁板间焊缝；

柱内对应梁翼缘、钢支撑设置的水平加劲隔板与柱壁板的连接焊缝；

钢柱、钢梁、支撑对接接头。

② 全焊透焊缝（二）：

柱单元所带悬臂梁段，梁翼缘与腹板的焊缝；

梁变截面处加劲肋与翼缘、腹板的焊缝；

焊接 H 钢柱、H 钢梁，当腹板厚度>25mm 时，翼缘与腹板间的焊缝。

③ 全焊透对接与角接组合焊缝：（加强焊脚尺寸应不小于翼缘板厚的 1/4，但最大值不得超过 10mm）

梁和支撑的翼缘、腹板与柱的连接焊缝；

柱与柱脚底板的焊缝；

悬挑梁根部，翼缘、腹板与支座或预埋件的焊缝。

④ 部分焊透的对接与角接组合焊缝：（焊缝厚度应不小于腹板厚的 1/2，且不小于 14mm）

焊接 H 钢柱、H 钢梁，当 14mm≤腹板厚度≤25mm 时，翼缘与腹板的焊缝，梁加劲肋与翼缘、腹板的焊缝。

⑤ 部分焊透焊缝：

箱形柱壁板之间采用全焊透焊缝以外的其余组合焊缝。

⑥ 角焊缝：

焊接 H 钢柱、H 钢梁，当腹板厚度≤12mm 时，翼缘与腹板的焊缝，梁加劲肋与翼缘、腹板的焊缝。

8.3.2　焊缝质量等级与检测方法

表 L.8.3.2-1

焊接要求	焊缝质量等级	检测方法	检测比例
全焊透焊缝（一）、全焊透对接与角接组合焊缝	一	超声波	100%
全焊透焊缝（二）	二	超声波	20%
部分焊透焊缝、部分焊透的对接与角接组合焊缝	二	超声波	20%
角焊缝	三	磁粉探伤	10%

一级焊缝的合格等级不应低于《钢结构焊接规范》GB 50661—2011 第 8.2.4 条中 B 级检验的 Ⅱ 级要求。

二级焊缝的合格等级不应低于《钢结构焊接规范》GB 50661—2011 第 8.2.4 条中 B

级检验的Ⅲ级要求。

全部焊缝均应进行100％的外观检查。焊缝应具有良好的外观质量，角焊缝应符合二级焊缝的外观要求。

当超声检测结果存在疑义时，采用射线检测验证。

当发现焊缝裂纹等疑点时，应采用磁粉探伤或着色渗透探伤进行复查，焊缝质量的检查及质量标准应符合《钢结构焊接规范》GB 50661—2011 的要求。

焊缝检测尚应符合《焊缝无损检测超声检测技术、检测等级和评定》GB 11345—2013 的规定。

焊接必须做好记录，施工结束后，应准备一切必要的资料以备检查。

9　防腐与防火

9.1　防腐除锈与涂装要求

9.1.1　防腐设计年限

防腐涂料的防护设计年限是指整个钢结构表面从建造至需要重新涂装的时间。

防腐涂料应通过国内权威机构关于底漆干膜锌含量以及耐老化测试的第三方检测报告，防腐涂料系统防护年限不应小于 15 年。

9.1.2　钢结构表面处理与除锈方法

钢结构在除锈处理前，应清除焊渣、毛刺和飞溅等附着物，对边角进行钝化处理，并应清除基体表面可见的油脂和其他污物，用喷砂、抛丸等方法彻底除锈。

工厂除锈等级为现行《涂覆涂料前钢材表面处理　表面清洁度的目视评定》GB/T 8923 第 1 部分～第 4 部分中规定的 Sa2 $\frac{1}{2}$ 级；现场除锈可采用电动、风动除锈工具除锈，除锈等级为 St3 级，并达到 35～55μm 的粗糙度。

除锈的钢材表面检查合格后，应在规定时限内及时涂装。

9.1.3　弱腐蚀环境防腐涂料

对室内钢结构且有防火涂料时，选用水性无机富锌底漆或环氧富锌底漆涂刷 3 遍，最小总干膜厚度 130μm。

对室外钢结构、无防火涂料的室内钢结构，选用水性无机富锌底漆，干膜厚度为 35×2μm，环氧云铁中间漆，干膜厚度为 60×1μm，丙烯酸聚氨酯面漆，干膜厚度为 35×2μm，最小总干膜厚度 200μm。

防腐涂料应满足良好的附着力，涂料各层之间、与防火涂料特性应具有相容性和适应性，对焊接影响小，并符合建筑专业的要求。中间漆与面漆应选择与底漆同一厂家的产品。

针对不同环境要求的防腐涂料涂装方案应得到参建各方的认可。

9.1.4　涂漆后的漆膜外观应均匀、平整、丰满，不得有咬底、剥落、裂纹、针孔、漏涂和明显的皱皮、流坠等缺陷，涂层厚度用磁性测厚仪测定，总厚度应达到设计规定的要求。

9.2　限制刷漆部位

9.2.1　下列部位禁止涂漆：

高强度螺栓连接的摩擦接触面；

工地焊接部位及两侧 100mm，且满足超声波探伤要求的范围内；

工地焊接部位及两侧需进行不影响焊接的除锈处理，除锈后涂刷防锈保护漆；

型钢混凝土构件及钢板-混凝土组合墙中的内置钢构件应进行除锈，但不应涂装。

9.2.2　下列部位不需要涂漆：

型钢混凝土中的钢构件、柱脚底板、柱脚螺栓。

9.2.3　混凝土楼板与钢梁接触部位，钢梁顶面不应涂漆。

9.3　现场补漆

9.3.1　钢结构安装完毕后，应对工地焊接部位、紧固件等未做过防锈底漆的零配件进行补漆，对防锈底漆损坏、返锈、剥落等防锈受损的部位进行补漆；现场焊缝且应仔细打磨后再刷防锈漆，要求与本体部分相同。

9.3.2　与大气环境接触的钢结构外露部位均应进行相同防腐要求的补漆。

9.3.3　对露天或侵蚀性介质环境中的螺栓，除补涂防锈漆外，尚应对其连接板板缝及时用油膏或腻子等封闭。

9.4　其他防腐规定

9.4.1　当钢柱脚在地面以下时，包裹的混凝土应高出地面 150mm，保护层厚度不应小于 50mm。当钢柱脚在地面以上时，柱脚底面应高出地面 100mm。

9.4.2　镀锌防腐处理：螺杆、轴销（及铸钢件）加工件表面粗糙度应不大于 $6.3\mu m$，表面用电镀锌层处理，锌镀层厚度为 20 至 $30\mu m$。按照《金属及其他无机覆盖层 钢铁上经过处理的锌电镀层》GB/T 9799—2011 的要求进行。

9.4.3　铝或铝合金与钢材接触时，应采取隔离措施。

9.5　耐火等级与耐火极限、防火涂料要求

钢结构的防火应符合《建筑设计防火规范》GB 50016—2014、《建筑钢结构防火技术规范》CECS 200:2006 的要求。

9.5.1　与耐火等级对应的构件耐火极限如下：

钢柱耐火极限为 3.0h

钢梁耐火极限为 2.0h

组合楼板的耐火极限为 1.5h

钢楼梯的耐火极限为 1.5h

钢桁架的耐火极限为 2.0h

型钢混凝土构件中的内置型钢不需要做防火处理。

9.5.2 防火涂料

① 钢柱、钢梁及钢支撑、钢楼梯等均应采用防火涂料保护，防火涂料类型应符合建筑专业的图纸要求。

② 防火涂料必须经国家检测机关检测合格及消防部门认可，防火涂料与钢结构防锈漆必须相容与适应，应选择绝热性好，具有一定抗冲击能力，能牢固地附着在构件上，又不腐蚀钢材的防火涂料。

③ 防火涂料的性能、涂层厚度及质量要求应符合《钢结构防火涂料》GB 14907 和《钢结构防火涂料应用技术规范》CECS 24 等现行制作标准规定的要求。

9.5.3 防火涂层代替防腐涂装的面层时，防火涂层与防腐涂层性能应相适配，并经建筑师允许。防火、防腐涂层施工完毕后，应对漆膜厚度、附着力等数据进行测试。

9.5.4 防火涂料在电梯井道内电梯运行产生的风速、风压作用下，应能保持良好的耐久性。

10 制作详图、加工制作及现场安装

10.1 制作详图设计资质要求

本套图纸为技术设计图，钢结构承包单位应根据本套图纸进行制作详图设计，制作详图设计单位应具有钢结构专项设计资质，具有完善的质量保证体系。制作详图应经认可后，方可进行材料的订货与构件加工。

10.2 制作详图设计要求

10.2.1 制作详图设计应充分理解与体现施工图设计文件的各项要求与意图。

10.2.2 制作详图深度应充分满足构件加工制作的各项需要，包括结构布置、板件尺寸、定位、连接件规格、材料表等。

10.2.3 制作详图设计应充分考虑加工制作工艺的技术要求，并考虑到下料、加工工艺引起的偏差。

10.2.4 制作详图设计应充分考虑结构的焊接变形、安装变形及次结构安装顺序等因素，使结构最终尺寸满足设计文件的要求。

10.2.5 应根据现场安装的实际需要绘制安装节点图。

10.2.6 制作详图绘制应考虑构件运输与吊装的要求。

10.3 制作详图设计责任

10.3.1 钢结构承包单位应对钢结构制作详图设计全面负责。

10.3.2 本钢结构设计图纸中已表示结构构件和构件节点受力所需加劲板的规格与位置，与围护结构连接节点及其他吊挂设备支架吊点相关的加劲肋应统一协调考虑。钢结构加工制作单位应考虑为满足加工制作、运输及现场安装所需的连接板、垫板等辅材的合理设置。

10.3.3 钢结构制作详图设计应与围护结构设计单位和有关设备供应商等密切配合，并负责绘制所有与主体钢结构相连接节点的制作详图。

10.3.4 绘制完成的正式制作详图应提供相关部门审核，审核图纸后提出审核意见，但不直接在制作详图上签字。审核单位对制作详图的审核，不意味着承担或减免制作详图设计单位应负的责任。

10.4 加工制作

10.4.1 加工制作前，应全面、准确理解全套设计图纸。

10.4.2 加工制作需要进行材料代换时，必须满足本说明的要求并向设计单位申报，经同意和签署文件后，方可订货加工。

10.4.3 构造复杂的构件和节点必要时进行工艺试验验证。大型复杂构件、节点、重要安装接头等，必要时应在工厂进行预拼装，符合要求后，方可运至现场进行安装。不影响运输和现场安装的焊缝均应在工厂完成。

10.4.4 对设计要求起拱的构件，应制定生产工艺进行起拱。

10.4.5 应结合钢筋混凝土图纸和施工单位钢筋放样图，在加工厂预留钢构件上的钢筋孔、焊接钢筋连接器（机械连接套筒）、栓钉等。

10.4.6 施工单位应针对采用的钢材、焊接材料、焊接方法及低温环境焊接，进行焊接工艺评定试验。焊接工艺评定应符合《钢结构焊接规范》的规定。

10.4.7 应采取有利于减少结构焊接变形和焊接残余应力的措施，应采取及层状撕裂检测。

10.4.8 高强度螺栓摩擦面处理应采用喷砂（丸）法。

10.4.9 钢管混凝土柱在每层下部的钢管壁上应对称开两个直径 20mm 的排气孔，排气孔应采取柔性封闭措施，防止孔壁和钢管内部锈蚀。

10.4.10 机电专业设备支架等需要与钢梁连接的，应在工厂预焊连接用加劲板。防雷接地做法详见电气专业施工图纸。

10.5 现场安装

10.5.1 钢结构安装单位应根据图纸要求、结构特点、现场情况和施工能力，制定包括施工方法、施工步骤、施工管理、并能确保安装质量、安装精度以及安装安全的施工组织设计。

10.5.2 应减少钢柱的工地接头数量。根据运输条件和吊装能力确定合理的分节吊装长度。

10.5.3 运至现场的构件应及时验收安装。

10.5.4 对柱与梁、梁与梁采用翼缘焊接、腹板高强度螺栓连接的栓焊连接节点，应采用先栓后焊的施工工序，安装顺序为：先进行腹板高强度螺栓连接，再进行下翼缘焊接，最后进行上翼缘焊接，焊接时产生的热影响不应使高强度螺栓产生松弛。

10.5.5 全熔透焊缝的端部应设置引弧板、引出板或钢衬管。焊接完毕后，必须切除被焊工件上的引弧板，并沿受力方向修磨平滑、检查有无任何裂纹。引弧板严禁用锤击落。

10.5.6 钢管混凝土柱内浇灌混凝土前，应根据施工阶段的荷载和施工的顺序，对空钢管柱验算结构的强度、稳定和变形，或采取其他有效施工措施确保施工的安全。

10.5.7 施工单位应根据有关施工验收规范采取冬期、雨期施工相应措施。

10.5.8 与幕墙、卫星天线、擦窗机等相关的涉及连接或安装位置的钢结构，应经该单位确认后进行加工制作。

10.5.9 除采取可靠支撑措施并经结构工程师许可外，不得在钢构件受力后随意施焊。

10.5.10 钢结构安装时，楼面上堆放的安装荷载不得超过钢梁和压型钢板、钢筋桁架楼承板的承载能力。

10.5.11 除图中注明者外，建筑装修和设备安装的预埋件、吊具及楼板上小于300mm×300mm（ϕ300mm）的洞口，施工时应配合各专业施工人员按有关专业的图纸预埋和预留，不得任意剔凿。

10.5.12 钢梁顶面在浇灌(或安装)混凝土前应清除铁锈、焊渣、积雪、泥土等杂物。

10.6 钢结构加工制作、安装、允许偏差等应符合现行国家标准、规范及规程的要求。

11 图纸使用规则与主要构件代号

11.1 所有尺寸应以图纸中注明的数据为准，不得直接从图纸中度量。当本说明与图纸不一致时，以具体图纸为准。

11.2 本说明应与混凝土结构设计总说明配套使用。

11.3 本套图纸应与总图、建筑、给排水、暖通、电气、电讯等专业图纸配套使用，以防错漏。

11.4 应与最终确定的幕墙、电梯、机电设备及钢支座等厂家资料核对无误后施工。

11.5 本图中标高以米（m）为单位，其他尺寸以毫米（mm）为单位。

11.6 主要构件代号

GKZ——钢框架柱，GZ——钢柱，GTZ——钢梯柱

GKL——钢框架梁，GL——钢梁，GTL——钢梯梁

ZC——柱间支撑，SC——水平支撑，YC——隅撑

12 测控、安全生产、定期检查

12.1 施工应建立完善的测控体系。应进行基础沉降观测，应在安装过程中对结构与构件的几何定位、变形等实行全过程观测。观测测量应满足行业标准《建筑变形测量规范》JGJ 8—2007 的规定。

12.2 施工单位应仔细阅读设计文件，按照《建设工程安全生产管理条例》的要求，在工程施工中对所有涉及施工安全的部位和环节进行全面、可靠的防护，尤其应加强深基坑、高支模、重吊装、高大脚手架等的防护措施，并严格按照安全施工的强制性标准、规章制度和操作规程施工，以杜绝事故隐患，确保现场人员安全。

12.3 定期检查与健康监测

12.3.1 每隔 10～15 年，应对钢结构进行全面检查。

12.3.2 在建筑物使用阶段，应对钢结构进行健康监测。

附录 M 结构专业后续设计及施工配合控制要点

M. 0. 1 本附录的主要内容是我院设计的工程进入施工配合阶段后，设计人员在处理相关后续设计工作和技术文件时的控制要求。

【说明】

1. 后续设计是指我院主体结构施工图交付后，在施工配合阶段由其他合作方完成的设计工作，主要包括专项设计和施工详图设计等。这些设计工作有的属于建筑主体设计施工图范围之内，因故在主体施工图设计阶段未能完成的一部分，有的属于建筑主体设计施工图范围之外，在施工配合阶段需要完成或配合完成的内容。

2. 后续设计工作的重点是设计内容的责任范围界定及设计文件的技术质量控制。

3. 控制后续设计的主要目的是保证设计程序合规性及控制设计文件内容落实和达到相关设计技术质量要求。

4. 设计施工配合工作的主要目的是保证各项工程在施工过程中和投入使用后，符合设计技术要求及达到各项设计功能质量标准。

M. 1 一 般 要 求

M. 1. 1 后续设计应由具备相应设计资质的专业单位完成。主体结构施工图中应明确提出后续设计单位的相应设计资质要求。

M. 1. 2 后续设计应符合主体结构施工图要求。

【说明】

1. 主体结构设计单位对主体结构的施工图文件负责，后续设计单位对后续设计文件负责。

2. 后续设计应以主体结构施工图为依据，当由于材料供应、制作工艺、施工条件等因素而与主体结构施工图不完全一致时，应通知主体结构设计并在后续设计文件中明确。

M. 1. 3 施工配合过程中，图纸会审（交底）记录单、设计修改（变更）通知单、会议纪要等文件，应按规定签署并归档。

【说明】

1. 图纸会审（交底）记录单是建筑工程在施工阶段的技术交底文件，应由专业负责人和设计项目负责人（设总）负责处理和签署、盖章。

2. 图纸会审（交底）记录单中的设计回复及其附带的设计修改（变更）通知单等，应经过严格的专业校审和专业综合，并由设计项目负责人（设总）组织会签后出具。遇有导致较大造价或投资变动的内容还应征得甲方意见后出具。

　　3. 设计修改（变更）通知单是由设计方出具的技术文件，同设计图纸有同等的法律效力和设计技术责任。一般在以下几种情况下会出具：设计图纸需要修改、补充或完善；甲方提出设计修改（针对原设计任务书）；其他原因。后两种情况出具文件时要写明修改设计的原因。

　　4. 施工洽商单是由施工方出具的技术文件，在技术、质量上设计方签署后表示认可。但遇有导致造价或投资变动的内容应征得甲方意见后才可签署。设计方可以在签署意见中明确单独认可技术、质量相关部分内容，造价或投资变动的内容请甲方确定。

　　5. 会议纪要是建筑工程施工过程中各种会议的记录、备忘性文件，不直接用来作为施工依据的技术性文件。但会议纪要的相关内容可以作为出具相关设计技术文件的依据或附件。

　　6. 经设计签署过的图纸会审（交底）记录单、设计修改（变更）通知单，在工程验收后应由设计项目负责人（设总）组织专业负责人整理归档。

M.2　施　工　详　图

M.2.1　钢结构制作详图审核

　　1　钢结构制作详图设计应按钢结构施工图中的相关技术要求进行，并符合相关施工验收规范、规程及钢结构安装、施工手册的要求；

　　2　由于材料供应、制作工艺、施工条件等情况与施工图不完全一致时，钢结构制作详图设计单位应提供相应的计算书；

　　3　对钢结构制作详图设计的审核主要应关注：

　　1）钢结构施工图设计要求的落实情况；

　　2）钢构件截面、连接方式；

　　3）复杂节点及关键部位的预拼装图。

M.2.2　型钢混凝土结构施工详图审核

　　1　型钢施工详图审核应按 M.2.1 条的有关要求执行；

　　2　重点审核关键节点中型钢与钢筋的相互关系图、复杂节点及关键部位的预安装方案。

M.3　专　项　设　计

M.3.1　幕墙结构施工详图审核

　　1　应根据幕墙结构施工详图设计单位提供的反力，对主体结构及构件进行复核；

2　根据幕墙结构施工详图设计单位提供的埋件位置及做法，审核其对主体结构及构件的影响。

M. 3. 2　地基处理工程专项设计配合

1　提供基础类型、上部结构荷载及其分布情况等；

2　提出地基处理后的地基承载力和地基土压缩模量等设计要求；

3　核查地基处理后的结果是否满足主体结构施工图设计要求。

M. 3. 3　基坑工程专项设计配合

1　必要时，基础施工图应提出对基坑支护的特殊要求；

2　应重点关注基坑平面尺寸、坑底标高及基坑支护是否符合主体结构施工图设计要求。

10 编审大事记

一、进度计划

1. 2016 年 11 月底以前，完成各章节内容（提纲）（12 月份逐章审查讨论，年底审查完毕）；

2. 2017 年 3 月底以前，完成各章节内容（初稿）（4 月份逐章审查讨论，6 月底完成初审）；

3. 2017 年 8 月底以前，完成各章节内容（终稿）（9 月份逐章审查讨论，10 月底完成终审）；

4. 2017 年 11～12 月完成统稿、付印。

5. 2018 年初出版。

二、评审会议记录

序号	时间	主要议题	参会人员
1	2016 0907	科技委结构分委会措施启动会议	任庆英、朱炳寅、徐琳、胡纯炀、张亚东、张淮湧、王载、彭永宏、王大庆
2	1012	编写大纲审查	谢定南、罗宏渊、王金祥、范重、徐琳、朱炳寅、胡纯炀、张亚东、张淮湧、王载、彭永宏、王大庆
3	1209	提纲 1～3 章审查	陈富生（函审）、谢定南、罗宏渊、王金祥、姜学诗、尤天直、陈文渊、徐琳、朱炳寅、胡纯炀、张亚东、王载、彭永宏、张守峰、王大庆
4	1212	提纲 4、5 章审查	陈富生（函审）、谢定南、罗宏渊、王金祥、姜学诗、陈文渊、徐琳、范重、朱炳寅、胡纯炀、张亚东、王载、彭永宏、王大庆
5	1222	提纲 6 章审查	陈富生（函审）、谢定南、罗宏渊、王金祥、姜学诗、尤天直、徐琳、朱炳寅、胡纯炀、张亚东、王载、彭永宏、王大庆
6	1228	提纲 7、8 章及附录审查	陈富生（函审）、谢定南、罗宏渊、王金祥、姜学诗、尤天直、徐琳、范重、朱炳寅、胡纯炀、张亚东、张淮湧、王载、彭永宏、张守峰、王大庆
7	2017 0414	第 1～2 章初审	陈富生（函审）、谢定南、王金祥、姜学诗、徐琳、朱炳寅、胡纯炀、王载、张守峰、王大庆
8	0418	第 3 章初审	陈富生（函审）、谢定南、罗宏渊、王金祥、姜学诗、陈文渊、徐琳、任庆英、朱炳寅、胡纯炀、张亚东、王载、彭永宏、张守峰、王大庆
9	0426	第 3 章初审	陈富生（函审）、谢定南、罗宏渊、王金祥、徐琳、任庆英、朱炳寅、胡纯炀、张亚东、王载、彭永宏、王大庆
10	0427	第 3 章初审	陈富生（函审）、谢定南、罗宏渊、王金祥、姜学诗、陈文渊、徐琳、朱炳寅、胡纯炀、张亚东、王载、王大庆
11	0502	第 4 章初审	陈富生（函审）、罗宏渊、王金祥、姜学诗、陈文渊、徐琳、朱炳寅、胡纯炀、张淮湧、王载、彭永宏、张守峰、王大庆
12	0509	第 4 章初审	陈富生（函审）、谢定南、罗宏渊、王金祥、姜学诗、陈文渊、徐琳、范重、朱炳寅、胡纯炀、张亚东、王载、彭永宏、张守峰、王大庆

续表

序号	时间	主要议题	参会人员
13	0512	第4～5章初审	陈富生（函审）、谢定南、罗宏渊、王金祥、姜学诗、陈文渊、朱炳寅、王载、张守峰、王大庆
14	0516	第5章初审	陈富生（函审）、谢定南、罗宏渊、王金祥、姜学诗、尤天直、陈文渊、任庆英、朱炳寅、胡纯炀、王载、彭永宏、王大庆
15	0523	第5～6章初审	陈富生（函审）、谢定南、罗宏渊、王金祥、姜学诗、尤天直、陈文渊、徐琳、范重、朱炳寅、胡纯炀、彭永宏、张守峰、王大庆
16	0526	第6章初审	陈富生（函审）、谢定南、王金祥、姜学诗、朱炳寅、胡纯炀、王载、王大庆
17	0608	第4.4～4.6节初审	陈富生（函审）、谢定南、罗宏渊、王金祥、姜学诗、陈文渊、朱炳寅、胡纯炀、王载、彭永宏、王大庆
18	0615	第8章初审	陈富生（函审）、谢定南、罗宏渊、王金祥、姜学诗、陈文渊、徐琳、朱炳寅、胡纯炀、张亚东、王载、彭永宏、王大庆
19	0620	第7、8章初审	陈富生（函审）、谢定南、罗宏渊、王金祥、姜学诗、尤天直、陈文渊、徐琳、范重、朱炳寅、胡纯炀、张亚东、王载、彭永宏、王大庆
20	0622	附录M初审	陈富生（函审）、姜学诗、尤天直、陈文渊、徐琳、任庆英、朱炳寅、胡纯炀、张亚东、彭永宏、王大庆
21	0626	附录B初审	陈富生（函审）、谢定南、罗宏渊、王金祥、姜学诗、陈文渊、朱炳寅、胡纯炀、张淮湧、王大庆
22	0829	第1～2章终审	陈富生（函审）、谢定南、罗宏渊、王金祥、尤天直、陈文渊、徐琳、朱炳寅、张亚东、王载、彭永宏、王大庆
23	0904	第3章终审	陈富生（函审）、谢定南、罗宏渊、王金祥、姜学诗、陈文渊、任庆英、朱炳寅、王载、彭永宏、张守峰、王大庆
24	0911	第4、5章终审	陈富生（函审）、谢定南、罗宏渊、王金祥、姜学诗、陈文渊、任庆英、朱炳寅、张亚东、彭永宏、王大庆
25	0922	第3、4章终审	陈富生（函审）、谢定南、王金祥、姜学诗、徐琳、任庆英、朱炳寅、王载、彭永宏、张守峰、王大庆
26	0926	第8章终审	陈富生（函审）、谢定南、罗宏渊、王金祥、姜学诗、尤天直、徐琳、任庆英、朱炳寅、彭永宏、张守峰、王大庆
27	1018	第5.5节及第7章终审	陈富生（函审）、谢定南、罗宏渊、王金祥、姜学诗、尤天直、陈文渊、徐琳、任庆英、范重、朱炳寅、胡纯炀、张亚东、王载、彭永宏
28	1019	第6章终审	陈富生（函审）、谢定南、罗宏渊、王金祥、姜学诗、尤天直、徐琳、朱炳寅、胡纯炀、张亚东、王载、彭永宏、张守峰
29	1020	附录B、M终审	陈富生（函审）、谢定南、罗宏渊、王金祥、姜学诗、尤天直、徐琳、朱炳寅、胡纯炀、张亚东、王载、彭永宏

会议地点3号楼5层会议室，会议主持人：朱炳寅

参 考 文 献

[1]　《建筑结构可靠度设计统一标准》GB 50068—2001. 北京：中国建筑工业出版社，2002

[2]　《建筑工程抗震设防分类标准》GB 50223—2008. 北京：中国建筑工业出版社，2008

[3]　《建筑结构荷载规范》GB 50009—2012. 北京：中国建筑工业出版社，2012

[4]　《混凝土结构设计规范》GB 50010—2010. 北京：中国建筑工业出版社，2011

[5]　《建筑抗震设计规范》GB 50011—2010. 北京：中国建筑工业出版社，2010

[6]　《高层建筑混凝土结构技术规程》JGJ 3—2010. 北京：中国建筑工业出版社，2011

[7]　《砌体结构设计规范》GB 50003—2011. 北京：中国建筑工业出版社，2012

[8]　《钢结构设计规范》GB 50017—2003. 北京：中国计划出版社，2003

[9]　《高层民用建筑钢结构技术规程》JGJ 99—2015. 北京：中国建筑工业出版社，2016

[10]　《组合结构设计规范》JGJ 138—2016. 北京：中国建筑工业出版社，2016

[11]　《空间网格结构技术规程》JGJ 7—2010. 北京：中国建筑工业出版社，2010

[12]　《钢结构焊接规范》GB 50661—2011. 北京：中国建筑工业出版社，2012

[13]　《钢结构高强度螺栓连接技术规程》JGJ 82—2011. 北京：中国建筑工业出版社，2011

[14]　《建筑地基基础设计规范》GB 50007—2011. 北京：中国建筑工业出版社，2012

[15]　《建筑桩基技术规范》JGJ 94—2008. 北京：中国建筑工业出版社，2008

[16]　《建筑地基处理技术规范》JGJ 79—2012. 北京：中国建筑工业出版社，2013

[17]　《地下工程防水技术规范》GB 50108—2008. 北京：中国计划出版社，2009

[18]　《建筑抗震鉴定标准》GB 50023—2009. 北京：中国建筑工业出版社，2009

[19]　《预应力混凝土结构抗震设计规程》JGJ 140—2004. 北京：中国建筑工业出版社，2004

[20]　《混凝土异形柱结构技术规程》JGJ 149—2006. 北京：中国建筑工业出版社，2006

[21]　《建筑设计防火规范》GB 50016—2014. 北京：中国计划出版社，2015

[22]　《混凝土结构工程施工质量验收规范》GB 50204—2015. 北京：中国建筑工业出版社，2015

[23]　《钢结构工程施工质量验收规范》GB 50205—2001. 北京：中国计划出版社，2002

[24]　《既有建筑地基基础加固技术规范》JGJ 123—2012. 北京：中国建筑工业出版社，2013

[25]　北京市勘察设计研究院，北京市建筑设计研究院. 《北京地区建筑地基基础勘察设计规范》，2010

[26]　住房和城乡建设部工程质量安全监管司，中国建筑标准设计研究院，《全国民用建筑工程设计技术措施》. 北京：中国计划出版社，2009

[27]　北京市建筑设计研究院. 《建筑结构专业技术措施》. 北京：中国建筑工业出版社，2007

[28]　《高层建筑混凝土结构技术规程》JGJ 3—2010. 北京：中国建筑工业出版社，2011

[29]　江苏省房屋建筑工程抗震设防审查细则(第二版). 北京：中国建筑工业出版社，2016

[30]　多层及高层建筑结构空间有限元分析与设计软件(墙元模型)SATWE. 北京：中国建筑科学研究院 PKPM CAD 工程部

［31］ 集成化的建筑结构分析与设计软件系统 ETABS，北京金土木软件技术有限公司，2008

［32］ 独基、条基、钢筋混凝土地基梁桩基础和筏板基础设计软件 JCCAD. 北京：中国建筑科学研究院 PKPM CAD 工程部

［33］ 中国有色工程设计研究总院.《混凝土结构构造手册》(第五版). 北京：中国建筑工业出版社，2016

［34］ 龚思礼等. 建筑抗震设计手册(第二版). 北京：中国建筑工业出版社，2009

［35］ 徐培福等.《复杂高层建筑结构设计》. 北京：中国建筑工业出版社，2005

［36］ 陈富生等. 高层建筑钢结构设计. 北京：中国建筑工业出版社，2004

［37］ 陆新征等.《建筑抗震弹塑性分析》(第二版). 北京：中国建筑工业出版社，2015

［38］ 王铁梦. 工程结构裂缝控制. 北京：中国建筑工业出版社，2001

［39］ 傅学怡. 实用高层建筑结构设计(第二版). 北京：中国建筑工业出版社，2010

［40］ 魏琏、王森. 中国建筑结构抗震设计方法发展及若干问题分析. 建筑结构 2017.1

［41］ 朱炳寅、陈富生.《建筑结构设计新规范综合应用手册》. 北京：中国建筑工业出版社，2004

［42］ 朱炳寅.《建筑结构设计规范应用图解手册》. 北京：中国建筑工业出版社，2005

［43］ 朱炳寅、娄宇、杨琦.《建筑地基基础设计方法及实例分析》(第二版). 北京：中国建筑工业出版社，2013

［44］ 朱炳寅.《高层建筑混凝土结构技术规程应用与分析》. 北京：中国建筑工业出版社，2017

［45］ 朱炳寅.《建筑抗震设计规范应用与分析》(第二版). 北京：中国建筑工业出版社，2017

［46］ 朱炳寅.《建筑结构设计问答及分析》(第三版). 北京：中国建筑工业出版社，2017